Bau, Einrichtung und Betrieb

von

öffentlichen Schlachthöfen.

Von

Dr. med. Oscar Schwarz,

Sanitäts-Thierarzt und Direktor des städtischen Schlachthofes zu Stolp i. P.

Mit in den Text gedruckten Abbildungen und einer Tafel

Springer-Verlag Berlin Heidelberg GmbH
1894

Additional material to this book can be downloaded from http://extras.springer. com

ISBN 978-3-662-39246-1   ISBN 978-3-662-40261-0 (eBook)
DOI 10.1007/978-3-662-40261-0

Vorbemerkung.

Das grosse Interesse, welches in den letzten zehn Jahren von Seiten des Publikums der Errichtung öffentlicher Schlachthäuser zugewendet wurde, hätte erwarten lassen müssen, dass auch die Lücken, welche die Literatur dieses jetzt zum Specialfach gewordenen Gebietes aufweist, dem Bedürfniss entsprechend allmälig ausgefüllt werden würden. Allein ausser einer nicht gerade grossen Reihe von Abhandlungen und Aufsätzen, welche der Feder bewährter Special-Architekten entstammen und sich ausschliesslich mit der baulichen Anlage beschäftigen, besitzen wir, und zwar in sehr beschränkter Anzahl, nur kleinere Broschüren, wie »Falk, die Errichtung öffentlicher Schlachthäuser« und »Mascher, Wesen und Wirkungen des Schlachthauszwanges«. Dagegen enthalten die meisten Werke über Fleischbeschau längere Kapitel über diesen Gegenstand, so »Gerlach, die Fleischkost des Menschen«, »Schmidt-Mühlheim, Handbuch der Fleischkunde«, »Schneidemühl, das Fleischbeschauwesen in Deutschland u. s. w.« und besonders das kürzlich erschienene Handbuch Ostertag's über Fleischbeschau.

Endlich finden wir in den Zeitschriften zerstreut noch eine Menge von Notizen und kleineren Aufsätzen, wie in der deutschen Vierteljahresschrift für öffentliche Gesundheitspflege, Schmidt-Mühlheim's Archiv, Zeitschrift für Fleisch- und Milchhygiene, Archiv für Thierheilkunde, Berliner thierärztliche Wochenschrift u. a. m.

Alle diese zerstreuten Notizen nach bestimmten Gesichtspunkten zu ordnen und in eine gemeinsame Form zu kleiden, war der Zweck dieses Buches, wobei ebenso die baulichen Anlagen als auch die übrigen in sanitärer und volkswirthschaftlicher Beziehung wichtigen Einrichtungen einer eingehenden Besprechung unterzogen wurden.

Es ist hierbei folgende Vertheilung des Stoffes gewählt:

In den Kapiteln 1—9 wird nach einer kurzen historischen Einleitung, welcher sich der Text des Gesetzes über die Errichtung öffentlicher Schlachthäuser anschliesst, der Bau und die Einrichtung eines Schlachthofes mit allen seinen Nebenanlagen besprochen. Die nächsten Kapitel, 10—13, beziehen sich auf die Verwaltung solcher Institute, und zwar wurden eingehend behandelt: das Personal, die polizeilichen Vorschriften, die Verfahren mit beanstandetem Fleisch und im Anschluss hieran die Viehversicherung.

In einem gewissen Zusammenhange mit dem Schlachthofe stehend sind Viehhof und Markthallen kurz besprochen worden.

Als Anhang wurde ein alphabetisch geordnetes Verzeichniss von solchen Firmen, welche Material zum Bau und Betrieb öffentlicher Schlachthöfe liefern, nebst einem Sachregister hierzu beigefügt.

Auf diese Weise glaubte Verfasser ein Buch zu schaffen, das sowohl dem angehenden Sanitätsthierarzt Auskunft in mancherlei das Specialfach, besonders die Verwaltung berührenden Fragen geben dürfte, vornehmlich aber die kommunalen Behörden in der Anlage von Schlachthöfen zu unterstützen geeignet wäre.

Dieses Bestreben wurde nicht zum geringsten Theil durch eine grosse Anzahl Herren, Techniker und Kollegen, in bereitwilligster Weise gefördert, und gestatte ich mir, denselben auch an dieser Stelle meinen ergebensten Dank auszusprechen. Zu besonderem Dank verpflichtet bin ich den Herren Schlachthof-Direktoren Goltz in Halle und Völkel in Elbing, welche meiner Arbeit reges Interesse widmeten und mich unermüdlich durch Rath und That unterstützten.

Stolp i. P., im März 1894.

Schwarz.

Inhaltsverzeichniss.

I. Einleitung.

Geschichtlicher Ueberblick über die Schlachtstätten im Alterthum, im Mittelalter und in der Neuzeit. Die Sorge für die Erhaltung der Gesundheit war es, welche schon die Völker des Alterthums Gesetze über die Kontrolle der Nahrungsmittel, insbesondere des wichtigsten, des Fleisches, schaffen liess; ob jedoch aus Rücksicht auf die beim Schlachten unvermeidlichen Uebelstände Vorschriften bestanden, letzteres nur an besonderen Plätzen vorzunehmen, lässt sich aus den spärlich hierüber vorhandenen Nachrichten nicht mit Bestimmtheit sagen.

Den Israeliten war jedenfalls das Schlachten für Zwecke des Kultus nur im Vorhofe des Tempels gestattet, für profane Zwecke bestanden keine Vorschriften, jedoch mussten während der Wüstenwanderung auch diese Schlachtungen im Vorhof des Heiligthums vorgenommen werden.

In wieweit bei den anderen Völkern diesbezügliche Bestimmungen existirten, ist nicht bekannt, nur von den Römern wissen wir, dass bei ihnen bis zum Jahre 300 v. Chr. das Schlachten auf dem forum, unter freiem Himmel, also gewissermassen vor den Augen der Götter stattfand, weil das Tödten der Thiere für eine Sünde galt, und man durch Opfern im Freien die Götter zu Mitschuldigen machen wollte. Später wurde das religiöse Moment mehr in den Hintergrund gedrängt, und man schlachtete in den macellis. Diese macella, Markthallen, welche auf dem forum standen und deren schönstes und bekanntestes, das macellum Liviae oder Livianum, ausdrücklich hervorgehoben wird, enthielten nach Ansicht vieler Gelehrten lanienae (laniare zerreissen, zerschneiden) d. h. Räume, welche zur Schlachtung von Vieh dienten. In Pompeji lag am forum ein macellum, das Pantheon oder Augustinum, welches nach den Forschungen von

Nissen*) unzweifelhaft Schlachtstätten enthielt, eine Ansicht, der von Mann**) entschieden entgegengetreten wird.

Als dann im Mittelalter das Zunftwesen zu hoher Blüthe gelangte, entstanden ebenfalls zahlreiche »Kuttelhöfe«,***) sowohl in der Absicht, bei der engen Bauart der Städte derartige Anlagen thunlichst nach ausserhalb der Mauern zu verlegen, als auch um durch gemeinsames Vorgehen möglichst billige und bequeme Schlacht- plätze zu schaffen.

Theils aus eigener Initiative also, theils aber auch auf Betreiben der Behörden, um die ihnen zufliessende Schlachtsteuer besser kontrolliren zu können, wurden gemeinsame Schlachthöfe in der Mitte des 13. Jahrhunderts in Augsburg, Zwickau und Hamburg (hier »Küter- haus« genannt), später in Liegnitz und Königsberg i. Pr., in der Mitte des 15. Jahrhunderts in Zeitz, Breslau u. a. erbaut. Die grössere Anzahl dieser Schlachthöfe dürfte wohl an Bächen oder Flüssen gelegen haben oder war sogar, wie das noch am Anfang dieses Jahrhunderts in Berlin über der Spree befindliche, häufig über diese hinweggebaut, damit das abfliessende Blut und der Eingeweide- inhalt direkt in das fliessende Wasser gelange.

Auch in England wurde unter Heinrich VIII. um 1530 schon das Schlachten in ummauerten Städten verboten, und in Frankreich erschien unter Karl IX. um 1570 ebenfalls eine Verordnung, welche alle Schlächtereien ausserhalb der Städte und in die Nähe des Wassers verwies.

Durch Gesetz vom $\frac{16.}{24.}$ August 1790 wurde hier dann später die Beaufsichtigung der Schlächtereien der Polizei übertragen, bis ein kaiserliches Dekret vom 15. Oktober 1810 die Errichtung der établissements insalubres, incommodes et dangereux von einer vorher- gehenden Genehmigung der Behörden abhängig machte. Durch die Ordonnanz vom 14. Januar 1815 aber wurden die Schlachthäuser (abattoirs) in Gemeinden von mehr als 10 000 Einwohnern zu der

---

*) Pompejanische Studien zur Städtekunde im Alterthum, Leipzig 1877.

**) Overbeck „Pompeji“ 1884.

***) Alte Bezeichnnng für Schlachthof von Kutteln = Kaldaunen, Magen des Rindes, noch heute gebräuchlich in dem Worte „Kuttelei“, „Kuttlerei“ = Kaldaunenwäsche. Auch „Koettel“ (Koettelstrasse in Königsberg i. Pr.) dürfte hiervon abzuleiten sein und nicht, wie mancherseits angenommen wird, von dem englischen „cattle“, zahmes Vieh, Rindvieh.

ersten Klasse der genannten Etablissements, welche nur von den menschlichen Wohnungen entfernt errichtet werden durften, gerechnet, eine Bestimmung, die sich durch Ordonnanz vom 15. April 1838 auf alle Städte ausdehnte.

Noch heute finden wir im Elsass Schlachthäuser, welche, wie z. B. in Ensisheim, schon am Anfang vorigen Jahrhunderts erbaut sind, während Paris erst 1807 infolge kaiserlichen Dekrets fünf öffentliche Schlachthäuser, welche den übrigen Städten zum Muster dienen sollten, erhielt. Diese fünf Anlagen wurden 1867 durch einen mächtigen Centralschlachthof in La Villette ersetzt.

In manchen Ländern, wie z. B. in Schweden, giebt es bis heute noch nicht ein einziges öffentliches Schlachthaus, ebenso wenig wie eine obligatorische Fleischbeschau.

In Russland bestand bis 1882 ebenfalls kein öffentliches Schlachthaus. Das erste erhielt St. Petersburg 1882. Heute zählt man erst zehn im ganzen Reiche.

In Warschau giebt es drei öffentliche, Privatleuten gehörende Schlachthäuser.

Während aber Frankreich und Belgien schon lange derartige Anstalten besassen, als man in Deutschland noch wenig an solche dachte, hat dieses jene Länder jetzt bei Weitem überflügelt, da die meisten der dortigen Anlagen nicht mehr den Anforderungen der Neuzeit entsprechen, und man beabsichtigt unter anderen auch in Paris neben dem bestehenden noch einen zweiten, modern eingerichteten Schlachthof zu erbauen.

Die erste Bewegung in Preussen. Der Grund, dass man in Deutschland, besonders in seinem nördlicheren Theile, so lange mit der Errichtung öffentlicher Schlachthöfe gezögert hat, ist einerseits wohl darin zu suchen, dass man die Gewerbefreiheit der Fleischer durch derartige Massregeln zu beschränken fürchtete, andererseits Bedenken laut wurden, ob sich die Anlage selbst rentiren und nicht schliesslich eine Unterstützung aus dem Stadtsäckel erfordern würde, und ob endlich nicht die Fleischpreise eine Steigerung erfahren würden. Von Seiten der Fleischer wurde besonders hervorgehoben, dass ihnen der Geschäftsbetrieb wesentlich erschwert würde. Trotz dieser Bedenken, deren Nichtigkeit in einem der folgenden Kapitel näher beleuchtet werden soll, gelang es am Ende der sechziger Jahre, nachdem zahlreiche Fälle von Fleischvergiftungen und Trichinenepidemien die Gemüther in Schrecken gesetzt hatten,

1*

den gemeinsamen Bemühungen der ärztlichen, thierärztlichen Vereine und solcher für öffentliche Gesundheitspflege, das Gesetz vom 18. März 1868, betreffend die Errichtung öffentlicher, ausschliesslich zu benutzender Schlachthäuser zu erwirken, welches nach seiner Ergänzung durch die Novelle vom 9. März 1881 die im folgenden Kapitel wiedergegebene Fassung hat.

Im Hinblick auf dieses Gesetz wurde auch vielfach von Seiten der Bezirksbehörden auf die bedeutenden sanitären und volkswirthschaftlichen Vortheile, welche einer Gemeinde durch Errichtung eines öffentlichen Schlachthofes erwachsen, hingewiesen. So verfügte unter dem 9. Januar 1886 der Regierungs-Präsident zu Königsberg: »Die hohe Bedeutung der öffentlichen Schlachthäuser für das Gemeinwohl hat seit langer Zeit sowohl die Sorge der staatlichen Behörden als auch die Aufmerksamkeit städtischer Körperschaften, sowie das Interesse des grösseren Publikums in Anspruch genommen.«

»In richtiger Würdigung dieser Vortheile haben sich nach und nach selbst kleine Stadtgemeinden zur Errichtung öffentlicher Schlachthäuser entschlossen. Dieselbe empfiehlt sich um so mehr, als namentlich die bei dieser Frage so vielfach zu Tage getretene Scheu vor grossen, der Stadtgemeinde auferlegten, durch etwaige Rentabilität der neuen Anlage nicht aufwiegbaren Geldopfern in der Erfahrung keine Bestätigung findet. Im Gegentheil fliessen der Stadtgemeinde nach dem geregelten Betriebe eines mit dem Schlachtzwange verbundenen öffentlichen Schlachthauses, namentlich wenn gleichzeitig von den im Gesetze vom 18. März 1868 und vom 9. März 1881 aufgeführten Anordnungen ein ausgiebiger Gebrauch gemacht wird, aus den Schlacht- und Besichtigungsgebühren so reichliche Einnahmen zu, dass die Anlagekosten, die Betriebs- und Tilgungsbeiträge sehr bald gedeckt werden, und es in Folge von Ueberschüssen meistens schon nach den ersten Betriebsjahren möglich wird, zur Erleichterung der betheiligten Fleischer und Privatpersonen die Tarifsätze zu ermässigen.«

»Diese Erfahrung hat sich auch in den öffentlichen Schlachthäusern wiederholt, welche zur Zeit im diesseitigen Regierungsbezirke bestehen. Je mehr sich aber die genannten Anstalten hierdurch, sowie durch ihren wohlthätigen Einfluss auf die Förderung allgemeiner, gesundheitlicher Zwecke bewährt haben, desto dringender wird die Pflicht, auf eine Vermehrung derartiger nützlicher Ein-

richtungen auch in den übrigen Städten des Regierungsbezirks Be-
dacht zu nehmen.«

Ferner erging von dem Regierungs-Präsidenten zu Posen am
29. Januar 1891 folgender bemerkenswerther Erlass:

»In allen Städten, welche ein öffentliches Schlachthaus mit allgemeinem Schlachtzwang eingerichtet haben, wird die Erfahrung gemacht, dass die Menge der krank befundenen und vom Genusse für
Menschen ausgeschlossenen Schlachtthiere und Fleischtheile eine über
Erwarten grosse ist, und dass an solchen Orten, an denen ein
Schlachthaus und eine sorgfältige Untersuchung der Schlachtthiere
nicht besteht, die Einwohnerschaft durch den Genuss des Fleisches
kranker Thiere einer weit grösseren Gesundheitsgefahr ausgesetzt ist,
als man dies gewöhnlich annimmt. Um denjenigen Gemeinden,
welche ein Schlachthaus noch nicht eingerichtet haben, die Grösse
dieser Gefahr vor Augen zu führen, ist es zweckmässig, die Ergebnisse der in den vorhandenen Schlachthäusern ausgeführten Fleischuntersuchungen in möglichst weiten Kreisen bekannt zu machen.«

Ganz neuerdings ist von dem Regierungs-Präsidenten in
Düsseldorf noch folgendes Rundschreiben unter dem 7. Juli 1892 an
die Landräthe des Bezirks erlassen:

»Obwohl die wirthschaftlichen und gesundheitlichen Vortheile,
welche die Errichtung eines Schlachthauses für ein Gemeinwesen
bietet, in immer weiteren Kreisen der Bevölkerung anerkannt werden,
und auch durch geeignete Bauten dem vorhandenen Bedürfnisse in
grösseren Städten im Allgemeinen entsprochen worden ist, entbehrt
doch noch eine grosse Anzahl kleinerer Städte derartige Anlagen.
Es ist dies um so mehr zu bedauern, als erfahrungsmässig auch in
kleineren Städten durch die zu zahlenden Gebühren die Verzinsung
und Amortisation des Anlagekapitals, sowie die Unterhaltungskosten
gedeckt werden und eine geordnete Kontrolle des Schlachtbetriebs
auch hier von grossem Vortheile ist.«

»Wenn dessen ungeachtet sich die Herstellung von Schlachthäusern hinzögerte, so hatte dies vielfach seinen Grund darin, dass
es an der hinreichenden Kenntniss der Bedingungen fehlt, unter
welchen im Allgemeinen für die Verhältnisse einer kleineren Stadt
zweckmässig und preiswürdig eine Schlachthofanlage errichtet werden
kann.«

»Ich habe mir daher die Unterlagen für den Bau eines Schlachthauses, welches nach den gemachten Erfahrungen sich bewährt hat,

beschafft und lasse in der Anlage eine Beschreibung des Schlachthauses in Cleve zugehen, aus welcher ersehen werden kann, dass mit verhältnissmässig nicht zu hohen Kosten ein allen Anforderungen entsprechendes Schlachthaus in einer derartigen Stadt errichtet werden kann.«

»Indem ich drei Abdrücke der Beschreibung beifüge, stelle ich .... ergebenst anheim, geeignetenfalls dieselben unter einzelne Bürgermeister des dortigen Kreises zu vertheilen, und die Einrichtung neuer Schlachthäuser, sofern solche in Anbetracht der Gesammtverhältnisse des Ortes wünschenswerth sein sollten, in Anregung zu bringen.« —

Die Schlachthausgesetze in Deutschland ausser Preussen. Auch in den übrigen deutschen Bundesstaaten sind auf die Errichtung von öffentlichen Schlachthöfen bezügliche Gesetze und Bestimmungen erlassen, welche im Wesentlichen dem preussischen Schlachthausgesetze nachgebildet sind, so

†Im Herzogthum Anhalt durch Gesetz vom 20. April 1878.*)

- Grossherzogthum Braunschweig durch Gesetz vom 12. April 1876.

In Bremen durch Gesetz vom 21. Februar 1889.

Im Fürstenthum Lippe-Detmold durch Gesetz vom 30. Sept. 1886.

In Lübeck durch Gesetz vom 10. September 1884.

†Im Grossherzogthum Oldenburg durch Gesetz vom 22. Januar 1879.

- Fürstenthum Reuss (ä. L.) durch Gesetz vom 31. December 1886.

-     -   -   (j. L.)   -   -   -   30. Mai 1882.

† - Königreich Sachsen durch Gesetz vom 11. Juli 1876.

† - Herzogthum Sachs.-Meiningen durch Gesetz vom $\frac{\text{6. März}}{\text{22. Decbr.}}$ 1875.

- Herzogthum Schwarzb.-Rudolst. -   -   -   16. Decbr. 1887.

In den süddeutschen Staaten Bayern, Württemberg, Baden ist zwar Fleischbeschau allgemein eingeführt und auch die Zahl der Schlachthäuser eine sehr grosse, doch ist die Regelung des Schlachtzwanges ortspolizeilichen Bestimmungen überlassen.

---

*) Die mit einem † bezeichneten Daten sind dem Vortrage Schneidemühl's „Das Fleischbeschauwesen im Deutschen Reiche etc. 1892" entnommen, und nicht in Schlampp's „Die Fleischbeschau-Gesetzgebung in den deutschen Bundesstaaten 1892." enthalten.

II. Die preussischen Schlachthausgesetze.

Das Gesetz vom $\frac{18.\ \text{März }1868}{9.\ \text{März }1881.}$, § 131 des Zuständigkeits-Gesetzes und die §§ 23 und 51 der Reichsgewerbe-Ordnung vom 1. Juli 1883.

a. Gesetz betreffend die Errichtung öffentlicher, ausschliesslich zu benutzender Schlachthäuser [vom 18. März 1868 (G.-S. S. 277) in der Fassung des Gesetzes vom 9. März 1881 (G.-S. S. 273)].

§ 1. In denjenigen Gemeinden, in welchen eine Gemeindeanstalt zum Schlachten von Vieh (öffentliches Schlachthaus) errichtet ist, kann durch Gemeindebeschluss angeordnet werden, dass innerhalb des ganzen Gemeindebezirks oder eines Theils desselben das Schlachten sämmtlicher oder einzelner Gattungen von Vieh, sowie gewisse mit dem Schlachten in unmittelbarem Zusammenhang stehende, bestimmt zu bezeichnende Verrichtungen, ausschliesslich in dem öffentlichen Schlachthause, resp. den öffentlichen Schlachthäusern, vorgenommen werden dürfen.

In dem Gemeindebeschlusse kann bestimmt werden, dass das Verbot der ferneren Benutzung anderer als der in einem öffentlichen Schlachthause befindlichen Schlachtstätten:

1. auf die im Besitze und in der Verwaltung von Innungen oder sonstigen Korporationen befindlichen gemeinschaftlichen Schlachthäuser,

2. auf das nicht gewerbsmässig betriebene Schlachten keine Anwendung finde.

§ 2. Durch Gemeindebeschluss kann nach Errichtung eines öffentlichen Schlachthauses angeordnet werden:

1. dass alles in dasselbe gelangende Schlachtvieh zur Feststellung seines Gesundheitszustandes sowohl vor als nach dem Schlachten einer Untersuchung durch Sachverständige zu unterwerfen ist;

2. dass alles nicht im öffentlichen Schlachthause ausgeschlachtete frische Fleisch in dem Gemeindebezirke nicht eher feilgeboten werden darf, bis es einer Untersuchung durch Sachverständige gegen eine zur Gemeindekasse fliessende Gebühr unterzogen ist;

3. dass in Gastwirthschaften und Speisewirthschaften frisches Fleisch, welches von auswärts bezogen ist, nicht eher zum Genusse zubereitet werden darf, bis es einer gleichen Untersuchung unterzogen ist;

4. dass sowohl auf den öffentlichen Märkten als in den Privat-Verkaufsstätten das nicht im öffentlichen Schlachthause ausgeschlachtete frische Fleisch von dem daselbst ausgeschlachteten Fleisch gesondert feilzubieten ist;

5. dass in öffentlichen, im Eigenthum und in der Verwaltung der Gemeinde stehenden Fleischverkaufshallen frisches Fleisch von Schlachtvieh nur dann feilgeboten werden darf, wenn es im öffentlichen Schlachthause ausgeschlachtet ist;

6. dass diejenigen Personen, welche in dem Gemeindebezirk das Schlächtergewerbe oder den Handel mit frischem Fleisch als stehendes Gewerbe betreiben, innerhalb des Gemeindebezirks das Fleisch von Schlachtvieh, welches

sie nicht in dem öffentlichen Schlachthause, sondern an einer anderen innerhalb eines durch den Gemeindebeschluss festzusetzenden Umkreises gelegenen Schlachtstätte geschlachtet haben oder haben schlachten lassen, nicht feilbieten dürfen.

Die Regulative für die Untersuchung (Nr. 1, 2 und 3) und der Tarif für die zu erhebende Gebühr (Nr. 2 und 3) werden gleichfalls durch Gemeindebeschluss festgesetzt und zur öffentlichen Kenntniss gebracht. In dem Regulativ für die Untersuchung des nicht im öffentlicheu Schlachtbause ausgeschlachteten Fleisches (Nr. 2) kann. angeordnet werden, dass das der Untersuchung zu unterziehende Fleisch dem Fleischbeschauer in grösseren Stücken (Hälften, Vierteln) und, was Kleinvieh anbelangt, in unzertheiltem Zustande vorzulegen ist; die in dem Tarife (Nr. 2 und 3) festzusetzenden Gebühren dürfen die Kosten der Untersuchung nicht übersteigen.

Die Anordnungen zu Nr. 2—6 können nur in Verbindung mit der Anordnung zu Nr. 1 und dem Schlachtzwang (§ 1) beschlossen werden, sie bleiben für diejenigen Theile des Gemeindebezirks und diejenigen Gattungen von Vieh, welche gemäss § 1 von dem Schlachtzwange ausgenommen sind, ausser Anwendung.

Im Uebrigen steht es den Gemeinden frei, die unter Nr. 2—6 aufgeführten Anordnungen sämmtlich oder theilweise und die einzelnen Anordnungen in ihrem vollen, durch das Gesetz begrenzten Umfange oder in beschränktem Umfange zu beschliessen.

§ 3. Die in den §§ 1 und 2 bezeichneten Gemeindebeschlüsse bedürfen zu ihrer Gültigkeit der Genehmigung der Bezirksregierung.

Das Verbot der Benutzung anderer als der im öffentlichen Schlachthause befindlichen Schlachtstätten (§ 1) tritt sechs Monate nach der Veröffentlichung des genehmigten Gemeindebeschlusses in Kraft, sofern nicht in diesem Beschlusse selbst eine längere Frist bestimmt ist

Neue Privatschlachtanstalten dürfen von dem Tage dieser Veröffentlichung ab nicht mehr errichtet werden.

§ 4. Die Gemeinde ist verpflichtet, das öffentliche, ausschliesslich zu benutzende Schlachthaus den örtlichen Bedürfnissen entsprechend einzurichten und zu erhalten.

Will die Gemeinde die Anstalt eingehen lassen, so ist die Aufhebung von der Genehmigung der Regierung abhängig.

§ 5. Die Gemeinde ist befugt, für die Benutzung der Anstalt, sowie für die Untersuchung des Schlachtviehs, beziehungsweise des Fleisches, Gebühren zu erheben. Der Gebührentarif wird durch Gemeindebeschluss auf mindestens einjährige Dauer festgesetzt und zur öffentlichen Kenntniss gebracht.

Die Höhe der Tarifsätze ist so zu bemessen, dass

1. die für die Untersuchung (§ 2) zu entrichtenden Gebühren die Kosten dieser Untersuchung,
2. die Gebühren für die Schlachthausbenutzung den zur Unterhaltung der Anlagen, für die Betriebskosten, sowie zur Verzinsung der allmählichen Amortisation des Anlagekapitals und der etwa gezahlten Entschädigungssumme (§ 7) erforderlichen Betrag

nicht übersteigen.

Ein höherer Zinsfuss als 5% jährlich und eine höhere Amortisationsquote als 1% nebst den jährlich ersparten Zinsen darf hierbei nicht berechnet werden.

§ 6. Die Benutzung der Anstalt darf bei Erfüllung der allgemein vorgeschriebenen Bedingungen Niemandem versagt werden.

§ 7. Den Eigenthümern und Nutzungsberechtigten der in dem Gemeindebezirke vorhandenen Privat-Schlachtanstalten ist für den erweislichen, wirklichen Schaden, welchen sie dadurch erleiden, dass die zum Schlachtbetriebe dienenden Gebäude und Einrichtungen in Folge der nach § 1 getroffenen Anordnung ihrer Bestimmung entzogen werden, von der Gemeinde Ersatz zu leisten. Bei Berechnung des Schadens ist namentlich zu berücksichtigen, dass der Ertrag, welcher von den Grundstücken und Einrichtungen bei anderweiter Benutzung erzielt werden kann, von dem bisherigen Ertrage in Abzug zu bringen ist.

Eine Entschädigung für Nachtheile, welche aus Erschwerungen oder Störungen des Geschäftsbetriebes hergeleitet werden möchten, findet nicht statt.

§ 8. Soweit Pacht- und Miethverträge die Benutzung von Privat-Schlachtanstalten zum Gegenstande haben, erreichen solche Verträge ihr Ende spätestens mit dem Ablauf der nach § 3 den Schlachthausbesitzern gewährten Frist.

Ein Entschädigungsanspruch wegen dieser Auflösung allein steht dem Verpächter und Pächter gegen einander nicht zu.

§ 9. Die Eigenthümer und Nutzungsberechtigten (Pächter, Miether) von Privat-Schlachtanstalten sind bei Vermeidung des Verlustes ihrer Entschädigungsansprüche gegen die Gemeinde verpflichtet, dieselben innerhalb der ihnen nach § 3 gewährten Frist bei der Bezirksregierung anzumelden.

Diese Behörde ernennt einen Kommissarius, welcher unter Zuziehung von zwei Beisitzern den Anspruch zu prüfen und den Betrag der Entschädigung zu ermitteln hat.

Der eine der Beisitzer ist von dem Entschädigungsberechtigten, der andere von der Gemeinde zu wählen. Erfolgt die Wahl nicht binnen einer vom Kommissarius zu bestimmenden, mindestens zehntägigen Frist, so ernennt dieser die Beisitzer.

§ 10. Nach Beendigung der Instruktion reicht der Kommissarius die Verhandlungen mit seinem Gutachten der Bezirksregierung ein, welche über den Entschädigungsanspruch durch ein mit Gründen abgefasstes Resolut entscheidet, und eine Ausfertigung desselben Jedem der Betheiligten durch den Kommissarius aushändigen lässt.

§ 11. Gegen das Resolut steht Jedem der Betheiligten innerhalb einer Frist von vier Wochen, vom Tage der Behändigung des Resoluts an gerechnet, die Beschreitung des Rechtsweges zu.

Nach fruchtlosem Ablauf dieser Frist hat das Resolut die Wirkung eines rechtskräftigen Erkenntnisses.

§ 12. Die Bestimmungen des gegenwärtigen Gesetzes finden auch auf den Fall Anwendung, in welchem die Gemeinde das öffentliche, ausschliesslich zu benutzende Schlachthaus nicht selbst errichtet, sondern die Errichtung desselben einem anderen Unternehmer überlässt. In diesem Falle verbleiben der Gemeinde die ihr in diesem Gesetze auferlegten Verpflichtungen. Das gegenseitige Verhältniss zwischen der Gemeinde und dem Unternehmer ist durch einen Vertrag zu regeln, welcher der Bestätigung der Bezirksregierung unterliegt.

§ 13. Die in diesem Gesetze den Bezirksregierungen beigelegten Befugnisse stehen in der Provinz Hannover, so lange Bezirksregierungen daselbst nicht eingesetzt sind, den Landdrosteien zu.

§ 14. Wer der nach § 1 getroffenen Anordnung zuwider ausserhalb des öffentlichen Schlachthauses entweder Vieh schlachtet, oder eine der sonstigen im Gemeindebeschlusse näher bezeichneten Verrichtungen vornimmt, ferner wer den Anordnungen zuwiderhandelt, welche durch die in § 2 erwähnten Gemeindebeschlüsse getroffen worden sind, wird für jeden Uebertretungsfall mit Geldstrafe bis zu einhundertundfünfzig Mark oder mit Haft bestraft.

b) Zuständigkeits-Gesetz § 131. Der Bezirks-Ausschuss beschliesst:

1. über die Genehmigung der auf Grund der §§ 1—4 des Gesetzes vom 18. März 1868 betreffend die Errichtung öffentlicher, ausschliesslich zu benutzender Schlachthäuser [G.-S. S. 277], gefassten Gemeindebeschlüsse, sowie über die Bestätigung von Verträgen zwischen einer Gemeinde und einem Unternehmer in Betreff der Errichtung eines öffentlichen Schlachthauses [§ 12 a. a. O.].

2. über Entschädigungs-Ansprüche der Eigenthümer und Nutzungsberechtigten von Privat-Schlachtanstalten wegen des ihnen durch die Errichtung öffentlicher, ausschliesslich zu benutzender Schlachthäuser zugefügten Schadens [§§ 9—11 a. a. O].

In den Fällen zu 1 findet die Beschwerde an den Minister für Handel und Gewerbe, in den Fällen zu 2 nur der ordentliche Rechtsweg gemäss § 11 a. a. O. statt.

c) § 23 der Reichsgewerbe-Ordnung vom 1. Juli 1883. Der Landesgesetzgebung bleibt vorbehalten, für solche Orte, in welchen öffentliche Schlachthäuser in genügendem Umfange vorhanden sind oder errichtet werden, die fernere Benutzung stehender und die Anlage neuer Privat-Schlächtereien zu untersagen.

Der Landesgesetzgebung bleibt ferner vorbehalten, zu verfügen, inwieweit durch Ortsstatuten darüber Bestimmung getroffen werden kann, dass einzelne Ortstheile vorzugsweise zu Anlagen der im § 16 erwähnten Art zu bestimmen, in anderen Ortstheilen aber dergleichen Anlagen entweder gar nicht oder nur unter besonderen Beschränkungen zuzulassen sind.

§ 51.

Wegen überwiegender Nachtheile und Gefahren für das Gemeinwohl kann die fernere Benutzung einer jeden gewerblichen Anlage durch die höhere Verwaltungsbehörde zu jeder Zeit untersagt werden. Doch muss dem Besitzer alsdann für den erweislichen Schaden Ersatz geleistet werden. Gegen die untersagende Verfügung ist der Rekurs zulässig; wegen der Entschädigung steht der Rechtsweg offen.

III. Für und wider den Schlachtzwang.

Bedenken wegen der Rentabilität. Die von den Gegnern des Schlachtzwanges geltend gemachten und oben angeführten Bedenken sind nicht nur leicht zu widerlegen, sondern sie werden auch bei weitem durch die Vortheile überwogen, die der Schlachtzwang für das Gemeinwohl nach sich zieht. Denn wenn auch zugegeben werden muss, dass das Gesetz auf das ganze Fleischergewerbe tief einschneidend wirkt, so ist doch dieser Zwang nur scheinbar so gross, da die Schlächter aus eigener Initiative selbst gemeinsame Schlachthäuser angelegt haben; also das Schlachten an gemeinsamen Plätzen ist es nicht, was ihnen bei den Zwangs-Schlachthäusern unbequem wird, wohl aber die von einem Sachverständigen ausgeübte Kontrolle, und dürfte daher Gerlach*) mit Recht sagen:

> »und wenn sie dennoch verschiedene Schwierigkeiten und den Kostenpunkt gegen das obligatorische Schlachten in öffentlichen Schlachthäusern geltend machen, so haben sie dabei doch nur den Hintergedanken, sich bei ihrem Geschäft nicht auf die Finger sehen zu lassen, und ein solcher Hintergedanke beweist gerade die Nothwendigkeit der Kontrolle. Der Gewinn hinter den Koulissen muss gross sein, wenn die Schlächter die offenbaren Vortheile und Bequemlichkeiten der Schlachthäuser zurückweisen«.

Ganz gehaltlos und längst widerlegt sind die Bedenken, ob sich die Anlage rentiren**) und nicht vielleicht eine Steigerung der Fleischpreise nach sich ziehen würde. Dass letzteres keineswegs der Fall ist, steht nunmehr nach den langjährigen Erfahrungen, welche die einzelnen Kommunen aufzuweisen haben, absolut fest, man könnte im Gegentheil vielmehr behaupten, die Preise sind heruntergegangen, weil die Qualität des Fleisches sich gebessert hat, dafür der Preis aber — abgesehen von der allgemeinen Erhöhung der Nahrungsmittelpreise — derselbe geblieben ist.

Auch für die Rentabilität liegt kein Grund zu Befürchtungen vor. Nach § 5 des Gesetzes müssen die Gebühren für Schlachtung, Unter-

---

*) Gerlach, Die Fleischkost des Menschen, Berlin 1873.

**) Nach einer Notiz der Deutschen Fleischerzeitung bringt der Innungs-Schlachthof in Chemnitz den Besitzern der Antheilscheine jährlich nicht unerhebliche Einnahme.

suchung, Benutzung von Waagen, Ställen, Kühlhaus u. dergl. so bemessen werden, dass die Einnahmen die Betriebsunkosten, Verzinsung und Amortisation (letztere gewöhnlich 1%) des Anlagekapitals decken, ohne einen Ueberschuss zu erzielen. Es empfiehlt sich aber, die einzelnen Gebühren von vornherein etwas höher anzusetzen, weil einmal die Einnahmen vorher nicht genau festzustellen sind, da die Angaben der Fleischer über Schlachtungen später gewöhnlich nicht den Thatsachen entsprechen, und weil zweitens bei jeder neuen Anlage, mag sie noch so sorgfältig ausgedacht und ausgeführt sein, sich nachträglich noch mancherlei zu ergänzen und zu ändern findet. Auch darf man nicht ausser Acht lassen, dass zu den Betriebsunkosten mindestens 2 bezw. 5 % der Bausumme für Abnutzung an Gebäuden und Maschinen hinzuzurechnen sind. Es ist also für jede Gemeinde die Gefahr vollständig ausgeschlossen, dass sie mit Erbauung eines öffentlichen Schlachthofes irgend welche Lasten auf sich nimmt, ausser, dass sie die zum Bau erforderliche Summe leihweise vorstreckt,*) denn die Anlage erhält sich selbst, indem nach der Höhe der jährlichen Ausgaben jedesmal die nothwendigen Einnahmen vorher festgesetzt werden, so dass niemals irgend ein Zuschuss aus der Gemeindekasse gefordert werden kann. Die Einnahme aber, d. h. die Ausgaben der Fleischer werden nach einer bestimmten Reihe von Jahren sich bedeutend verringern, nachdem allmählich durch Amortisation das Anlage-Kapital getilgt ist und mit dieser Tilgung auch die Zahlung von Zinsen aufhört.

Ausserdem liegt es in der Hand der aufsichtführenden Behörde, bei kleinen oder mittellosen Gemeinden von der Erfüllung aller sonst an solche Anstalten zu stellenden Anforderungen, unter der Bedingung späterer Ergänzung, falls über grössere Mittel verfügt wird, vor der Hand absehen zu können. Dass aber auch die Gemeinde aus derartigen Anlagen nicht irgend welche Vortheile ziehen darf, liegt wohl auf der Hand, und die Fleischer dürfen in jedem Falle des Schutzes der Regierung sicher sein, wie jüngst ein Fall in einer kleinen Stadt Posens bewies, woselbst ein von der Gemeinde errichteter Schlachthof von einem Privatmann mit der Verpflichtung übernommen

---

*) In sehr vielen Fällen wird das Geld einer etwa vorhandenen städtischen Sparkasse entnommen, doch hat in einem Special-Fall die zuständige Regierung hiergegen Widerspruch erhoben, indem ausgeführt wurde, die Stadt könne nicht zu gleicher Zeit ihr eigener Schuldner und Gläubiger sein.

war, jährlich eine bestimmte Summe an die Stadt zu zahlen, wodurch natürlich eine nicht unbedeutende Erhöhung der Gebühren eintrat, aber zur Folge hatte, dass die Regierung die betreffende Stadtverwaltung anwies, auf die Einnahme fernerhin Verzicht zu leisten. Desgl. ist auch in der westfälischen Stadt H. auf Verfügung des Oberpräsidenten die von dem Magistrat auf $1\frac{1}{2}$ bezw. 2% normirte Amortisationsquote auf die gesetzliche Höhe von 1% zurückgesetzt; in Köln wurde ebenfalls durch Verfügung der Regierung (vom 14. Mai 1887) die Stadtverwaltung angewiesen, den dort angesammelten Schlachthof-Reservefonds aufzulösen, und in Düsseldorf musste der Zinsfuss des zum Schlachthofbau geliehenen Kapitals um 1% herabgesetzt werden.

Im § 8 des neuen Gemeinde-Abgaben-Gesetzes sind jedoch die Bestimmungen des § 5 des Schlachthausgesetzes dahin umgeändert, dass statt einer Verzinsung von höchstens 5% des Anlagekapitals die Gemeinde befugt ist, bis zu 8% erheben und den Ueberschuss einziehen zu können. In denjenigen Gemeinden, wo Schlachtsteuer besteht, darf dieser Satz nur 5% betragen.

Eine Reihe von Städten erhebt aber jetzt schon eine gewisse Steuer von den Einnahmen des Schlachthofes unter dem Titel »Beitrag zu den allgemeinen Verwaltungsunkosten« als Entschädigung für die Leistungen nicht zum Schlachthof gehörender Beamten, wie Kassenbeamten, Kalkulatoren, Bau- und Polizeibeamten u. s. w. und zwar bald als Pauschquantum (Erfurt, Halle, Kiel, Hagen), bald als bestimmten Prozentsatz der jährlichen Einnahmen des Schlachthofes. Zu Erhebung dieser Abgabe steht der Stadt ohne Zweifel ein Recht zu, da der Schlachthof als selbständiges Institut seine Unkosten allein zu tragen hat und nicht unentgeltlich die Inanspruchnahme anderer Beamten verlangen kann.

Es beträgt dieser Beitrag jährlich:
in Bromberg 5% der Jahreseinnahme, Erfurt 1200 M., Hagen i/W. 1800 M. (= $3{,}6\%$ der Einnahme), Halle 200 M., Insterburg 3000 M. (= $7\frac{1}{2}\%$ der Einnahme), Kiel 1500 M. (= $1{,}8\%$ der Einnahme), Köslin 1000 M. (= $4{,}5\%$ der Einnahme), Naumburg 1200 M., Stolp 800 M. (= 2% der Einnahme), Ratibor 1500 M. (= 5% der Einnahme).

Nachstehend geben wir eine Uebersicht über die Rentabilität einer Anzahl Schlachthöfe nebst Tabellen für Schlacht- und Untersuchungsgebühren.

*Schlachtgebühren.**)

No.	Stadt.	Pferd	Bulle oder Ochse	Kuh	Jungvieh	Kalb	Hammel Ziege	Schweine	Trichinenschaugeb.
1.	Anklam . .	5,50	7,50	7,50	—	bis 50 kg 0,90 darüber 2,50	0,20	2,10	ganze Sch. 0,75 weniger wie ½ Sch. . . . 0,50
2.	Darkehmen .	1,70	1,70	1,70	—	0,30	0,90	0,80	—
3.	Eberswalde .	6,00	5,00	5,00	—	0,60	0,40	inkl. Tr. 2,10	—
4	Gostyn . .		2,00	2,00	—	0,50	0,50	Ferk. 1,00 2,00	—
5.	Graudenz . .	3,00	3,00	3,00	—	unt.100kg 0,75	0,50	1.50	—
6.	Greifswald .	6,00	6,00	6,00	über 50 kg 2,00	unter 50 kg 1,00	1,00	2,70	1,00 für weniger als ¼ Sch. 0,50
7.	Grottkau . .	2,00	2.00	2,00	—	0,50	0,40 Zg. 0,20	1,00	1,00
8.	Insterburg .	—	4,00	4,00	—	unter 100 kg 0,75	0,50	2,00	0,50
9.	Köslin . . .	—	3,00	3,00	—	1,00	1,00	1,00	0,75
10.	Kolmar . .	—	3,00	3,00	—	1,00	0,50	1,50	—
11.	Kottbus . .	4,00	4,00	4,00	—	0,75	0,50	Ferk. 0,50 1,50	—
12.	Kreuzburg .	2,00	200 kg 1,50 400 - 2,50 üb. 400 - 3,00		—	150 kg 0,50	150 kg 0,50	150kg1,00 250 - 1,50 über 251 kg 2,00	0,70
13.	Lauenburg .	4,00	4,00	4,00	—	unter 125 kg 1,50	1,50	1,75	0,75 Schinken 0,50
14.	Lübeck . .	5,00	3,00	1,50	—	0,60	0,40 Zg. 0,20	1,20	—
15.	Myslowitz .	2,00	2,50	2,50	—	0,50	0,40	1,00	1,00
16.	Oeynhausen .	3,00	3,00	3,00	—	0,50	0,50	1,50	0,75
17.	Oppeln . .	3,50	2,00	2,00	—	0,30	0,30	1,00	1,00
18.	Ratibor . .	3,00	2,50	2,50	—	0,30	0,30	0,90	0,60
19.	Stolp . . .	5,00 Fohl. 2,50	6,00	5,00	100 bis 250 kg 2,50	unter 100 kg 1,25	1,00	2,50 Ferk. 1,00	0,50
20.	Thorn . . .	2,50	2,50	2,50	—	0,40	0,40	1,25	0,50

---

*) An vielen Schlachthöfen sind für Lämmer, Zickel, Spanferkel besondere Schlacht- und Untersuchungsgebühren, welche ungefähr halb so hoch sind wie für erwachsene Thiere, angesetzt. Um Streitigkeiten, wie sie vielfach vorgekommen sind, zu vermeiden, ist es dringend nothwendig, in dem Tarif genaue Merkmale für diese Thiergattungen anzugeben z. B., dass unter Lamm, Zickel, Spanferkel nur solche Thiere zu verstehen sind, welche noch von der Mutter ernährt werden, also ein (lebend) Gewicht von ca. 12—15 kg bezw. ausgeschlachtet von 6—7 kg haben und höchstens 10—12 Wochen alt sind.

Die in der Tabelle angegebenen Gewichte beziehen sich auf Lebendgewicht.

Untersuchungs-Gebühren
für von ausserhalb geschlachtet eingebrachtes Fleisch.

No.	Stadt	Pferd	Grossvieh	Jungvieh	Kalb	Schaf, Ziege	Schwein	Ferkel, Lamm	Trichinenschau	Verschiedenes
1.	Anklam		$^1/_1$ 2,40 $^1/_2$ 1,20 $^1/_4$ 0,60		$^1/_1$ 0,50 $^1/_2$ 0,25	0,50	$^1/_1$ 1,00 $^1/_2$ 0,50 $^1/_4$ 0.25		$^1/_1$—$^1/_2$ 0,75 darunter 0,50	kleine Stücke für Gast-Wirthe u. s. w. 0,25.
2.	Berlin		0,50		0,10		0,80	0,05		für jeden einzeln. Theil wird ebensoviel gezahlt wie für das ganze Thier.
3.	Bonn		$^1/_1$ 2,00 $^1/_2$ 1,50 $^1/_4$ 1,00		0,30		$^1/_1$ 1,00 $^1/_2$ 0,60	0,10		
4.	Darkehmen		0,50	0,50	0,20	0,10	0,50			
5.	Demmin		1,50		0,50		0,50			
6.	Graudenz		2,00		unt.100 kg 0,40	0,40	1,00	0,40		
7.	Greifswald		$^1/_1$ 2,40 $^1/_2$ 1,20 $^1/_4$ 0,60		0,50		1,00	0,50		einzelne Stücke 0,25.
8.	Hildesheim		$^1/_4$ 0,60		0,50	0,35	$^1/_2$ 0,50			
9.	Insterburg		3,50		unt. 80 kg 0,60	0,40	0,50	0,40		
10.	Köslin		$^1/_1$ 2,00 $^1/_2$ 1,00 f. Private 1,00		0,50 f. Private	0,25	$^1/_1$ 1,25 $^1/_2$ 0,75 f. Private 1,00			Schinken, Braten u.s.w. 0,50, Rindfleisch bis zu 50 kg 0,75.
11.	Kolberg		2,00		b. z. Alter v. 4 Mon. 0,75	0,50	1,25	0,50		
12.	Kottbus		2,00		0,30		0,75	0,05		
13.	Krefeld		3,00		0,50	0,40	1,00		1,00	
14.	Lauenburg		3,00		0,75		0,75		$^1/_1$ 0,75 Schinken 0,50	für Gast-Wirthe u. s. w. 1 kg Schweinefleisch incl. Trichsch. 0,06, anderes Fleisch 0,03.
15.	Neustettin		2,00		v. 25—30 kg 0,80 darunter 0,40	0,40	1,00	0,40		
16.	Mannheim		$^1/_4$ 0,20		$^1/_4$ 0,10		$^1/_2$ 0,10			
17.	Oeynhausen		2,00		0,50		1,00		0,75	
18.	Stolp		3,50	2,00	0,75		1,75	0,75	0,50	
19.	Stralsund		$^1/_1$—3,50 $^1/_2$—1,80 $^1/_4$—1,00		gr. 1,00 kl. 0,70	0,70	1,00	0,70		einzelne Stücke 0,25.
20.	Thorn		1,75		unt. 50 kg 0,30	0,30	1,00	0,30		

Rentabilitäts-Tabelle.

No.	Städte	Einwohnerzahl	Eröffnungsjahr	Baukapital	Schlachtgebühren	Untersuchungsgebühren	Sonstige Einnahmen	Zinsen	Amortisation	Gehälter	Betriebskosten	Sonstige Ausgaben	Ueberschuss	Seit Eröffnung amortisirt	Zusammenstellung aus dem Jahre
1.	Darkehmen .	3448	1888	23350	3243	1183,22	49,55	1167,50	—	1424	1615,77	21,62	4,60	—	1892
2.	Gostyn . .	3730	1891	17000	3407		3	664,79	310,21	1400	408,51	234	—	620	1892
3.	Greifswald .	21633	1888	233600	39841		799,90	9153,38	2526,62	5400	inkl.Trichinensch. 13090 (8190)	11580	—	7292,06	1892
4.	Grottkau . .	4345	1888	50500	4349,40	172,50	343,48	2085	956,88	1114,33	349,22	156,65	1160,48	—	1889
5.	Insterburg .	24000	1885	280000	26500	5850	1745	12500		6361	6827	4488	636	—	1891
6.	Köslin . .	17830	1888	119440	17823,85	3851,50	238	6014,84	1351,26	8343,10	5470,57	80,30	653,22	4632,90	1891
7.	Kolmar . .	3252	1888	18000	3518		130	900		1172	849	150	577	—	1892
8.	Kreuzberg .	7600	1885	60000	7986	288	556	2235	2200	1932	1681	9	773	2525	1889
9.	Lauenburg .	8022	1890	122000	13806	521	829	5490	610	3678	3800	922	656	—	1891
10.	Myslowitz .	9150	1887	132254	15685,20	1377,65	3070,55	6912,50	2500	2165	2035	320	4600,90	—	1889
11.	Oeynhausen.	2500	1884	25000	3075,65	447		880	125	1275	937,36	15,35	—	3000	1892
12.	Oppeln . .	19183	1885	138418	17565	4526	1616	5740	2640	5723	5591	248	3764	6000	1889
13.	Ratibor . .	20729	1885	160000	21394	1064	995	5618	750	8200	2382	1657	4846	—	1889
14.	Stolp . . .	23900	1890	282000	27000	7200	4064	11280	1720	9953,56	12251,66	—	4140,78	1700	1892

Entschädigungsberechtigung der Fleischer. Schwieriger ist die im § 7 des Gesetzes vom $\frac{\text{18. März 1868}}{\text{9. März 1881}}$ sowie in den §§ 23 und 51 der Reichsgewerbe-Ordnung und im § 131 des Zuständigkeitsgesetzes erörterte Frage der Entschädigungsansprüche. Diese hat in vielen Fällen die Kommunen von der Errichtung eines Schlachthauses abgehalten, weil man fürchtete, dass die Summe der Entschädigungen eine so hohe sein würde, dass dadurch der neuen Anlage von vorneherein schon grosse Lasten auferlegt werden würden. Thatsächlich war das Gesetz in seiner ursprünglichen Fassung zu solchen Bedenken geeignet, dieselben sind aber glücklicher Weise durch die Novelle vom 9. März 1881 vollständig beseitigt, indem diese bestimmt, »dass der Ertrag, welcher von den Grundstücken und Einrichtungen bei anderweitiger Benutzung erzielt werden kann, von dem bisherigen Ertrage in Abzug zu bringen ist.«

Diese Entschädigungspflicht taucht zum ersten Male in dem Gesetz über die Errichtung öffentlicher Schlachthäuser im Gegensatz zu allen anderen gewerblichen Anlagen auf und ist vielfach Veranlassung gewesen, die Reichsregierung, — allerdings ohne Erfolg —, um Aufhebung dieses Paragraphen zu bitten. Genauer betrachtet ist die Entschädigungspflicht nicht so schwerwiegend, wie es anfangs den Anschein hatte; denn es besitzen sehr viele Schlächter keine Koncession für ihre Schlachthausanlage, und diese fallen von selbst mit ihrer Forderung aus, ebenso diejenigen, welche ein schlecht, beziehungsweise nicht den ortspolizeilichen Vorschriften entsprechend eingerichtetes Schlachthaus besitzen; es bleiben somit nur die gut eingerichteten Anlagen zur Berücksichtigung übrig, und diese lassen sich am allerleichtesten zu anderen Zwecken umwandeln; denn entweder werden sie von dem betreffenden Schlächter selbst zu Arbeitsräumen (Wurstmacherei u. s. w.) benutzt oder zu Wohnräumen umgebaut und gewinnen alsdann ohne Zweifel an Nutzungswerth, da bekanntermassen niemand wegen des Geschreies der Thiere und des üblen Geruchs gern bei einem Fleischer wohnt. Wie die Erfahrung gelehrt hat, sind in den meisten Städten nur so wenig Ansprüche als gerechtfertigt anerkannt worden, dass die dafür gezahlten Summen kaum ins Gewicht fallen, in vielen Fällen haben die Fleischer sogar selbst auf jegliche Entschädigung Verzicht geleistet, um das Anlagekapital nicht unnöthig zu erhöhen. Fast überall hat die gezahlte Entschädigungssumme 10 % der geforderten nicht übersteigen.

Die Vortheile des Schlachtzwanges. Alle diese Bedenken aber verschwinden vollständig den Gründen gegenüber, welche jede Gemeinde bewegen müssen, nicht länger mit Errichtung einer in so vieler Hinsicht wichtigen Wohlfahrts-Anstalt zu säumen, denn:

1. Durch die genaue Kontrolle in öffentlichen Schlachthäusern[*]) wird verhindert, dass gesundheitsschädliches Fleisch in den Handel kommt, es fällt vielmehr alles für den menschlichen Genuss ungeeignete der Vernichtung resp. technischen Ausnutzung anheim, während dasjenige Fleisch, welches zwar von nicht ganz gesunden Thieren stammt, aber der menschlichen Gesundheit nicht schädlich ist, unter Deklaration d. h. Angabe der Beschaffenheit und Herkunft unter Aufsicht auf dem Schlachthofe verkauft wird.

2. In den mit allen maschinellen Neuerungen ausgestatteten und zweckmässig eingerichteten Schlachthallen findet das Schlachten unter Beobachtung grösster Sauberkeit und mit möglichster Bequemlichkeit statt, sodass auch den kleinen Gewerbetreibenden Gelegenheit geboten wird, mit geringen Arbeitskräften und ohne Besitz eines eigenen Schlachtraumes ihren Fleischbedarf selbst zu decken, wodurch sie im Publikum mehr Zutrauen finden, konkurrenzfähiger werden und dafür sorgen können, dass nach Errichtung des Schlachthauses die Fleischpreise seitens der grösseren Gewerbetreibenden nicht in die Höhe getrieben werden.

3. Die in den meisten Städten durch mangelhafte Einrichtung und Beaufsichtigung der Privatschlächtereien für die öffentliche

---

[*]) Vom 1. April 1892 bis 31. März 1893 wurden in den 243 öffentlichen Schlachthäusern im Königreich Preussen 22 487 Pferde, 600 501 Rinder, 914 216 Kälber, 9 16 962 Schafe und 4726 Ziegen, 8678 weitere nicht getrennt gezählte Kälber, Schafe und Ziegen, 1 873 266 Schweine geschlachtet, ausserdem noch in 313 Rossschlächtereien 30 056 Pferde. Von den geschlachteten Thieren waren behaftet mit Rotz 9 Pferde = 0,017 %, mit Tuberkulose 112 Pferde = 0,21 %, 52 136 Rinder = 8,7 %, 446 Kälber = 0,049 %, 884 Schafe = 0,096 %, 2 Ziegen = 0,04 %, 14 287 Schweine = 0,76 %, mit Finnen 567 Rinder = 0,094 %, 1 Kalb, 7708 Schweine = 0,41 %, mit Trichinen 786 Schweine = 0,042 %.

Zur menschlichen Nahrung ungeeignet wurden befunden und zwar ganz: 152 Pferde = 0,3 %, 4067 Rinder = 0,68 %, 1171 Kälber = 0,13 %, 603 Schafe = 0,066 %, 31 Ziegen = 0,64 %, 6297 Schweine = 0,34 %, theilweise: 581 Pferde = 1,1 %, 65 891 Rinder = 10,98 %, 2412 Kälber = 0,26 %, 39 682 Schafe = 4,3 %, 79 Ziegen = 1,6 %, 59 267 Schweine = 3,1 %.

Gesundheitspflege so gefährliche Verunreinigung von Luft, Boden und Wasser wird beseitigt.

4. Thierquälerei ist fast ganz ausgeschlossen, da die für die Betäubung nöthigen Apparate und Vorrichtungen zur Verfügung stehen, und die Einzelnen bald Fertigkeit in der Handhabung derselben erlangen, besonders aber die Schlachtungen unter Aufsicht eines geschulten Personals stattfinden. Nicht zu unterschätzen ist ferner, dass durch Verlegung der Schlachtstätten nach ausserhalb der Stadt das für die Nachbarschaft der Fleischer so störende und peinliche Geschrei der Thiere auf einen kleinen Hörerkreis beschränkt bleibt.

5. Das für den Verkehr so hinderliche und oft nicht ungefährliche Treiben von Schlachtvieh durch die Strassen hört auf, da der Zutrieb meist direkt vom Lande nach dem ausserhalb gelegenen Schlachthofe, ohne die Stadt selbst zu berühren, oder, bei Bahnanschluss, die Ausladung gleich an Ort und Stelle stattfindet.

6. Durch die Untersuchung des lebenden Viehs, welche auf jedem Schlachthofe vor der Schlachtung regelmässig stattfindet, wird die Weiterverbreitung ansteckender Thierkrankheiten verhindert, indem die als krank befundenen Thiere in einem besonderen Raume getödtet und so die Krankheiten im Keime erstickt werden.*)

7. Die Viehzucht wird gehoben, da dem Züchter einerseits Gelegenheit gegeben ist, sich nach der Schlachtung von dem Gesundheitszustande seines Viehs überzeugen und die ungeeigneten Thiere gesetzten Falls von der Zucht ausschliessen zu können, es andererseits aber nicht unwesentlich für dieselbe ist, dass die von Thier auf Thier übertragbaren Parasiten durch Vernichtung der betreffenden Organe nach der Schlachtung der Weiterverbreitung entzogen werden.

8. Die Qualität des Fleisches wird eine bessere, da einmal die Schlächter bei der öffentlichen Schlachtung sich gegenseitig im Ankauf besserer Waare zu überbieten suchen, minderwerthiges Fleisch aber bei Errichtung einer Freibank dieser überwiesen wird, während die Schlachtgebühren für beide Qualitäten gleich hoch sind. Nicht zu unter-

---

*) Welchen hohen Werth die Untersuchung der lebenden und geschlachteten Thiere für die Feststellung von Thierseuchen hat, geht daraus hervor, dass im Jahre 1892 durch die Fleischbeschau 21 Fälle von Milzbrand, 10 Fälle von Rotz, 3 Fälle von Lungenseuchen, 2 Fälle von Pferderäude, ein Fall von Schafräude nebst zahlreichen Fällen von Maul- und Klauenseuche ermittelt sind.

schätzen ist ferner die gegenseitige Kontrolle der Fleischer bei der Schlachtung.

9. Durch Anlage eines Kühlhauses auf dem Schlachthofe erwachsen den Schlächtern und auch dem Publikum eine Menge Vortheile, auf welche später bei Besprechung der Kühlanlage näher eingegangen werden soll.

10. Bei Verbindung eines Schlachthofes mit einem Viehhofe wird auch dem kleinen Gewerbetreibenden Gelegenheit gegeben, selbst Vieh zu angemessenen Preisen einzukaufen und nach Belieben stehen zu lassen, ohne auf Unterhändler, welche wesentlich zur Erhöhung der Preise beitragen, angewiesen zu sein.

11. Die Wissenschaft wird gefördert, da durch Sammlung pathologischer und mikroskopischer Präparate den jüngeren Sachverständigen Gelegenheit gegeben wird, sich weiterzubilden; gleichzeitig sich aber auch Laien zu Empirikern (Trichinenschauern, empirischen Fleischbeschauern) heranbilden lassen können, da sich Material für das Studium in reichlicher Menge darbietet.

12. Auch zu mancherlei Kuren bietet sich auf einem öffentlichen Schlachthofe das nöthige Material in Gestalt von sogenannten animalischen Bädern. —

Wie wenig aber alle diese grossen Vortheile bis vor Kurzem genügende Würdigung fanden, geht daraus hervor, dass 1874 in Preussen, also 6 Jahre nach Erlass des Gesetzes vom 18. März 1868, erst 2 Städte, nämlich Solingen und Liegnitz, Schlachthöfe errichtet hatten, während in Köln und Düsseldorf solche Anlagen beschlossen wurden, und nach weiteren 6 Jahren, also 1880, erst in 10 Städten derartige Institute anzutreffen waren. Zur Zeit zählt Deutschland ca. 560 Orte mit (theilweise beschränktem) Schlachtzwang, von diesen kommen auf Preussen allein 255. Trotz dieser stattlichen Anzahl giebt es aber im deutschen Reiche noch immer ca. 750 Orte (davon in Preussen allein ca. 460) mit mehr als 3000 Einwohnern oder ca. 375 (davon in Preussen allein ca. 245) mit mehr als 5000 Einwohnern, welche noch keinen öffentlichen Schlachthof besitzen.*) Von letzteren sind ca. 50 im Bau begriffen und vielleicht ebenso viele geplant bezw. beschlossen.

Und doch ist es dringend nothwendig, dass der Schlachtzwang, wenn schon die Ausdehnung auf das platte Land vor der Hand

---

*) Unter diesen sind ca. 120 Städte mit mehr als 10 000 Einwohnern.

noch nicht zu erwarten ist, wenigstens in den Städten strikte durchgeführt wird, denn so allein ist es möglich, dass ein gleichmässiger Zuzug von Vieh nach allen Orten stattfindet, während die Furcht vor Beanstandung viele Producenten abhält, nach Städten mit Schlachtzwang ihr Vieh zum Verkauf zu bringen, besonders, wenn keine Schlachtviehversicherung sie vor dem Verlust ihrer Thiere schützt.

»Man darf wohl, ohne ungerecht zu sein, den Satz aufstellen, dass jede Stadtverwaltung, die ein Schlachthaus nach den örtlichen Verhältnissen errichten könnte, sich heutezutage eines schweren hygienischen Versäumnisses schuldig macht, wenn sie dies unter·lässt.« (Bollinger.)

Die Schlachthöfe Deutschlands am 1. Januar 1894 mit Schlachtzwang*).

Erklärung der Zeichen:

I. Eigenthum der Innung. P. eines Privatmannes (die übrigen Schlachthöfe sind kommunal). † Freibank, †† freibankähnliche Einrichtung (besondere Abstempelung des nicht bankwürdigen Fleisches, Vorrichtungen zum Kochen u. s. w.) Durch Unterstreichen des Städtenamens ist angedeutet, dass sich neben dem Schlachthof ein Viehhof befindet. Die in Klammern befindlichen Zahlen geben die Einwohnerzahl nach der letzten Zählung an.

A. Preussen.

1. Ost-Preussen.

Reg.-Bez. **Königsberg.**

† Allenstein (19,236)	† Bartenstein (6409)	Braunsberg (10,868)
Cranz (1800)	† Guttstadt (4475)	Heiligenbeil (3761)
Heilsberg (5500)	Pr. Holland (5015)	† Labiau (4863)
Osterode (6705)	† Rastenburg (7292)	Wartenburg (4224)
Wehlau (5384)	† Wormditt (5159)	

Reg.-Bez. **Gumbinnen.**

Angerburg (4491)	† Darkehmen (3452)	Goldap (7098)
† Gumbinn. (12,213)	I. † Loetzen (5331)	Lyck (10,016)
Margrabowa-Oletzko (4839)	Ragnit (3968)	I. Sensburg (3475)
† Stallupönen (4677)	† Insterburg (22,237)	Johannisb. (3222)
† <u>Tilsit</u> (24,550)		

*) Einen grossen Theil der Angaben in dieser Liste verdankt Verfasser dem liebenswürdigen Entgegenkommen der Herren Landes- und Departements- bezw. Kreis-Thierärzte und Herrn Oekonomierath Hausburg, Direktor des Central-Viehhofes zu

2. West-Preussen.

Reg.-Bez.
Danzig. Dirschau (11,913) †† Elbing (41,578)

Reg.-Bez.
Marien-
werder.

Christburg (3200)	† Dt. Eylau (5200)	Flatow (3925)
† Graudenz (20,393)	Jastrow (5284)	† Konitz (10,101)
Dt. Krone (6580)	Kulm (9722)	Kulmsee (6326)
† Löban (4588)	† Marienwerd. (8512)	Riesenburg (4586)
Rosenberg (2875)	Schlochau (3196)	Stuhm (2300)
† Thorn (27,007)	Tuchel (3000)	

3. Pommern.

Reg.-Bez.
Stettin.

† Anklam (12,924)	Demmin (10,856)	Pasewalk (9500)
† Stettin (116,239)	† Swinemünde (8366)	

Köslin.

† Belgard (7043)	Bütow (5013)	Falkenburg (4117)
Köslin (17,830)	†† Kolberg (16,998)	†† Lauenburg (8050)
† Neustettin (8641)	† Stolp (23,884)	

Stralsund. †† Barth (5781) †† Greifswald (21,633) I. Stralsund (27,822)
     †† Wolgast (8052)

4. Brandenburg.

Berlin. †† Berlin (1,578,685)

Reg.-Bez.
Potsdam.

Angermünde (6709)	† Brandenb. (37,823)	† Eberswalde (16,122)
† Neu-Rupp. (14,581)	† Perleberg (7530)	Prenzlau (18,019)
† Pritzwalk (6359)	† Rathenow (16,354)	† Spandau (45,364)
Wittenbge. (12,590)		

Frankfurt. I.

Forst (23,542)	Frankfurt (55,726)	Guben (29,375)
† Kottbus (34,909)	† Landsberg (28,081)	† Sorau (14,454)
Sommerf. (11,401) I.	† Spremberg (10,604)	

5. Posen.

Reg.-Bez.
Posen.

† Gostyn (3750)	† Jarotschin (2875)	† Kempen (5527)
† Koschmin (4358)	Kosten (4889)	† Krotoschin (10,661)
Kurnik (2487)	† Lissa (13,295)	Mixstadt (1419)
† Miloslaw (2149)	† Obornik (2883)	Ostrowo (9678)
Pleschen (6132)	Rawitsch (12,423)	† Samter (4293)
Schrimm (6102)	P. † Wreschen (5238)	
[I. Fraustadt	(6834) ohne Zwang]	

Berlin, welcher die Resultate einer seinerseits angestellten Enquête bereitwilligst zur Verfügung stellte.

  Verfasser spricht genannten Herren auch an dieser Stelle seinen ergebensten Dank aus.

Reg.-Bez. Bromberg.				
† Bromberg (41,451)	† Inowrazlaw (16,504)	† Kolmar (3256)
† Krone (3752)	† Lobsens (2233)	† Mogilno (3124)
† Schneidem. (14,415)	† Schubin (3045)	† Strelno (4186)
† Tremessen (4745)	† Wirsitz (2000)	† Wongrowitz (4925)
[P. † Gnesen (18,084) u. I. † Nakel (6767) ohne Zwang]		

6. Schlesien.

Reg.-Bez. Breslau.

I.	Brieg (20,154)	† Freiburg (8950)	† Guhrau (4493)
	† Münsterberg (6132)	I. Namslau (6129)	Neumarkt (5861)
I.	Neurode (6855)	Oels (10,164)	Ohlau (8530)
	† Reichenb. (13,064)	† Schweidn. (24,701)	† Strehlen (9142)
	† Striegau (12,391)	† Waldenb. (13,392)	
	[Breslau (335,174) ohne Zwang]		

Oppeln.

	†† Beuthen (30,823)	†† Gleiwitz (19,667)	Gr. Strehl. (4891)
I.	†† Grottkau (4345)	†† Kattowitz (16,527)	†† Kosel (5763)
	†† Kreuzberg (7600)	P. †† Leobschütz (12,583)	† Myslowitz (9150)
	† Neisse (22,447)	†† Neustadt (17,581)	†† Oberglogau (5514)
I.	Oppeln (19,183)	† Ratibor (20,729)	† Rybnik (5106)
	†† Tarnowitz (9975)	†† Ziegenhals (6786)	

Liegnitz.

	† Bunzlau (12,921)	† Görlitz (62,137)	† Goldberg (6488)
	† Grünberg (10,092)	† Haynau (8074)	† Hirschberg (16,213)
I.	† Jauer (11,571)	† Landeshut (7543)	† Lauban (11,958)
	† Liegnitz (46,852)	† Lüben (6139)	Sagan (12,623)
	Sprottau (7640)		

7. Sachsen.

Reg.-Bez. Magdeburg.

† Gardelegen (7341)	† Halberst. (36,501)	† Magdeb. (202,325)
† Stassfurt (19,116)	† Stendal (18,475)	

Merseburg.

† Eisleben (23,903)	† Halle (101,403)	† Naumburg (19,807)
† Torgau (10,824)	† Weissenfels (23,868)	† Zeitz (21,680)

Erfurt.

† Erfurt (72,372)	Suhl (11,528)

8. Schleswig-Holstein.

Kiel (69,214)

9. Hannover.

Reg.-Bez. Hannover I. Hannover (163,000).

Hildesheim.

† Göttingen (23,693)	Goslar (13,312)	† Hildesheim (33,482)
† Münden (7126)	Northheim (6695)	† Osterode (6705)

Lüneburg.

† Celle (18,892)	Harburg (35,101)	† Lüneburg (20,681)

Reg.-Bez.
Osnabrück.   Lingen   (5850)   † Osnabrück (39,921)
Aurich.   † Aurich   (5550)   † Norden   (6786)
Stade.   —

10. Westfalen.

Reg.-Bez.
Münster.   † Burgsteinfurt (4315)   Coesfeld   (5611)   † Ibbenbüren (4353)
  † Münster   (49,344)   † Rheine   (7320)   † Warendorf   (5637)

Minden   I.   † Bielefeld   (39,942)   † Herford   (19,263)   Höxter   (6632)
  Minden   (20,208)   Oeynhausen   (2473)   Paderborn (17,993)
  Warburg   (5080)

Arnsberg.   Altena   (11,140)   † Arnsberg   (7385)   † Bochum   (47,618)
  † Dortmund (89,592)   † Gelsenk.   (28,033)   Hagen   (35,383)
  Hamm   (24,907)   † Hoerde   (13,347)   Hohenlimb. (6198)
  † Iserlohn   (22,119)   † Lippstadt   (10,408)   † Lüdensch. (19,450)
  N.-Marsberg (3547)   Menden   (6000)   Schwerte   (8433)
  † Siegen   (18,295)   Soest   (15,073)   Unna   (11,124)
  † Witten   (26,314)

11. Hessen-Nassau.

Reg.-Bez.
Wiesbaden.   † Bockenh.   (18,695)   † Frankfurt (179,850)   † Wiesbaden (64,693)
Kassel.   † Eschwege   (9795)   Fulda   (13,124)   † Gelnhausen (3923)
  † Hanau   (25,207)   Hersfeld   (6681)   † Kassel   (72,461)
  I.   † Marburg   (14,520)   † Melsungen   (3660)   Rinteln   (4010)
  † Schmalkald. (7243)

12. Rheinprovinz.

Reg.-Bez.
Koblenz.   † Koblenz   (32,671)   † Kreuznach (18,158)   † Neuwied   (11,062)
  † Mayen   (9549)
  [I.   † Wetzlar   (8093) ohne Zwang]

Düsseldorf.   Barmen   (116,248)   Düsseld.   (144,682)   † Duisburg (59,300)
  Elberfeld (125,830)   † Essen   (78,723)   † Kleve   (10,417)
  † Krefeld (105,371)   † Lennep   (10,427)   † Mühlheim (27,905)
  † M.Gladb. (49,626)   † Oberhaus. (25,252)   † Remscheid (40,382)
  † Reydt   (26,832)   † Solingen   (36,539)   † Wesel   (20,736)
  (Neuss   (22,647) nur für Grossvieh)

Köln.   † Bonn   (39,801)   † Köln   (281,337)   † Münstereifel (2402)
  † Siegburg   (8493)

Trier.   † St. Johann (14,570)   † Malstad - Burbach   † Saarbrück. (13,809)
        (18,379)
  Saarlouis   (6818)

Aachen.   † Jülich   (4794)   [Aachen (103,462)   Düren   (21,702)
        ohne Zwang]

18. Hohenzollern'sche Lande.

† Hechingen   (3737)   † Sigmaringen (4200)

B. Bayern.

Kreis			
Ober-Bayern.	† Burghausen (3426) † Rosenheim (10,093)	† Ingolstadt (17,636) † Wasserburg (3557)	† München (348,000) † Weilheim (3939)
Nieder-Bayern.	† Passau (16,700) († Straubing (3426)	Landshut (18,870) nur für Grossvieh).	
Schwaben-Neuburg.	† Augsburg (75,523) † Kaufbeuren (6465) Lauingen (3845) Mindelheim (3771) Nördlingen (8004) [†† Füssen (2989) ohne Zwang].	† Dillingen (5773) Kempten (15,762) Lindau (5388) † Neuburg (7500) † Weissenhorn (2095)	† Günzburg (4114) † Krumbach (—?—) † Memmingen (9600) † Neu-Ulm (7921)
Oberpfalz-Regensburg.	† Amberg (19,141) Kemnath (1455)	† Regensburg (37,936) Neumarkt (5080)	(Cham (3600) † Weiden (5821) nur für Grossvieh).
Mittel-Franken.	† Ansbach (14,267) † Fürth (42,659) † Schwabach (8103)	†† Dinkelsbühl (4484) † Nürnberg (142,523) Weissenburg (6153) ohne Zwang].	† Erlangen (17,565) [† Eichstädt (7475)
O.-Franken.	† Bayreuth (22,556) † Münchberg (4450) † Selb (5438) († Bamberg (35,248) nur für Grossvieh.)	† Hof (24,548) † Naila (2100) † Wunsiedel (3808)	† Kulmbach (7000) Rehan (3552)
U.-Franken.	† Aschaffenb. (13,609) Kissingen (4255) Marktbreit (2383) Schweinf. (12,487)	Brückenau (1549) † Kitzingen (7541) Miltenberg (3534) † Würzburg (61,032)	Dettelbach (2112) Lohr (4269) Neust. (Saale) (2068)
Rheinpfalz.	Bergzabern (2251) † Friesenheim (—?—) † St. Ingbert (10,903) Lambrecht (3346) † Neustadt (13,730) I. Zweibrück. (10,665)	† Dürkheim (6080) † Germersheim (6137) Ingenheim (—?—) † Landau (11,136) † Pirmasens (21,000)	† Frankenth. (13,008) Homburg (4348) † Kaiserslaut. (37,375) † Ludwigsh. (28,712) † Speyer (17,568)

C. Sachsen.

Kr.-Hptmschft.			
Dresden.	I. † Dresden (276,085) I. † Pirna (13,849)	I. † Grossenh. (12,100) I. Zwickau (44,183)	I. †† Meissen (17,974)
Leipzig.	I. † Döbeln (13,891) I. Mittweida (11,354)	† Leipzig (355,485) † Waldheim (9215)	I. Leisnig (8008)

Kr.-Hptmschft.

Zwickau. I. † Annaberg (15,042) I.   † Chemnitz (138,955) I.   Frankenb. (11,353)
I. † Meerane*) (22,396) I.   † Plauen   (47,006) I.   † Reichenb. (21,595)
I.   Schneeberg (8282) I.   Zschopau   (7519)
*) (Viehhof in beschränktem Sinne; Stapelplatz für Händlervieh).

Bautzen. I. † Bautzen   (21,735)   † Zittau   (25,594)

D. Württemberg.

Neckarkr.   † Böblingen   (4658) I.   † Cannstadt (20,265) I.   † Esslingen   (22,156)
† Heilbronn (29,941)   † Ludwigsbg. (17,673)   † Mundelsh.   (—?—)
I. † Stuttgart (139,659)
(I.   Backnang   (6763)   Vaihingen   3135)   Weil der Stadt (1739)
nur für Grossvieh)

Schwarz-   † Freudenstadt (6271)   † Metzingen   (5311)   † Oberndorf   (3313)
waldkr. I. † Reutlingen (18,543) I.   † Rottweil   (6912)   † Tuttlingen (10,092)
† Urach   (4259)   † Wildbad   (3478)
(† Alpirsbach   (1224) I.   † Balingen   (3361)   † Calw   (4522)
I. † Ebingen   (6891)   † Feldrennach (—?—) I.   † Horb   (2187)
† Liebenzell   (920)   † Nagold   (3544)   † Neuenburg   (2145)
† Nürtingen   (5471)   † Rottenburg (7028)   † Spaichingen (2520)
† Sulz   (1939)   † Tübingen   (13,275) nur für Grossvieh)

Jagstkr. I. † Aalen   (7152) I.   † Ellwangen   (4606) I.   Gmünd   (16,818)
† Hall   (9071)   † Heidenheim (8001)   Mergentheim (4397)
†Walzheim   (2839)
(† Giengen a.Br. (3193)   † Oehringen   (3914)   † Schorndorff (4744)
nur Zwang für Grossvieh)

Donaukreis.   † Buchau   (2275)   † Ehingen   (4234) I.   † Göppingen (14,353)
I. † Kirchheim   (7033)   † Laupheim   (4549) I.   † Ulm   (36,194)
† Wangen   (3182)
(† Biberach   (8264)   † Blaubeuren (2930)   † Leutkirch   (3159)
† Mengen   (2513)   † Ravensbg. (12,267)   † Riedlingen   (2288)
† Saulgau   (4159) I.   † Schelklingen (1214)   † Waldsee   (2654)
† Weingarten   (5739) nur Zwang für Grossvieh)

E. Baden.

Kreis
Constanz.   † Constanz (16,233)   † Engen   (1568)   † Messkirch   (1944)
† Pfullendorf (2425)   † Rudolfzell   (—?—)   † Stockach   (2058)
† Ueberlingen (4028)

Freiburg.   † Breisach   (3086)   † Emmending. (4039)   † Ettenheim   (2922)
† Freiburg   (48,788)   † Löffingen   (1126)   † Neustadt   (2591)
† Stauffen   (1799)   † Waldkirch   (4017)

Kreis			
Villingen.	† Donauschwg. (3596)	† Triberg (2400)	† Villingen (6423)
Offenburg.	† Lahr (10,809)	† Oberkirch (2972) I.	† Offenburg (8462)
	† Oppenau (1996)	† Wolfach (1744)	
Waldshut.	† St. Blasien (1200)	† Waldshut (2810)	
Heidelberg.	† Heidelberg (31,725)		
Mosbach.	† Adelshein (1470)	† Buchen (2212)	† Eberbach (4941)
	† Mosbach (3492)	† Tauberbischofs- heim (3400)	† Wertheim (3540)
Lörrach.	† Lörrach (8122)	† Schopfheim (3165)	
	(Müllheim (3187) nur für Grossvieh.)		
Karlsruhe.	† Bruchsal (11,902)	† Durlach (8500)	† Karlsruhe (73,496)
	† Pforzheim (29,987)		
Baden.	† Aachen (3397)	† Baden (14,007)	† Bühl (3002)
	† Gernsbach (2650)	† Rastatt (11,552)	
	(Ettlingen (6548) nur für Grossvieh.)		
Mannheim.	† Mannheim (79,044)		

F. Hessen-Darmstadt.

† Bensheim (6421)	† Darmstadt (56,931)	† Dieburg (4505)
† Giessen (20,812)	† Gr.-Steinheim (2084)	† Offenbach (35,778)
† Oppenheim (3450)	† Seligenstadt (3715)	† Worms (25,504)
(† Alzey (6069) nur für Grossvieh.)		
[† Mainz (72,281) ohne Schlachtzwang.]		

G. Mecklenburg-Schwerin.

Güstrow (14,569)	Ludwigslust (6504)	† Rostock (44,430)
Schwaan (3951)	Schwerin (33,469)	Stavenhagen (3125)
† Waren (7113)	Wismar (17,171)	

H. Mecklenburg-Strelitz.

N. Brandenb. (9323)

I. Sachsen-Weimar.

I. Eisenach (21,237) I.	Weimar (24,450) I.	Jena (13,639)

K. Oldenburg.

L. Braunschweig.

Braunsch. (100,883)

M. Sachsen-Meiningen.

Hildburghaus. (6019)	† Meining. (12,035)	† Saalfeld (9774)
† Sonneberg (11,476)		

N. Sachsen-Altenburg.

O. Coburg-Gotha.

† Coburg   (17,053)   † Gotha   (29,095)
[† Neust. a. H. (5081) ohne Zwang.]

P. Anhalt.

† Bernburg (27,893)   † Ballenstedt (4806)   Cöthen   (18,239)
† Dessau   (34,674)

Q. Schwarzburg S.

Arnstadt   (12,821)

R. Schwarzburg R.

Rudolstadt (11,400)

S. Hamburg.   (570,534)

T. Bremen.   (124,760)

U. †† Lübeck.   (63,556)

V. Elsass-Lothringen.

Ob.-Elsass.	Altkirch	(3401)	Ammerschw. (1754) (Pächter)	Bergheim	(2518)
	Biesheim	(1430)	Bollweiler	(1217)	Colmar	(30,411)
	Dornach	(5682)	Egisheim	(1763)	Ensisheim	(2687)
	Gebweiler	(12,388)	Grussenheim (1066)	Haltstatt	(997)
	Horburg	(1048)	Ingersheim	(2423)	Katzenthal	(550)
	Kaysersberg	(2746)	Kienzheim	(842)	Markich	(11,887)
	Mühlhaus.	(76,968)	Münster	(5070)	Neubreisach (3058)
	Neudorf	(2048)	Rappoltsweil. (5914)	Regisheim	(1643)
	Rixheim	(3138)	Rufach	(3487) (Pächter)	Sennheim	(4293)
	Sulz	(1569)	Thann	(7464)	Türkheim	(2544)
	Winzenheim (3773)		
	[St. Pilt	(1795)	ohne Zwang.]	

Unt.-Elsass.	Barr	(5674)	Benfeld	(2324)	Bischweiler	(7005)
	Brumath	(5552)	Buchsweiler	(3269)	Erstein	(4813)
	Hagenau	(14,736)	Hochfelden	(2538)	Ingweiler	(2252)
	Lauterburg	(1546)	Markolsheim	(2256)	Maursmünst. (1961)
	Niederbronn (3132)	Oberehnheim (4201)	Reichshofen	(3014)
	Schlettstadt	(9471)	Strassburg (123,545)	Weissenburg (5868)
	Zabern	(7348)		

Lothringen.	Bitsch	(2766)	Bolchen	(2285)	Busendorf	(1591)
	Chateau-Salin	(2091)	Diedenhofen	(8777)	Dieuze	(5788)
	Forbach (Pächter)	(7381)	Lixheim	(683)	Metz	(60,194)
	Mörchingen	(1041)	Püttlingen	(2176)	Saaralben	(3454)
	Saarburg	(5433)	Saargem.	(13,085)	St. Avold	(3378)
	Sierck	(1279)	Vantoux	(320)	Vic	(2143)

(Freibänke seit 1883 durch Regierungs-Verordnung in sämmtlichen Schlachthöfen.)

IV. Von wem soll der Bau eines Schlachthofes ausgehen?

Nach dem Gesetze steht es zunächst jeder Gemeinde frei, selbst einen öffentlichen Schlachthof zu erbauen, oder sie ist verpflichtet, falls sie ihr Recht an eine dritte Person, Innung, Aktiengesellschaft oder einen Privatunternehmer abtritt, dennoch die Oberaufsicht über das Institut zu übernehmen (vergl. Kap. X, Verfügung der Regierung zu Breslau vom 16. Mai 1892).

Ausserdem überwacht der Staat wie alle öffentlichen Anlagen, so auch diese, und in einzelnen Provinzen bezw. Regierungsbezirken, wie Brandenburg, Posen und Bromberg,*) findet ausserdem in Folge besonderer Verfügung in regelmässigen Zwischenräumen eine Kontrolle der öffentlichen Schlachthöfe durch die beamteten Thierärzte statt, und letztere sind gehalten, ev. vorgefundene Mängel zur Kenntniss der zuständigen Polizeibehörde zu bringen und sich bei ihrem nächsten Besuche von der Abstellung derselben zu überzeugen.

Eine besonders zweckmässige Einrichtung ist von Seiten der Kgl. sächsischen Regierung getroffen, welche für die Bezirksthierärzte eine Instruktion zur Begutachtung von neu anzulegenden Schlachthöfen erlassen hat. In dieser sind die bei solchen Anlagen besonders in Betracht kommenden Gesichtspunkte, nach welchen die einzelnen Bauten auszuführen sind, genau angegeben. Wir kommen unten auf diese Instruktion noch näher zurück.

---

*) Anlässlich eines Ministerial-Erlasses vom 7. December 1890 ist in den genannten Regierungs-Bezirken (im Reg.-Bez. Posen unter dem 1. Juli 1891, in dem Reg.-Bez. Bromberg unter dem 25. April 1891) verfügt, dass diese Revisionen „im

Ueber Innungs-Schlachthäuser. Von dem Recht, einer dritten Person die Anlage des Schlachthofes zu überlassen, haben, und zwar ganz besonders in letzter Zeit, nur wenige Gemeinden Gebrauch gemacht. Denn die Zahl der Schlachthäuser, welche Eigenthum einer Privatperson sind, ist ganz gering, im Besitze einer Innung befinden sich ebenfalls nur sehr wenige, allerdings hiervon einige in grösseren Städten, wie Stuttgart, Hannover, Dresden, Chemnitz, Marburg, Eisenach, Stralsund u. a. m.*) Im Interesse der Sache selbst aber ist es zu wünschen, dass nur noch die Kommunen allein Schlachthöfe errichten. Denn da keine zweite Anstalt der Förderung des Volkswohles und der Gesundheitspflege so sehr gewidmet ist, wie gerade ein öffentliches Schlachthaus, so muss es Pflicht jeder städtischen Gemeinde sein, selbst eine solche Anstalt zu errichten, welche ganz allein, ohne Rücksicht auf andere Interessen, geeignet ist, den Einwohnern möglichst billiges, gutes und gesundes Fleisch zu verschaffen, zumal da durch ein solches Institut, wie oben besprochen, der Gemeinde keinerlei Kosten erwachsen, und ihr in irgend einem anderen Falle die Oberaufsicht über dasselbe auch nicht erspart bleibt. In einem Schlachthause aber, das unter kommunaler Régie steht, ist die ganze Art der Verwaltung ungezwungener und wird nicht von Privatinteressen geleitet. Man wird nicht in Rücksicht auf einige Mehrkosten Verbesserungen, Neuerungen und Erweiterungen, die sich als nothwendig oder zweckentsprechend herausgestellt haben,

---

Vierteljahr mindestens zwei Mal und thunlichst in Verbindung mit anderen Dienstreisen zu geschehen haben. Die Besichtigung hat sich auf den gesammten Betrieb der Schlachthäuser, auf die Art der Ausführung von Schlachtungen, auf die Handhabung der Fleisch- und Trichinenschau zu erstrecken.

In den Bereich dieser Besichtigungen ist ferner zu ziehen die Kontrolle über die richtige Führung der Beschaubücher, über die Reinhaltung der Schlacht- und Nebenräume wie: Kuttelwäsche, Schmelzen, Abräume, Eiskeller u. s. w.

Ferner haben sich die Kreisthierärzte von der exakten Durchführung der Desinfektion der Stallungen, Viehrampen, in dem sogenannten Polizeischlachthause, den Seuchenställen u. s. w. sowie von dem Verbleib des verdorbenen, gesundheitsschädlichen, sowie minderwerthigen Fleisches zu überzeugen."

*) Wie aus der Liste der Städte mit Schlachthöfen ersichtlich ist, giebt es in Deutschland nur 51 Anlagen mit Schlachtzwang (in Preussen davon 14), welche der Fleischer-Innung und 2, welche Privatleuten gehören. In den Reichslanden sind einige von der Kommune an Privatleute verpachtet.

einfach ablehnen, weil es vielleicht ohne diese, wenn auch nur noch kurze Zeit lang, gehen dürfte. Man wird ferner mit Material, welches zur Erhaltung eines gesunden Betriebes absolut nothwendig ist, nicht so kleinlich verfahren, wie es so häufig bei Anlagen geschieht, wo es den Unternehmern allein nur darauf ankommt, möglichst billig zu wirthschaften, der eigentliche Zweck des Institutes aber, das sanitäre Wohl, unberücksichtigt bleibt. Durch die mangelhafte Einrichtung und Verwaltung vieler solcher Anlagen, besonders der in Privathänden befindlichen, sahen sich die oben angeführten Regierungen veranlasst, von der cit. Ministerial-Verfügung vom 7. Januar 1890 Gebrauch zu machen und Revisionen durch die Kreisthierärzte vornehmen zu lassen, um dadurch auf die Besitzer behufs Vornahme von Verbesserungen einwirken zu können. Hiermit soll aber keineswegs gesagt sein, alle nicht städtischen Schlachthöfe werden schlecht verwaltet, denn wir haben Innungs-Schlachthöfe, wie Dresden, Hannover, Chemnitz u. a., welche mit Recht die Bezeichnung »Muster-Anstalten« verdienen, vielmehr sind in erster Linie die in Privathänden befindlichen und eine Reihe kleiner Innungs-Schlachthöfe gemeint, in denen thatsächlich unhaltbare Zustände herrschen.

Vor Allem aber ist die Stellung des Verwalters an einem Gemeinde-Schlachthofe weit unabhängiger, als an einem Innungs oder Privat-Institute, besonders wenn er gleichzeitig die thierärztlichen Funktionen zu versehen hat. Gerade in dieser Stellung, welche fortwährend Gelegenheit zu Anfeindungen bietet, muss er von dem Publikum so unabhängig wie irgend möglich gemacht werden, denn da für die Beurtheilung von Krankheitszuständen des Fleisches der Schlachtthiere den Fleischern in den allermeisten Fällen das Verständniss fehlt, sie vielmehr häufig jede Beschlagnahme nur als eine Schädigung ihres persönlichen Eigenthums betrachten, so ist es klar, dass bei den meisten von ihnen eine laxe Handhabung der thierärztlichen Kontrolle mehr Beifall findet, als eine auf die Principien der Fleischbeschau gestützte Untersuchung. Ein solcher Sachverständiger dürfte sich wohl kaum der Sympathien der leitenden Kommission erfreuen, sobald Fleischer in derselben die Oberhand haben: »Ein bedenkliches Lob ist es aber, wenn die Fleischer erklären, sie sind mit ihrem Sanitätsthierarzt zufrieden.«

Es kann daher jeder Gemeinde nur dringend empfohlen werden, selbst ein öffentliches Schlachthaus zu errichten, denn »es bedarf eines Beweises wohl nicht, dass Wohlfahrts-Einrichtungen nur dann wirklich Nutzen stiften, wenn sie von der objektiv handelnden Behörde, nicht aber, wenn sie von interessirten Geschäftskreisen geleitet werden« (Ostertag).

V. Allgemeines über die Anlage eines Schlachthofes.

Hat eine Kommune den Bau eines öffentlichen Schlachthofes beschlossen, so wird gewöhnlich eine Special-Kommission (Schlachthof-Bau-Kommission) ernannt, welche sehr zweckmässig aus je einem Magistratsmitgliede, Baumeister, Thierarzt und Schlächter besteht. Diese Kommission besichtigt die für die betreffende Stadt, der Grösse nach, passendsten Schlachthöfe in anderen Städten, sammelt in einheitlichem Maassstabe gezeichnete Lagepläne der besuchten Schlachthöfe und macht auf Grund eines beigefügten Berichtes den städtischen Körperschaften ihre Vorschläge. Alsdann kann mit dem Aufstellen eines Bauprogrammes begonnen werden.

Instruktion betr. die Begutachtung von Schlachthof-Anlagen durch die Bezirks-Thierärzte im Königreich Sachsen. Für die allgemeinen Vorbedingungen einer Schlachthof-Anlage möchten wir die Instruktion wiedergeben, welche für die Begutachtungen solcher Institute seitens der Bezirks-Thierärzte von der Königl. Sächsischen Kommission für das Veterinärwesen aufgestellt ist:

»Bei der Begutachtung geplanter Schlachthof- beziehentlich Schlachtviehhof-Anlagen werden in veterinär-polizeilicher Beziehung und zum Zwecke der Durchführbarkeit einer geordneten Fleischbeschau folgende Gesichtspunkte in Betracht zu ziehen sein.

»Lage und Verbindung. Die Schlachthöfe sollen ausserhalb der Stadt, möglichst isolirt beziehentlich isolirbar liegen, um bei Verseuchungen eine Sperre genügend durchführen zu können und Thierbestände anderer Gehöfte nicht zu gefährden. Die Zugangsstrassen müssen eine Zuführung des Schlachtviehes gestatten, ohne dass dasselbe den Strassenverkehr der inneren Stadt gefährdet. Wo die Zufuhr des Schlachtviehes aus der nächsten Umgebung nicht für den Bedarf genügt, ist eine Gleisverbindung mit der Eisenbahn anzustreben und dieselbe zu fordern, sobald die Zuführung ausländischen Viehes beabsichtigt wird. Die Ausladerampe muss dem

Bedarfe genügend gross angelegt und so eingerichtet werden, dass dieselbe undurchlassend und leicht zu desinficiren ist. Wird die Desinfektion der Eisenbahnwagen in der Nähe des Schlachthofes beabsichtigt, so ist das Desinfektionsgleis abzupflastern und zu kanalisiren.

»Stalleinrichtungen.*) Die Stallungen sollen im Allgemeinen nicht zu gross eingerichtet werden, um bei Seuchenausbrüchen die Sperre auf einzelne Ställe beschränken und die Desinfektion leichter durchführen zu können. Zu letzterem Zwecke ist namentlich Undurchlässigkeit des Bodens und der Wände bis zur Höhe der Thiere, leichte Reinigungsfähigkeit der Scheidewände etc. zu fordern.

»Die Einrichtung eines Stalles für Nutzvieh auf Schlacht- und Schlachtviehhöfen ist wegen der damit verbundenen Gefahr der Seuche- ausbreitung im Lande durchaus unzulässig.

»Wo die Zufuhr ausserdeutschen Viehes in Aussicht genommen wird, ist sowohl für Gross- wie für Kleinvieh auf die Einrichtung besonderer, für diese Thiere bestimmter Stallungen zu dringen, welche von den übrigen Stallungen getrennt sind und von einer zweiten nur für diese Thiere bestimmten Ausladerampe leicht und ohne Berührung mit inländischem Vieh erreicht werden können.

»Schlachträume. Um Thierquälereien zu verhüten, ist darauf zu halten, dass der Boden nicht zu glatt ist. Zur Ausführung der Fleischbeschau ist auf genügendes Licht (auch in Wintertagen genügend) zu halten. Um Entwendungen einzelner beanstandeter Organe zu verhüten, ist für einen verschliessbaren abgetrennten Raum zu sorgen.

»Zur Ausübung der Trichinenschau ist ein dem Bedürfniss entsprechend grosser, heller Raum, womöglich mit der Lichtseite nach Norden, jedenfalls aber ohne blendende Einwirkungen von Nachbar- gebäuden zu fordern.

»Für den oder die Fleischbeschauer ist ein Bureau zur Erledigung der mancherlei schriftlichen Arbeiten nothwendig.

»Für Unterbringung und Schlachtung kranker Thiere ist ein Krankenstall und ein Polizeischlachtraum, beides abgetrennt von den übrigen Stallungen und Schlachträumen, erforderlich. Beide müssen leicht zu desinficiren sein.

---

*) „Das Vieh muss vor dem Schlachten Ruhe haben, nur nach längerer Körper- ruhe liefert das Schlachtvieh normales und gesundes Fleisch. Anstrengende Muskel- arbeit verändert Fleisch und Blut. Das Fleisch verliert durch die Muskelarbeit (Transport) an Werth." (Gerlach, Fleischkost des Menschen).

»Die Düngerstätten sind so einzurichten, dass keine grossen Anhäufungen von Dünger vorkommen, dass sie leichte Abfuhr gestatten und im Uebrigen den Thierbestand nicht durch Ansteckungsstoffe gefährden.

»Pferde-, beziehentlich Hundeschlächtereien sind, wenn der Schlachtzwang für diese Thiere ausgesprochen ist, der Hofanlage so anzufügen, dass sie gesonderte Ausgänge haben, und ein Verkehr von dem Schlachthofe zu denselben nur dem Aufsichtspersonal ermöglicht wird.

»Wird mit dem Schlachthof eine Viehhofanlage beabsichtigt, von deren Märkten ein stärkerer Abtrieb nach anderen Orten zu erwarten steht, so sind die Viehhofanlagen, Futterställe und Markthallen möglichst getrennt von den Schlachthofanlagen und womöglich nahe der Eisenbahnanlage einzurichten.«

Der Platz für den Schlachthof. Diese Instruktion widmet ihre besondere Aufmerksamkeit der Platzfrage, und in der That ist diese wichtig genug, um eingehend besprochen zu werden.

Es kommen hierbei folgende Punkte in Betracht: die Entfernung von der Stadt darf im Interesse der Fleischer, besonders der weniger bemittelten, welche nicht im Besitz eines eigenen Fuhrwerks sind, nicht zu weit sein. In grösseren Städten fällt dieser Punkt nicht so sehr ins Gewicht, da durch gemeinsame Fleischtransportwagen den einzelnen Kleinschlächtern das Fleisch ins Haus gebracht wird. Ferner muss der Platz so liegen, dass ein Umbautwerden der Anstalt durch Privathäuser, sogar bei ganz bedeutender Ausdehnung der Stadt, unmöglich, eine Vergrösserung der Anlage aber selbst ohne besondere Schwierigkeiten ausführbar ist.

Der Form nach eignet sich für den Platz am meisten das Rechteck oder noch besser das Quadrat, und zwar mit der Front nach der Hauptzufuhrstrasse, wenn möglich so, dass an einer der übrigen drei Seiten ein leicht mit der Bahn zu verbindendes Grundstück für einen später anzulegenden Viehhof zur Verfügung steht.

Osthoff*) sagt über den Platz: »Vorausgesetzt, dass die Form des Schlachthof-Grundstücks eine annähernd rechteckige ist, und seine Länge zur Breite sich wie 1 : 1 bis 2 : 1 verhält, muss dieses Grundstück für Städte

von 5000 Einwohnern ca. 1200 qm
„ 6000 „ „ 1400 „

---

*) Osthoff, „Schlachthöfe für kleinere Städte“ u. s. w. 1889.

von 7000   „   „ 1600 qm
„ 8000   „   „ 1800 „
„ 9000   „   „ 2000 „

also pr. 1000 Einwohner 250 qm gross sein. Für grössere Städte genügt eine Grundstücksgrösse von 0,2 qm für jeden Einwohner.«

Bei Städten, die an Flussläufen liegen, ist es rathsam, die Anlage unterhalb der Stadt zu errichten, damit die Abwässer gegebenen Falls direkt in den Strom geleitet werden können, ohne die Stadt zu passiren, jedoch kommt es hierbei, wie wir bei der Besprechung der Kläranlagen sehen werden, wesentlich darauf an, von welcher Zusammensetzung das den Schlachthof verlassende Wasser ist.

Die Windrichtung. Auf die vorherrschende Windrichtung, in Rücksicht auf etwaige schlechte Gerüche, Gewicht zu legen, ist entschieden überflüssig, da es in einem zweckmässig eingerichteten und gut verwalteten Schlachthause überhaupt nicht riechen darf, daher auch irgend welche Belästigungen für die Nachbarschaft, wie sie sehr häufig bei Projektirung derartiger Anlagen von Seiten der Adjacenten in Frage kommen, unbedingt ausgeschlossen sind. Anders würde sich freilich die Frage gestalten, wenn die Absicht vorliegt, eine Talgschmelze, Albuminfabrik oder dergl. anzulegen und nicht für unschädliche Beseitigung der schlechten Dünste (durch Einleiten derselben in die Kesselfeuerung u. s. w.) gesorgt ist.

Die Wasserversorgung. Von ausserordentlicher Wichtigkeit für das Institut endlich ist die Wasserfrage, welche geradezu zur Lebensfrage wird, wenn in der betreffenden Stadt keine allgemeine Wasserleitung vorhanden ist; denn da die in jedem Schlachthofe peinlich zu beobachtende Reinlichkeit grosse Wassermengen erfordert, (man kann durchschnittlich pro Schlachtung 0,30—0,35 cbm rechnen), so muss natürlich bei der Wahl des Platzes die Versorgung mit Wasser in Betracht gezogen werden, wobei es mehr auf die Quantität als Qualität desselben ankommt, vorausgesetzt, dass es keine für die Kesselspeisung ungünstige chemische Zusammensetzung hat.

Die Vertheilung der Gebäude. Was nun die für jede Schlachthof-Anlage erforderlichen Gebäude und Räumlichkeiten betrifft, so sind dies:

1. ein Verwaltungsgebäude;
2. eine Schlachthalle, mit einem besonderen Brühraum für Schweine;
3. Viehställe;

3 *

4. ein Raum zum Reinigen und Brühen der Eingeweide (Dunghaus, Kaldaunenwäsche, Kuttelei);
5. ein Kessel- (und Maschinen-) Haus;
6. ein besonderer Schlachtraum nebst Krankenstall für Ein-
stellung und Schlachtung seuchenkranken oder seuchen-
verdächtigen Viehes.

Diese Räume müssen unbedingt vorhanden sein, doch lassen
sich in kleinen Städten (nach Osthoff*) bis zu 15000 Einwohnern)
die unter 2—4 aufgeführten unter einem Dache vereinigen, wodurch
die Anlagekosten erheblich verringert werden. Die Anzahl der
Schlachthallen wird sich natürlich mit der steigenden Einwohnerzahl
erhöhen, sodass in mittleren Städten eine besondere Schlachthalle
für Gross- und Kleinvieh, und eine solche für Schweine, in grösseren
endlich für jede Thiergattung eine besondere Halle nöthig sein wird.

Ihrer Lage nach vertheilen sich zweckmässig die einzelnen
Gebäude in der Weise, dass am Eingang das Verwaltungsgebäude
(mit der Wohnung des Verwalters) liegt, und zwar derart, dass von
hier der Eingang und der ganze Hof übersehen werden können.
Auch würde in der Nähe eine Viehwaage Platz finden. Die Mitte
des Hofes nimmt der oben unter 2—4 angegebene Komplex von
Räumen ein, oder es liegen hier bei grösseren Anlagen die Schlachthallen**) und ihnen gegenüber, nur durch eine Zufahrtstrasse getrennt,
die zugehörigen Ställe. Dunghaus und Kuttelei müssen von allen
Hallen leicht und bequem zu erreichen sein, was natürlich am
einfachsten ist, wenn diese Räume in unmittelbarer Verbindung mit-
einander stehen, doch tritt hierbei, ebenso wie bei einer direkten
Verbindung von Schlachthalle und Stall der Uebelstand zu Tage,
dass aus letzterem wie aus der Kuttelei, schlechte Gerüche, Aus-

---

*) l. c.

**) Die Schlachthallen oder eigentlichen Schlachthäuser — fälschlich wird
meistens der ganze Komplex mit allen Neben-Anlagen u. s. w. Schlachthaus genannt,
während hierfür die richtige Bezeichnung „Schlachthof“ ist — können nach zwei
verschiedenen Systemen gebaut werden: nach dem französischen oder nach dem deutschen.
Ersteres, welches wir mit geringen Ausnahmen (Berlin, Wien, Pest, Kopenhagen, Basel,
sowie eine Reihe von Städten in den Reichslanden) nur in den romanischen Ländern
finden, besteht darin, dass in einem gemeinsamen Gebäude jeder Schlächter (resp.
Grossschlächter) eine Schlachtkammer für sich innehat. Diese Kammern (Zellen)
liegen zu beiden Seiten eines gemeinsamen Mittelganges, von welchem zwei Thore nach
aussen führen. Jede Zelle hat nach dem Mittelgang sowohl wie direkt nach aussen
eine Thür, der gegenüber auf der anderen Seite der Zufahrtstrasse gewöhnlich die

dünstungen und feuchte Dämpfe in die Schlachthalle treten und schädlich auf das dort hängende Fleisch wirken.

In nächster Nähe der Kuttelei und des Schweine-Brühraumes liegt das Kessel- (und Maschinen-) Haus.

Isolirt von allen Gebäuden ist das Polizei-Schlachthaus und der Stall für kranke Thiere (die sogenannte Kontumaz oder Sanität).

Alle diese Gebäude müssen nicht auf die augenblickliche Einwohnerzahl, sondern auf eine erhebliche Vermehrung derselben eingerichtet sein, sodass Erweiterungen in jedem Fall leicht ausführbar sind.

Wenn auch jeglicher äusserer Luxus möglichst vermieden werden soll, so muss doch stets berücksichtigt werden, dass »eine gefällige und praktisch durchgeführte Anlage sich auch die eifrigsten Gegner bald zu Freunden macht und wohlthuend auf die Gemüther einwirkt, sodass das Bestreben nach Ordnung, Reinlichkeit und Humanität wesentlich gefördert und für solche angeregt wird.« Daher muss das Ganze geschmackvoll ausgeführt werden, und man wird, um den düsteren Eindruck, den vielleicht ein Schlachthof unwillkürlich hervorruft, nach Möglichkeit zu verwischen, thunlichst alle freien Plätze mit Rasen und, wo es angebracht erscheint, mit Bäumen und Sträuchern bepflanzen.

Nicht unwichtig für die ganze Anlage ist es ferner, den in Aussicht genommenen leitenden Beamten, sofern die Wahl auf einen bereits bewährten Fachmann fällt, so früh wie möglich anzustellen, zum Mindesten aber, bevor mit der inneren Einrichtung der Gebäude begonnen wird. Zur Berathung über die entworfenen Pläne ziehe man tüchtige und erfahrene Leiter bestehender Schlachthöfe hinzu. Man wird dadurch den Plan praktisch gestalten, Fehler in der Ausführung vermeiden und somit Geld sparen, weil spätere Aenderungen meist recht theuer zu werden pflegen.

Eine sehr verschiedene Beurtheilung hat die Frage erfahren, ob es sich empfiehlt, einem Specialarchitekten die Ausführung bezw. Aus-

---

Ställe liegen. In ganz grossen Städten, wo die Schlächter sich in Gross- und Laden-Schlächter theilen, hat sich das französische System gut bewährt, doch wird ihm in neuerer Zeit die alte deutsche Schlachthalle, welche von allen gemeinsam benutzt wird, fast ohne Ausnahme vorgezogen, denn für kleinere Städte ist das Kammersystem der vermehrten Kosten wegen gar nicht verwendbar, hat ausserdem den Nachtheil, dass die Kontrolle der Schlachtungen erschwert wird, während bei gemeinsamen Hallen die Schlächter selbst sich unter einander kontrolliren. Bei specieller Besprechung der Schlachthallen im nächsten Kapitel ist desshalb auch nur auf das deutsche System Rücksicht genommen worden.

arbeitung von Schlachthofplänen zu übertragen. Ohne Zweifel hat ein derartiges Vorgehen sehr viel für sich, denn es steht diesen Herren, wie z. B. Baurath Osthoff (Berlin), Architekt Moritz (Barmen), eine so reichliche Erfahrung zur Seite, dass es nur zu empfehlen sein kann, sich dem Rathe solcher Herren anzuvertrauen. Nur auf diese Weise ist es möglich, etwas mehr Gleichmässigkeit in die verschiedenen Anlagen zu bringen und auch grobe Fehler, wie sie so vielfach gemacht sind, möglichst zu vermeiden. Gelten doch einige Entwürfe dieser Herren als anerkannt musterhaft!

Wenn es dennoch von einem Verwaltungsbeamten versucht wurde, in dem folgenden Kapitel näher auf die bauliche Anlage einzugehen, so möge das Unternehmen eine milde Beurtheilung in technischen Kreisen erfahren.

VI. Specielle Beschreibung der einzelnen Gebäude.

Beschreibung eines Schlachthofes für eine Stadt bis zu 10000 Einwohnern. Fig. 1 und 2 zeigen eine Schlachthofanlage für Städte bis zu 10000 Einwohnern. Die einzelnen Gebäude sind derartig angeordnet, wie im vorigen Kapitel beschrieben.

Das ganze Grundstück ist mit einem festen Zaun oder besser mit einer massiven Mauer umgeben.

An Stelle der sonst üblichen Thorflügel findet man auch (z. B. in Bremen) ein Gitter, welches an zwei Kontre-Gewichte tragenden Ketten hängt, die an den Thorpfeilern über Rollen laufen. Soll das Thor geschlossen werden, so hebt sich aus einem mit einem Deckel versehenen Spalt im Erdboden das Gitter empor, während es beim Oeffnen in demselben wieder verschwindet.

Das Verwaltungsgebäude. In den kleinsten Schlachthöfen muss dasselbe an Diensträumen mindestens ein Zimmer für den Verwalter, welcher gleichzeitig Kassengeschäfte versieht, und eins für die Trichinenschau enthalten. Letzteres muss hell und mit den Fenstern nach Norden gelegen sein, damit der Mikroskopiker nicht dem direkten Sonnenlicht ausgesetzt ist, auch darf keine Wand mit reflektirendem Licht gegenüberliegen.

In grösseren Instituten verlegt man am besten das Trichinenschauamt in die Nähe der Schweineschlachthalle und zwar entweder über den Schweinestall oder in einen besonders auszubauenden Giebel der betreffenden Halle.

Vorzusehen ist bei grösseren Anstalten in dem Verwaltungsgebäude ein Kassenzimmer und ein Sitzungszimmer für die Verwaltungs-Kommission; ob jedoch für die Schlächtermeister ein besonderer Aufenthaltsraum (sog. Meisterzimmer) daselbst Aufnahme finden soll, bedarf einer reiflichen Ueberlegung, zumal da dasselbe,

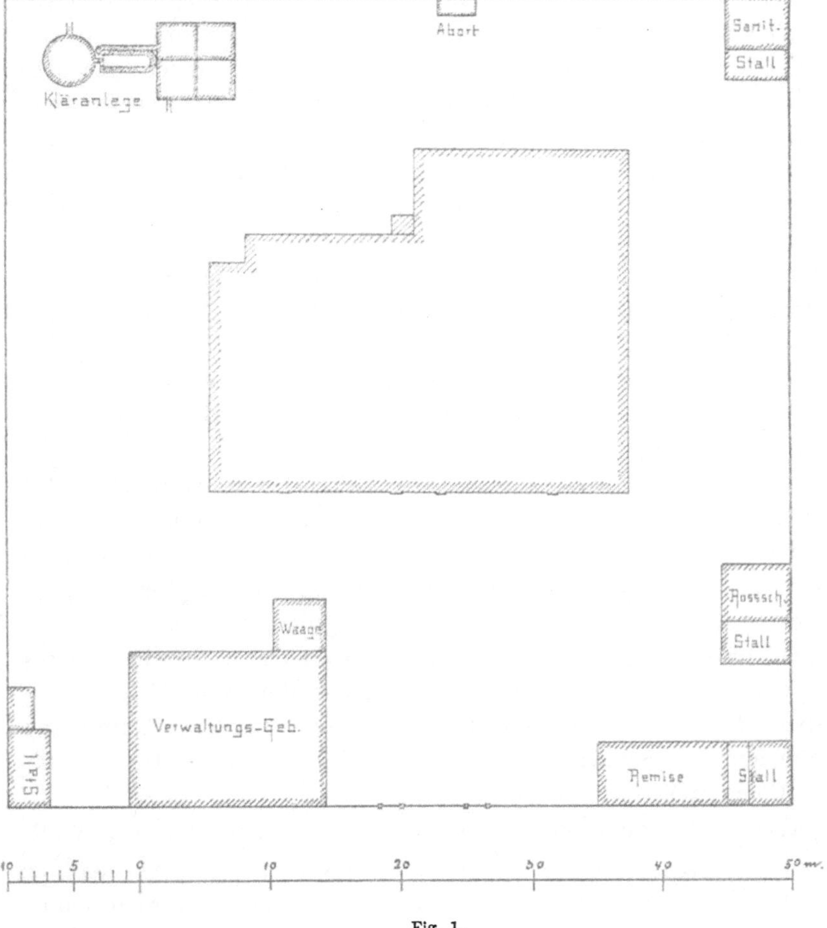

Fig. 1.

sofern nicht eine Restauration damit in Verbindung steht, meistens wenig benutzt wird. Die Anlage der letzteren dürfte sich überhaupt nur dann empfehlen, wenn mit dem Schlachthofe ein Viehhof verbunden ist, wo dieselbe alsdann den Charakter einer »Börse« trägt, besonders da der Verwaltung durch die Vermiethung eine nicht unerhebliche Rente zufliesst.

Die Einrichtung eines Meisterzimmers jedoch im Anschluss an eine Restauration im Verwaltungsgebäude hat, namentlich in letzter Zeit, vielfach Veranlassung zu Differenzen gegeben. Denn abgesehen davon, dass an einer grossen Anzahl von Schlachthöfen auf diesen Punkt zu grosses Gewicht gelegt ist, indem die besten Räume für diese Zwecke, weniger günstige aber für die Verwaltung eingerichtet sind, hat die Erfahrung ergeben, dass die Restauration nicht nur leicht entbehrlich, sondern aus naheliegenden Gründen geradezu schädlich ist. Auch erwächst dem Verwalter, sofern er in demselben Gebäude seine Wohnung hat, gerade keine angenehme Nachbarschaft durch dieselbe, und sollen in diesem Punkte an einer Reihe von Schlachthöfen nahezu unhaltbare Zustände herrschen. Ueberhaupt hat man bei der Einrichtung der Dienstwohnung des Verwalters in vielen Städten nicht die mindeste Rücksicht auf die Stellung und den Bildungsgrad desselben genommen, muthet ihm vielmehr oft zu, mit einer Wohnung vorlieb zu nehmen, die wohl für einen Unterbeamten, nicht aber für den Leiter der Anstalt passend sein mag. Es bedarf vielleicht nur dieses Hinweises, um in Zukunft auch auf diesen Punkt etwas mehr Gewicht zu legen.

Will man in Städten von 10—50000 Einwohnern eine Art Gastwirthschaft auf dem Schlachthofe haben, so wähle man eine Kantine oder sog. Stehbierhalle, welche in einem Anbau der Schlachhallen oder in deren Nähe unterzubringen ist; in das Verwaltungsgebäude gehört eine derartige Einrichtung jedenfalls nicht.

An grösseren Schlachthöfen ist gewöhnlich noch ein zweites Beamtenhaus für den Hallenmeister, Maschinisten und Pförtner vorhanden. Es muss überhaupt danach gestrebt werden, sämmtliche Beamte auf dem Schlachthofe wohnen zu lassen, da der Dienst früh beginnt und meist spät aufhört.

Auch findet man meistens ein Pförtnerhäuschen (oft aus Wellblech hergestellt) zwischen beiden Häusern und zwar in Verbindung mit einer Viehwaage, welche aber auch so angelegt werden kann, dass das Wiegegeschäft vom Kassenzimmer aus besorgt wird.

In möglichster Nähe der Einfahrt liegen eine Remise zur Unterfahrt für die Schlächterwagen, sowie Plätze zum Anlegen der Ziehhunde. Mit dem Schuppen verbindet man einen Pferdestall, dessen Drempelgeschoss bei kleinen Anstalten zum Gelass für Futter und

Streu dient, während bei grösseren Schlachthöfen diese Vorräthe besser über den Viehställen Platz finden.

Den Mittelpunkt des ganzen Grundstücks bildet die Schlachthalle mit den zugehörigen Räumen, welche zu einem Gebäude vereinigt sind.

Durch den Haupteingang gelangt man direkt in die Schlachthalle, welche vier Abtheilungen enthält, nämlich links vom Eingang den Schlachtplatz für Grossvieh, diesem gegenüber den für Kleinvieh, und rechts vom Eingang den für Schweine mit dem gegenüberliegenden Schweine-Brühraum.*)

Auf vielen kleinen Schlachthöfen befindet sich der Brühraum nicht in einem besonderen Raum, sondern es wird das Brühen in der Kaldaunenwäsche besorgt, während in grösseren der Brühbottich (gewöhnlich sind hier mehrere vorhanden) mitten in der Schweine-Schlachthalle seinen Platz hat, eine Einrichtung, welche aber nachtheilige Folgen für das Fleisch nach sich zieht, da die dem heissen Wasser entströmenden Dämpfe sich auf ersteres niederschlagen. Man muss daher, um dieses zu vermeiden, den Brühraum wenigstens in seinem oberen Theile von dem Schlachtraum trennen und mit besonderen Ventilations-Vorrichtungen versehen, während in seinem unteren Theile für freie Kommunikation Raum gelassen ist [in der schmalen, in dem Grundriss geschlossen dargestellten Seite des Brühraums wird besser ebenfalls ein Durchgang (Gurtbogen) gelassen].

Von den Schlachtplätzen für Gross- und Kleinvieh gelangt man direkt in die zugehörigen Ställe, während der Schweinestall vom Brühraum aus zugänglich ist. In diesem erfolgt das Tödten, Brühen und Enthaaren, die weitere Bearbeitung jedoch auf dem Schweine-Schlachtplatz.

Wie schon im vorigen Kapitel angedeutet wurde, sind die Ansichten über eine derartige unmittelbare Verbindung von Stall und Schlachthalle sehr getheilt, weil bei unzweckmässiger Behandlung des Stalles Gefahr vorhanden ist, dass die Stallgerüche und Ausdünstungen ihren Weg direkt in die Hallen nehmen und sich geeigneten Falles dem daselbst hängenden Fleische mittheilen können. Es kann dies durch gut schliessende Thüren und die strenge Weisung,

---

*) Vereinzelt findet man auch (in Deutschland, soweit bekannt, nur in der Koopmannschen Schlächterei in Hamburg) den Brauch, die Borsten und Haare der Schweine nicht durch heisses Wasser (Brühen), sondern durch Absengen zu entfernen. Es geschieht dies, wie in Frankreich, in einem besonderen Raum, dem brûloir, mittelst Strohfeuer, während man in Irland hierzu eigene Sengöfen hat.

dieselben stets geschlossen zu halten (resp. durch selbstthätige
Schliessvorrichtung), ferner durch peinliche Sauberkeit und gute
Ventilation sehr wohl vermieden werden. Osthoff*) schlägt vor,
hier in gleicher Weise, wie wir es weiter unten bei Besprechung des

Fig. 2.

Dunghauses sehen werden, einen Vorraum, vielleicht einen Treppen-
aufgang, Knechtezimmer und dergl. anzulegen, jedoch in der Weise,
dass das Hindurchtreiben von Vieh möglich ist.

Jedenfalls bietet eine derartige Verbindung der beiden Räume
den grossen Vortheil, dass die Thiere, ohne das Freie zu passiren,
direkt zum Schlachtplatz geführt werden können, wodurch viel
Quälerei und die Möglichkeit des Entweichens vermieden wird.
Das Hineintreiben des Viehs in die Ställe geschieht durch besondere
Aussenthüren.

---

*) Deutsche Bauzeitung 1889.

Neben Schweine-Schlachtplatz und -Stall liegen, von der Halle aus zugänglich, zwei Zimmer, für Gesellen und Hallenmeister bezw. Schächter.

Dem Haupteingang gegenüber liegt der Eingang zu Dunghaus und Kaldaunenwäsche und neben diesem der zum Kühlhause. Zu letzterem, dessen Einrichtung im Kapitel VII besonders besprochen werden wird, ist der Eintritt auch durch einen zweiten Eingang von aussen möglich, welcher gewöhnlich geschlossen zu halten ist.

An Stelle des Kühlhauses würde bei ganz kleinen Anlagen ohne maschinellen Betrieb ein Raum für den Heisswasserkessel mit Heizvorrichtung einzurichten sein, während gleichzeitig eine entsprechende Einschränkung der übrigen Räume stattzufinden hätte.

Neben dem Kühlhause liegen mit Eingang von aussen Reparatur-Werkstatt, Maschinen- und Kesselhaus sowie Kohlenraum.

Das Maschinen- und Kesselhaus enthält je einen Raum zur Aufstellung der Dampfkessel und der Dampf- (ev. Kühl-) Maschine und die Reparatur-Werkstatt. Von letzterer kann auch ein Theil abgetrennt und entweder zum Vorkühlraum (den man aber besser nach der, an die Halle stossenden, schmalen Seite des Kühlhauses verlegt) oder zu einem besonderen Raum für beanstandetes Fleisch eingerichtet werden.

Zu gleichem Zweck kann man aber auch das sog. Polizei-Schlachthaus oder den auf dem Grundriss (Fig. 2) als Abort bezeichneten Platz nehmen, indem für letzteren an der in Fig. 1 bezeichneten Stelle ein besonderes kleines Gebäude aufgeführt wird.

Ueber Düngerbeseitigung. Nicht ohne Schwierigkeit ist die Anlage der Kaldaunenwäsche (Kuttelei) und des Dunghauses. Für diese Räume gelten im Allgemeinen folgende Vorbedingungen: Sie müssen so gelegen sein, dass es möglich ist,

1. sie, ohne das Freie zu betreten, von den einzelnen Schlachträumen aus zu erreichen, damit die bei der Arbeit erhitzten Leute nicht einer ev. Erkältung ausgesetzt sind; gleichzeitig aber soll vermieden werden, dass die Ausdünstungen der Kuttelei in die Schlachthalle gelangen;

2. den mit Eingeweiden beladenen (Kaldaunen-) Wagen (Fig 7 und 8) mit Leichtigkeit in das Dunghaus zu schieben;

3. den Dung abzufahren, ohne dass er vorher in Gruben entleert wird.

Errichtet man die Kuttelei unmittelbar neben dem Schlachtraum und legt vielleicht, wie in Fig. 2 angedeutet, einen Vorraum da-zwischen, so würden hierdurch die oben beschriebenen Vortheile erzielt werden, aber das zu ebener Erde liegende Dunghaus würde verhindern, dass man einen anderen Modus für Beseitigung des Düngers*) wählt, als den einer Dunggrube. Gerade dieser aber bringt, wie wir sogleich sehen werden, nicht geringe Nachtheile mit sich.

Wir können nämlich folgende Möglichkeiten für Aufnahme bezw. Beseitigung des Düngers unterscheiden:

1. bleibende Dungstätten,
2. Abfuhr des Düngers.

    Die bleibenden Dungstätten können wiederum sein:

a. gewöhnliche offene Gruben,
b. gedeckte Räume.

Die gewöhnlichen offenen Düngergruben, welche sich meistens hinter dem Dunghause befinden, bestehen aus cementirten, wasser-dichten Behältern, in welche alle Abfälle, geronnenes Blut, Darmtheile, Darminhalt u. s. w. gelangen und welche nach Bedarf entleert werden. Dadurch, dass kein oder nur geringer Schutz gegen Witterungs-einflüsse geboten wird, gehen die darin enthaltenen Bestandtheile rasch in Fäulniss über, verpesten die Luft und bilden Brutstätten für unzählige Mikroorganismen.

Derartige offene Dunggruben sollten auf Schlachthöfen nur für Stalldünger Verwendung finden.

In sanitärer Beziehung zuverlässiger sind schon die gedeckten Dunggruben, welche behufs bequemer Entleerung der Eingeweide in Form eines Kellers unter oder seitlich von dem Dunghause angelegt werden können. Sie haben nicht alle Nachtheile der offenen Gruben

---

*) In den Mittheilungen der deutschen Landwirthschafts-Gesellschaft macht Dr. J. H. Vogel in Berlin auf den hohen und keineswegs, namentlich in kleineren Orten, genügend gewürdigten Düngewerth aufmerksam, der den Abfällen aus Schlacht-höfen innewohnt. Derselbe besteht im Allgemeinen aus leicht zersetzlichen und in nicht allzu festem Zustande befindlichen Massen, welche einer besonderen Pflege bedürfen und am zweckmässigsten mit Torfmull und Laub, sowie Dünger-Konser-virungsmitteln, wie Kaïnit oder Karnellit behandelt werden. Auf diese Weise prä-parirte Abfälle enthalten eine so grosse Menge von Pflanzen-Nährstoffen, wie man sie für denselben Preis in künstlichen Düngemitteln nicht annähernd erhält. — In Berlin wird der Centner mit 23—25 Pf. verkauft, in Stolp bringen ca. 140 Fuhren Dünger 290 M.

für sich, da sie den Dünger verdecken, vor Witterungseinflüssen schützen, die Ausdünstung beschränken und durch guten Verschluss möglichst unschädlich gemacht werden können, namentlich wenn man den Inhalt mit Torfstreu mischt und für Abfluss der Jauche sorgt, während in bestimmten Zwischenräumen die Entfernung der festen Bestandtheile erfolgt.

Dieser Art der Düngerbeseitigung steht die sofortige Abfuhr desselben gegenüber, welche jedoch trotz ihrer grossen Vorzüge nicht zu übersehende Bedenken mit sich bringt.

Die Abfuhr findet nämlich am zweckmässigsten in der Weise statt, dass unter dem Dunghause wasserdichte Behälter aufgestellt werden, welche die durch einen Trichter herabgeworfenen Abfälle direkt aufnehmen und nach ihrer Füllung abgefahren werden. Es genügen bei kleineren Instituten grosse Fässer, welche man dann mittelst geeigneter Vorrichtung auf Wagen hebt und fortschafft. Weniger umständlich ist die Abfuhr in eigens zu diesem Zweck konstruirten Wagen (Fig. 3), wie sie die Firmen Maschinenbau-Aktien-

Fig. 3.

Gesellsch. vorm. Beck & Henkel in Kassel,*) C. Blumhardt in Simonshaus bei Vohwinkel,**) Joh. Schmahl in Mombach-Mainz u. a. m. liefern. Dieselben bestehen aus einem ca. $1^{1}/_{2}$ cbm Inhalt fassenden Kasten

---

*) Diese Firma, von welcher bereits über 200 Schlachthöfe eingerichtet sind, liefert sämmtliche für den Bau und Betrieb solcher Institute erforderlichen Maschinen, Konstruktionen und Geräthe.

**) Die Abbildungen zu den Figuren 3, 6, 7, 8, 9 und 10 wurden freundlichst von Herrn C. Blumhardt zur Verfügung gestellt.

aus starkem Eisenblech, in welchem oben eine verschliessbare (Einfall-) Oeffnung und hinten eine dicht schliessende Klappe für die Entleerung sich befindet. Diese Wagen haben aber den Nachtheil, dass der Inhalt im Winter zusammenfriert und eine Entleerung nicht stattfinden kann, gleichzeitig aber Gefahr vorhanden ist, dass der Kasten auseinander getrieben wird. Gerade in der wärmeren Jahreszeit aber treten die Vortheile einer schnellen Beseitigung des Düngers am meisten hervor, während es im Winter ganz unbedenklich ist, denselben längere Zeit an der Stelle, wo sonst die Wagen stehen, liegen und nach Bedarf von dort abfahren zu lassen.

Als ein weiterer Uebelstand bei den Wagen wird hervorgehoben, dass die Abfuhr an sich umständlich und für den Pächter des Düngers zeitraubend ist, da er mit seinem Gespann jederzeit zur Abfuhr bereit sein muss. Sind zwei derartige Wagen vorhanden, so dürfte dieser Einwand wohl hinfällig sein.

Auch gewöhnliche Kastenwagen, wie sie auf dem Lande für Düngerabfuhr gebräuchlich sind, genügen, wenn neben dem Dunghause eine Jauchegrube nebst Pumpe angelegt wird, denn selbst die Specialwagen sind selten ganz dicht.

Da aber der Schlachthausdünger nur so lange nicht belästigt, als er ruhig liegen bleibt, lästig dagegen wird, sobald im Düngerhaufen oder in der Grube gerührt wird, so empfiehlt es sich, den Dünger direkt in Wagen zu entleeren, wodurch ferner das Aufladen für die Abfuhr erspart wird.

Am meisten einwandsfrei aber ist die Beseitigung des Düngers auf grossen Anlagen mit Bahnanschluss, indem die Entleerung entweder direkt in Special-Eisenbahnwagen, welche unter oder hinter dem Dunghause stehen, oder in Kipplowries erfolgt, aus welchem der Inhalt alsdann in die grossen Wagen geschüttet wird.

In jedem der letzteren Fälle aber ist vorausgesetzt, dass das Dunghaus höher liegt als die Schlachthalle, um für das Unterfahren der Wagen eine allzu lange Rampe zu vermeiden. Zwar hat man sich mancherorts (an kleinen Schlachthöfen) dadurch zu helfen gesucht, dass die Entleerung im Dunghause in kleine Gefässe (Blutwagen (Fig. 6) oder auf Schmalspurgeleisen rollende kleine Wagen) erfolgt, deren Inhalt alsdann ausserhalb des Gebäudes in die eigentlichen Abfuhrwagen geschüttet wird.

Dieses Verfahren setzt aber immer eine nur geringe tägliche Schlachtung voraus, während gleichzeitig der frisch entleerte Magen-Darminhalt durch seinen Geruch belästigt.

All' diesen Uebelständen dürfte vielleicht auf folgende Weise abgeholfen werden können.

Dunghaus und Kuttelei nebst Vorraum liegen ca. 1 — 1,50 m höher als der Fussboden der Schlachthalle und sind von letzterer durch eine Treppe zugänglich.

Durch diese höhere Lage wird einmal das Eindringen der Dünste aus dem Dunghause in die Halle wesentlich abgeschwächt, dann aber auch für die Fortbewegung der unter dem Dunghause stehenden Wagen der Vortheil erreicht, dass für die Fahrrampe ungefähr die halbe Höhe und infolge dessen an Länge gespart wird. Da durch diese Treppenanlage jedoch das Hinüberfahren der Kaldaunenwagen nicht möglich ist, eine Rampenanlage aber zu steil werden würde, so ist für den Transport der Kaldaunen folgende Einrichtung (Fig. 4 und 5) vom Verfasser ersonnen.*)

An das auszuweidende Thier (Grossvieh) wird ein Kaldaunenwagen herangeschoben. Nachdem der abnehmbare Tisch desselben, welcher oben einen Rand und unten kleine Räder trägt, mit dem Inhalt der Bauchhöhle gefüllt ist, wird er nach der Mitte der Halle gefahren, woselbst sich an einer Laufkatze hängend eine Transportvorrichtung befindet, deren vier Endketten an der entsprechenden Anzahl Haken des Tisches befestigt werden. Alsdann wird der Tisch bis zu einem gewissen (markirten) Punkt hoch gewunden, in das Dunghaus bis an die Entleerungsöffnung geschoben, wo er, von den Ketten befreit, nun auf den kleinen Rädern ruht, und die Entleerung der Eingeweide stattfinden kann, während die leere Transport-Vorrichtung auf dem nach der Halle zu etwas geneigten Geleise zurückrollt und für den nächsten ebenso eingerichteten Kaldaunenwagen benutzt wird.

Innere Einrichtung der Hallen. Das Dach der Schlachthalle ragt gewöhnlich 1—2 m (in Leipzig sogar 2,6 m) über die Umfassungswände hinaus, um den Wagen bei An- und Abfuhr Schutz zu gewähren und das direkte Einfallen der Sonnenstrahlen in das Innere der Halle möglichst zu verhindern.

Die Vorderfront der Halle ist mit hohen Fenstern mit Ventilations-Vorrichtungen ausgestattet; letztere können darin bestehen, dass das Fenster oder ein Theil desselben um seine senkrechte oder mittelst einer Kurbel oder anderer Stellvorrichtungen um eine oder mehrere

---

*) Deutsches Reichs-Patent No. 73534.

horizontale Axen gedreht werden kann. Weitere Vorrichtungen für Ventilation werden in den Dachlaternen in Gestalt von eisernen oder hölzernen Jalousie - Fenstern angebracht. Auch hat man kleine Jalousie - Klappen aus Glas in den Fenstern, sowie Ventilations-Oeffnungen in den Umfassungswänden unterhalb der Fenster. Als

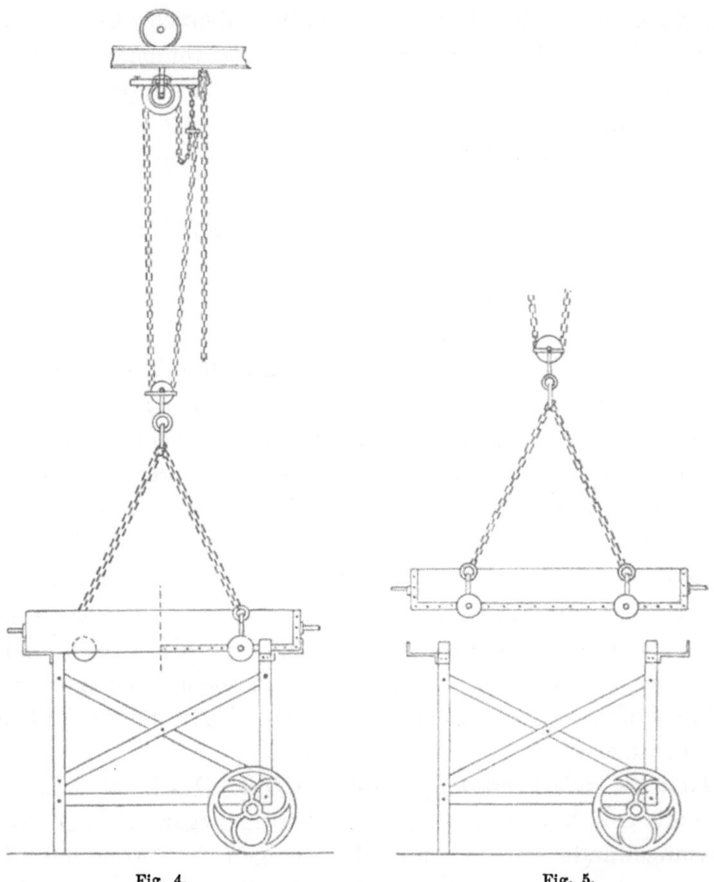

Fig. 4.   Fig. 5.

praktisch haben sich ferner für die Ventilation Windhüte bewährt (Fabrik von Alex. Huber-Köln).

Um zu vermeiden, dass die Sonnenstrahlen direkt ein- und auf das Fleisch fallen, ist es nöthig, dass man entweder aussen Markisen oder Holzjalousien oder innen Vorhänge anbringt, wenn man nicht Scheiben aus mattirtem oder geriffeltem Glas vorzieht.

Die Thüren, deren Anzahl am besten möglichst beschränkt wird, stellt man (auch in den anderen Räumen) sehr zweckmässig in der Form von Schiebethüren und zwar neuerdings meistens aus Wellblech her. Zur Erzielung einer besseren Ventilation wird im Sommer der untere Theil der Thüren durch Drahtgitter ersetzt.

Um die Halle zu erhellen und die Wände leicht reinigen zu können, werden dieselben entweder mit einem 2—3 m hohen Cementpaneel, welches mit Oelfarbe oder besser mit Porzellan-Emailfarbe gestrichen wird, versehen oder mit Kacheln oder Thonplatten bekleidet. Oelanstrich bewährt sich im Allgemeinen nicht, weil sich veraltete Flecke aus demselben schwer oder garnicht entfernen lassen, besser ist schon die sehr glatte Porzellan-Emailfarbe, doch ohne Zweifel am geeignetsten, wenngleich auch am theuersten, die Bekleidung mit Thonplatten oder Porzellan-Verblendsteinen, welche nicht nur den Raum hell machen, sondern auch vornehmlich die Möglichkeit einer gründlichen und leichten Reinigung resp. Desinfektion bieten. Neuerdings findet man auch vielfach künstlichen Marmor (Cement mit Granit und Drahteinlage), welcher sehr praktisch ist und schön aussieht.

Für den Fussboden-Belag kann man Asphalt, Makadam, Thonfliesen (Mettlacher, Sinziger, Bibricher u. s. w.), Cement- oder Granitplatten wählen. Letztere dürften sich wohl am meisten empfehlen. Bei Thonfliesen und Makadam muss an denjenigen Stellen, wo das Rind in zwei Hälften zerlegt wird, ein härteres Material in Gestalt einer Platte eingelegt werden, da durch das abspringende Beil aus dem Bodenbelag leicht Stücke herausgeschlagen werden. Jedenfalls muss das Material undurchlässig und wenig glatt sein, um im Winter das Ausgleiten der Thiere möglichst zu vermeiden; desshalb wird man Cementfussböden mit hölzernen Kellen rauh putzen, während cementirte Wände mit eisernen Kellen sorgfältig glatt gebügelt werden.

Eincementirte Platten (Mettlacher, Sinziger u. s. w.) bringen ferner den Uebelstand mit sich, dass sie im Winter leicht losfrieren, wenn die Fugen nicht ganz dicht sind.

Auch ist das Augenmerk darauf zu richten, dass gutes Gefäll des Bodens sowie die nöthige Anzahl von Rinnsteinen und Abflussrinnen vorhanden ist, welche den in grösserer Zahl angebrachten Senkeimern (Gully's) das ganze Spülwasser zuführen. Letzteres wird alsdann nach Abgabe der festen Bestandtheile daselbst in das allgemeine Kanalnetz und von da entweder in die Kläranlage oder direkt in einen Abfluss geleitet. Die Einläufe der Kanalisation sind mit Wasserverschluss zu versehen; die Kanalrohre dürfen nicht zu eng gewählt werden, um Verstopfungen vorzubeugen; sie müssen ein starkes Anfangsgefäll haben und die Seitenzweige unter spitzem Winkel aufnehmen.

An den Wänden hat man oft noch Schränke (aus Holz, Eisen oder Stein) angebracht oder in dieselben eingelassen, welche zum Aufbewahren des Schlachtgeräths dienen. Werden solche von den Inhabern meist verschlossene Räume nicht sehr sauber gehalten, so entwickelt sich in denselben bald übler Geruch, welcher sich dann auch leicht der ganzen Halle mittheilt.

Für die Schlachtung aller Thiere giebt es eine Reihe von gemeinsam zu benutzenden Geräthschaften; solche sind: Blutschüsseln (verzinktes Eisenblech), Blutauffangschüsseln, Blut- (Fig. 6)*) und Kaldaunen-

Fig. 6.

wagen (Fig. 7 und 8) und Betäubungs-Apparate.**)   Andere zum Schlachten nothwendige Geräthe, wie Beile, Sägen, Sperreisen, Ketten u. dergl. zum allgemeinen Gebrauch vorräthig zu halten, empfiehlt sich nicht, da die Abnutzung und die Verluste an solchen Geräthschaften zu gross sind.***)

*) Die Figur stellt einen sog. Beanstandungs-Kasten dar, welcher dazu dient, vom Konsum ausgeschlossene Theile u. dergl. vorläufig (bis zur Vernichtung) aufzunehmen. In dem trichterförmigen Theile des Deckels befindet sich eine Vorrichtung, welche wohl das Hineinwerfen von Gegenständen gestattet, aber das Herausnehmen verhindert. Ohne Deckel benutzt man den Wagen als sog. Blutwagen für vorläufige Aufnahme des Blutes und anderer für den Dünger bestimmter Theile. Die Kästen können aus dem fahrbaren Untergestell heraus gehoben werden.

**) Vergleiche: Schwarz „Ueber neuere Schlachtvieh-Betäubungs-Apparate", Zeitschr. f. Fleisch- und Milchhygiene III. Jahrg. S. 171.

***) In einigen Städten findet man an den Wänden der Schlachthalle die bekannte Inschrift: „Blutig ist ja Dein Amt, o Schlächter, d'rum übe es menschlich;
Schaffe nicht Leiden dem Thier, das Du zu tödten bestimmt;
Leit' es mit schonender Hand und tödte es sicher und eilig;
Wünschest Du selber ja auch: „Käme doch sanft mir der Tod!"

Es erübrigt noch, der Wasserversorgung der Hallen, der Beleuchtung und Centralheizung mit einigen Worten zu gedenken.

Wasserversorgung der Hallen u. s. w. Wo die Einrichtung eines eigenen Wasserthurms, in dessen Erdgeschoss sehr

Fig. 7.

gut das Freibanklokal, Talgschmelze u. dergl. Platz finden, nicht beabsichtigt wird, stellt man die Reservoirs für kaltes und warmes Wasser auf den Boden des Kühlhauses oder über die Maschinenhalle.

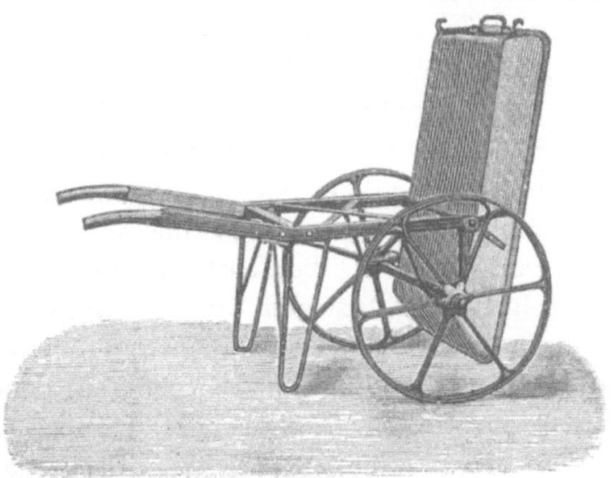

Fig. 8.

Für kleinere Schlachthöfe empfehlen sich sehr die kleinen Wandpumpen (Weise & Monski, Halle a/S.), welche vorzüglich arbeiten und die Benutzung einer etwa vorhandenen grösseren Dampfmaschine im Winter überflüssig machen. Auch sind Pulsometer für derartige Zwecke sehr geeignet.

Gerade die Anlage der Wasserleitung bietet Uebelstände, mit welchen im Winter wohl die meisten Schlachthöfe zu kämpfen haben. Es liegt dies hauptsächlich daran, dass die Leitungen nicht tief genug und meistens so angelegt sind, dass man den tiefer gelegenen

Röhren nicht beikommen kann. Dieses lässt sich dadurch vermeiden, dass man einmal die Rohrleitungen unter der Halle so legt, dass sie durch Einsteigelöcher von aussen stets erreicht werden können, und zweitens dass die Zapfstellen sich nicht an den Wänden, sondern an besonderen, an verschiedenen Stellen der Halle aufgestellten Hydranten (bezw. an den Säulen befestigt) befinden. Sollen sie an den Wänden liegen, dann müssen sie wenigstens von allen Seiten frei und zugänglich sein. Vertheilt man die Wasserhähne in den Schlachthallen zu beiden Seiten des Mittelganges, so verlegt man die Abflussrinnen zweckmässig an die Längswände der Hallen und giebt nach diesen zu Gefäll, während man Rinnen zu beiden Seiten des Mittelganges möglichst vermeidet. Dadurch erreicht man einerseits einen stets möglichst trockenen und reinen Mittelgang, andererseits wird man beim Abspritzen des Fussbodens mittelst Schlauch stets vom höher gelegenen nach dem tieferen Punkt zu spritzen können. Auch wird das Fahren über die Rinnen mit Kaldaunen- und Blutwagen vermieden. Für reichliche Wasserversorgung muss ferner in allen übrigen Räumen, Ställen, Kühlhaus, Klosets u. s. w. gesorgt sein.

Erwärmung der Hallen. In letzter Zeit hat man behufs Erwärmung der Schlacht- und anderen Arbeitsräume Centralheizung eingerichtet (Elbing, Spandau), welche bei strenger Kälte in Betrieb gesetzt wird und im Verhältniss zu der Annehmlichkeit nur geringe Betriebskosten verursacht, da die Heizung von der allgemeinen Kesselanlage ausgeht. — Die Ansichten über den thatsächlichen Werth solcher Anlagen sind sehr getheilt.

Die Beleuchtung erfolgt in den Städten ohne Gasanstalt entweder mittelst sog. gasselbsterzeugender Lampen. (Gebr. Huff-Berlin) oder noch besser durch Elektricität. Die Anlagekosten für letztere dürften allerdings höher, die des Betriebes jedoch wohl geringer sein. Für eine Stadt von 8—10000 Einwohner würde sich eine solche Anlage mit 4 Bogenlampen und 40 Glühlichtern auf ca. 2800—2900 M. stellen.

Garnicht zu empfehlen ist die Erleuchtung mittelst Steinöl, da es auf mancherlei Weise (Geruch, Qualm, Abtropfen) unangenehm auf das Fleisch wirken kann und eine Menge Bedienung erfordert.

Ausstattung der einzelnen Räume. Auf dem Schlachtplatz für Grossvieh befinden sich im Fussboden verankerte Ringe zum Anbinden des zu betäubenden Viehes.

Nach erfolgter Betäubung*) und Blutentziehung wird das Thier zum Abhäuten entweder auf ein bewegliches Gestell aus Holz (Schragen) geschoben oder es befinden sich zu diesem Zweck in dem Fussboden muldenförmige, der Form des Rückens entsprechende Aushöhlungen; letztere dürften der grösseren Haltbarkeit wegen vorzuziehen sein.

Zur weiteren Bearbeitung dienen Winden, welche in zwei Formen von der Firma Beck & Henkel in Kassel (Patent-Sicherheits-Winden) zur Anwendung kommen, und zwar als feststehende oder als Winden mit Laufkatzen-Einrichtung. Letztere findet man meistens nur in grösseren Städten, wiewohl sie neuerdings auch in einer Reihe kleiner Schlachthöfe zur Anwendung gelangt sind, so in Anklam, Insterburg, Hirschberg, Schneeberg, Grünberg, Landeshut, Freiburg i. S., Landsberg a. W., Pasewalk, Dt. Eylau u. a. Bei kleineren Plätzen ist die Raumersparniss nur unbedeutend und wiegt die auf der anderen Seite bestehenden Nachtheile nicht auf, welch' letztere hauptsächlich darin zu erblicken sind, dass die Handhabung nicht eine so einfache, und der Schlächter nicht in der Lage ist, sein Fleisch beliebig hochheben zu können. Bei der Einzelwinde steht ihm der Aufzug so lange zur Verfügung, als sein Thier daran hängt resp. als bei Mangel an Winden kein anderer auf die Benutzung derselben Anspruch macht. Auch der Vortheil der selbstspannenden Spreizen, womit die Thierhälften beim Aufhauen auseinander gezogen werden, fällt bei der Laufwinden-Einrichtung fort.

Bei letzterer wird das Thier, nachdem es ausgeschlachtet ist, auf die andere Seite der Schlachthalle geschafft und kann dort beliebig hängen bleiben. Trotz mancher Vorzüge wird sich diese Einrichtung aber wohl nicht allgemein einführen, da sie besondere Vortheile nur dort bietet, wo die Schlachtungen von Lohnschlächtern ausgeführt werden, während es in anderem Falle leicht zu Unzuträglichkeiten kommt. Nach einer Mittheilung des Herrn Schlachthof-Direktor Goltz in Halle funktioniren die daselbst und in Magdeburg von Beck & Henkel aufgestellten und neuerdings verbesserten Winden mit Laufeinrichtung zu vollster Zufriedenheit. Was die Zahl der (feststehenden) Winden betrifft, so rechnet Osthoff für den Schlachthof einer Stadt von 5000 Einwohnern vier, von 10000 die doppelte,

---

*) Um das Niederlegen (Werfen) der Rinder beim Schächten weniger qualvoll zu machen, hat man in einigen Schlachthöfen (z. B. Lübeck) Vorrichtungen, mittelst welcher das Thier hochgehoben wird, um alsdann gefesselt und niedergelegt zu werden. Auch gelangen vielfach sog. Kopfhalter zur Anwendung.

von 15 000 die dreifache Anzahl. Während nach unserer Ansicht vier Winden für eine Stadt von 5000 Einwohnern genügen, sind acht für 10 000 Einwohner zu viel, weil sie einerseits zu viel Raum beanspruchen, andererseits aber das zertheilte Rind entweder in den Vorkühler gebracht oder, wenn kein Kühlhaus vorhanden, abgeviertelt, an den Haken aufgehängt wird und so für andere Platz gemacht werden kann.

Zum Aufhängen von Theilen des Rindes (innere Organe u. s. w.) befinden sich an den Wänden sowohl wie an ev. vorhandenen Säulen Haken; an letzteren in Gestalt von Kronen, welche mitunter noch Arme tragen, um mehr Platz zu schaffen. Eine gewisse Anzahl Haken bezeichnet man auch wohl mit der entsprechenden Windennummer.

Auf dem Schlachtplatze für Kleinvieh hat man statt der sonst zum Ausschlachten gebräuchlichen hölzernen Schragen (Fig. 9) auch solche aus Stein oder Eisen und zwar letztere unbeweglich am Boden befestigt. Ist das Thier ausgeschlachtet, so wird es an Haken aufgehängt. Die Länge solcher Hakenrahmen berechnet Osthoff für eine Stadt von 5000 Einwohnern auf sechs laufende Meter, von 10 000 auf das Doppelte, von 15 000 auf das Dreifache, wobei der Abstand der einzelnen Haken von einander 0,25 m beträgt. Dann sind die Haken so angeordnet, dass sowohl Hammel wie Kälber bequem ohne Krummholz aufgehängt werden können.

Fig. 9.   Fig. 10.

Die dritte und vierte Abtheilung der Schlachthalle bildet der Schlachtplatz für Schweine nebst dem Brühraum.

Die aus dem Stall direkt in den letzteren getriebenen Schweine werden hierselbst an Ringen, welche im Boden oder an der Wand bis ½ m über dem Fussboden verankert sind, festgebunden, betäubt und nach der Blutentziehung mittelst Drehkrahn (Patent von Beck & Henkel) oder Laufkatze in den Brühbottich geschafft. Mit Hilfe derselben Hebevorrichtung werden sie sodann aus dem Bottich auf die Enthaarungstische gehoben, welche entweder feststehend (auch in

Gestalt langer hölzerner Tische, welche aber unpraktisch sind) oder transportabel (Fig. 10) sein können. Auf letzteren kann das entborstete Thier direkt bis zu den für die weitere Ausschlachtung bestimmten Haken in die allgemeine Halle geschafft werden, während im anderen Falle noch eine besondere Vorrichtung (Laufkatze) für den Transport vorhanden sein muss.

Für die Brühbottiche kann die runde oder längliche (ovale) Form gewählt werden, für kleinere Anstalten dürfte wohl letztere zu bevorzugen sein.

Das für den Brühkessel nöthige Wasser wird in kleinen Schlachthöfen in einem neben dem Brühraum befindlichen Raume, oder in diesem selbst, in einem eingemauerten Kessel heiss gemacht, während es bei grösseren (mit Dampfbetrieb) dem Warmwasserreservoir entnommen und durch Dampf erhitzt wird.*) Die Dampfheizung der Brühkessel ermöglicht ein stets gleiches Warmhalten des Wassers auf ca. 50° R.

Zur weiteren Ausschlachtung dienen für die Schweine Hakenrahmen wie für Kleinvieh, und zwar rechnet man nach Osthoff für eine Stadt von 5000 Einwohnern 9 laufende Meter, von 10000 das Doppelte, von 15000 das Dreifache.

Es dürfte sich aber empfehlen, wenn irgend möglich, die Hakenrahmen für Schweine nicht parallel, sondern nur senkrecht zur Wand anzubringen, um für einen Mann genügend Raum zum Bearbeiten des Rückens zu haben. Auch hat sich das Numeriren von je drei Haken als praktisch erwiesen.

Zur Bequemlichkeit der Schlächter finden sich in den Hallen meistens sog. Inster (Schnellwaagen), um das geschlachtete Vieh gleich wiegen zu können.

Wie in den Hallen, so muss auch in den Ställen für Wand und Boden undurchlässiges und besonders leicht zu desinficirendes Material gewählt werden; dies gilt auch für die Krippen, für welche sich Thon, Cement oder Eisen am besten eignen**). Auch für die

---

*) Neuerdings hat man auch Brühbottiche konstruirt, welche in jeder Schweine-Schlachthalle freistehen können, ohne dass die aufsteigenden Dämpfe durch ihren Niederschlag dem Fleische schaden. Letztere werden nämlich durch einen über dem Kessel befindlichen Dunstfang aufgenommen, während durch warme, an den Wänden des Bottichs von unten aufsteigende Luft das Ausweichen der Dämpfe nach der Seite verhindert, und ihnen der zu nehmende Weg vorgeschrieben wird.

**) Um das Herauswerfen des Futters zu verhindern, versieht man auch die Krippen mit einer beweglichen Hinterwand aus Eisenblech.

Trennungswände in den übrigen Ställen (für Schweine und Kleinvieh) sind aus demselben Grunde an Stelle von Holz Eisen (Stäbe
oder Wellblech) Stein, Cementplatten oder ähnliches Material zu wählen.
In den Schweineställen findet man sehr häufig die sehr praktischen
verstellbaren Thüren, durch welche die Thiere gezwungen werden,
einen bestimmten Weg zu nehmen. (Fig. 11.)

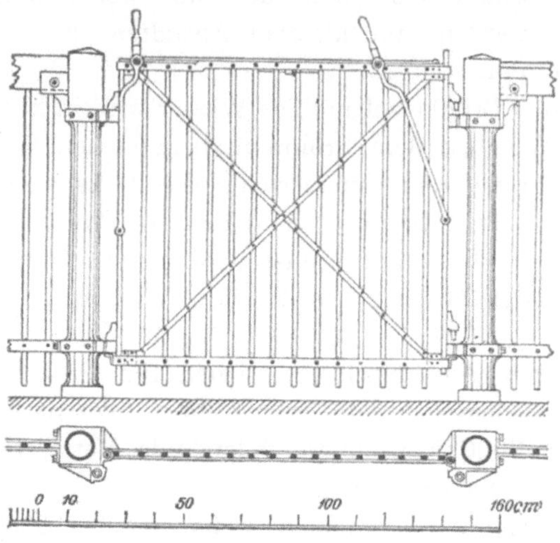

Fig. 11.

Da sehr oft Vieh in Abwesenheit der Fleischer eingeliefert und
nicht immer vorher gekennzeichnet wird, so hat es sich als sehr
zweckmässig erwiesen, die Stände und Buchten mit Nummern zu
versehen und in den einzelnen Ställen Tafeln anzubringen, auf denen
die Nummer des Standes und der Name des Empfängers verzeichnet
werden.

Was die innere Einrichtung des Dunghauses betrifft, so findet
daselbst noch ein Wasserbottich (Abspülbottich) Platz, in welchem
mittelst kalten Wassers die grobe Reinigung der ihres Inhaltes be-
raubten Eingeweide erfolgt (grobe Kuttelei), während in dem daneben
liegenden Raume die weitere Verarbeitung (feine Kuttelei) vor sich
geht. Dieser Raum bedarf einer besonders sorgfältigen Anlage,
namentlich in Bezug auf Ventilation und der zum Reinigen der
Eingeweide nothwendigen Vorrichtungen (Spültröge, Tische u. dgl.).
Es müssen bei letzteren möglichst Winkel und Ritzen vermieden
werden, da sich in dieselben Schmutz, organische Theile, Fett u. s. w.

leicht hineinsetzen und dann bei höherer Temperatur in Verwesung übergehen; daher denn auch die an den Wänden befindlichen Tischchen und Wassertröge, über denen sich Zapfstellen für kaltes und heisses Wasser befinden, am besten aus glattem Material bestehen und sich unmittelbar an die Wand anschliessen. Ganz vorzüglich haben sich hierfür Tische und Tröge aus glasirtem Thon bewährt, desgleichen solche aus Marmor und anderem Stein. Neuerdings empfohlen wird besonders das Patent-Hartdraht-Glas. Dagegen sind wegen der schwierigen Reinigung weniger zu empfehlen: Holz für die Tischchen und abnehmbare gusseiserne Spülgefässe. Erforderlich sind ferner ein Brühbottich und ein grosser umrandeter Tisch (sog. Mickertisch).

Für Fussboden- und Wandbekleidung, sowie Ableiten des Spülwassers gilt hier ganz besonders das für die Schlachthalle Gesagte. —

Das Polizeischlachthaus. Abgesondert von allen übrigen vorgenannten Gebäuden liegt das Polizei- oder Sanitätsschlachthaus mit dem Krankenstall (Kontumaz-Anstalt). Es besteht im Wesentlichen aus einem kleinen Schlachtraum, welcher Einrichtungen zum Schlachten aller Thiergattungen, also Winde, Hakenrahmen, Vorrichtungen zum Brühen u. s. w. enthält. Neben dem Schlachtraum befindet sich der Stall zur Aufnahme des kranken oder seucheverdächtigen Viehes.

In Bezug auf die Ausstattung beider Räume muss besonders auf die Möglichkeit einer leichten und gründlichen Desinfektion Gewicht gelegt werden. —

Beschreibung eines Schlachthofes für eine Stadt von 20—30 000 Einwohnern. Fig. 12 und 13 stellen einen Schlachthof für eine Stadt von ca. 20—30 000 Einwohnern dar. Die Lage der einzelnen Gebäude ist folgende:

Wie in Fig. 1 liegen Verwaltungsgebäude und Waage am Eingang, ferner in der Nähe derselben eine Wagenremise nebst Pferdestall, an welchen sich Räume zum Aufenthalt für den Hallenmeister, die Hofarbeiter und die Gesellen, sowie je ein Stall für Gross- und Kleinvieh anschliessen.

Letztere sind durch eine Zufahrtstrasse von dem grossen in der Mitte liegenden Gebäudekomplex getrennt, in welchem sich die gemeinsame Schlachthalle für Gross- und Kleinvieh und die Schweineschlachthalle nebst dem daranstossenden Brühraum und Stall befinden. Quer vor den beiden Hallen liegen in einer Reihe das Kühlhaus mit dem eigentlichen Kühlraum und dem Vorkühler,

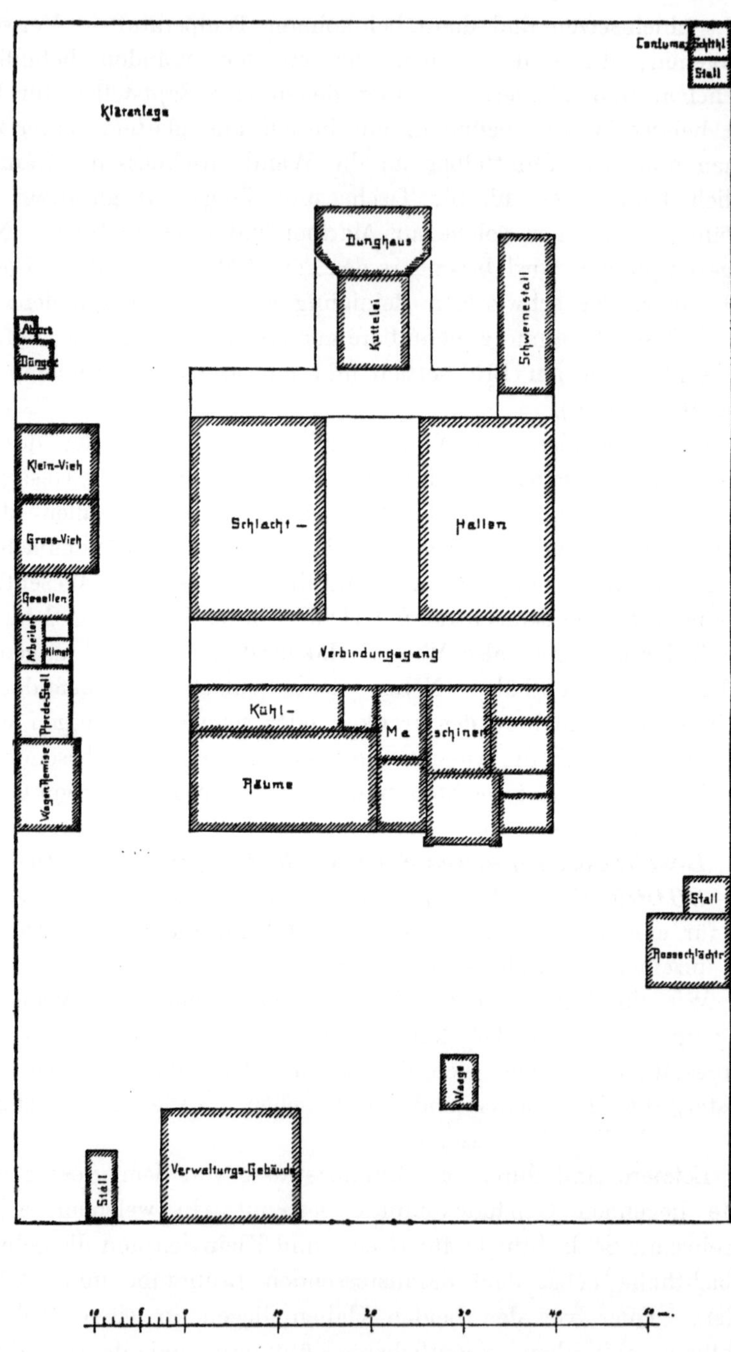

Fig. 12.

Dunghaus
Kuttelei
Schweinestall
Gedeckter   Gang
Brühraum
Rinder – Schlachthalle
Schweine – Schlachthalle
Gedeckter   Fahrweg
[Verbindungsgang]
Vorkühler
Beanstd.
Raum
Kesselraum
Reparatur –
Werkstatt
Maschinen –
Kohlenraum
Räume
Kühlhaus
Freibank
darüber
Wasserthurm
Kochraum

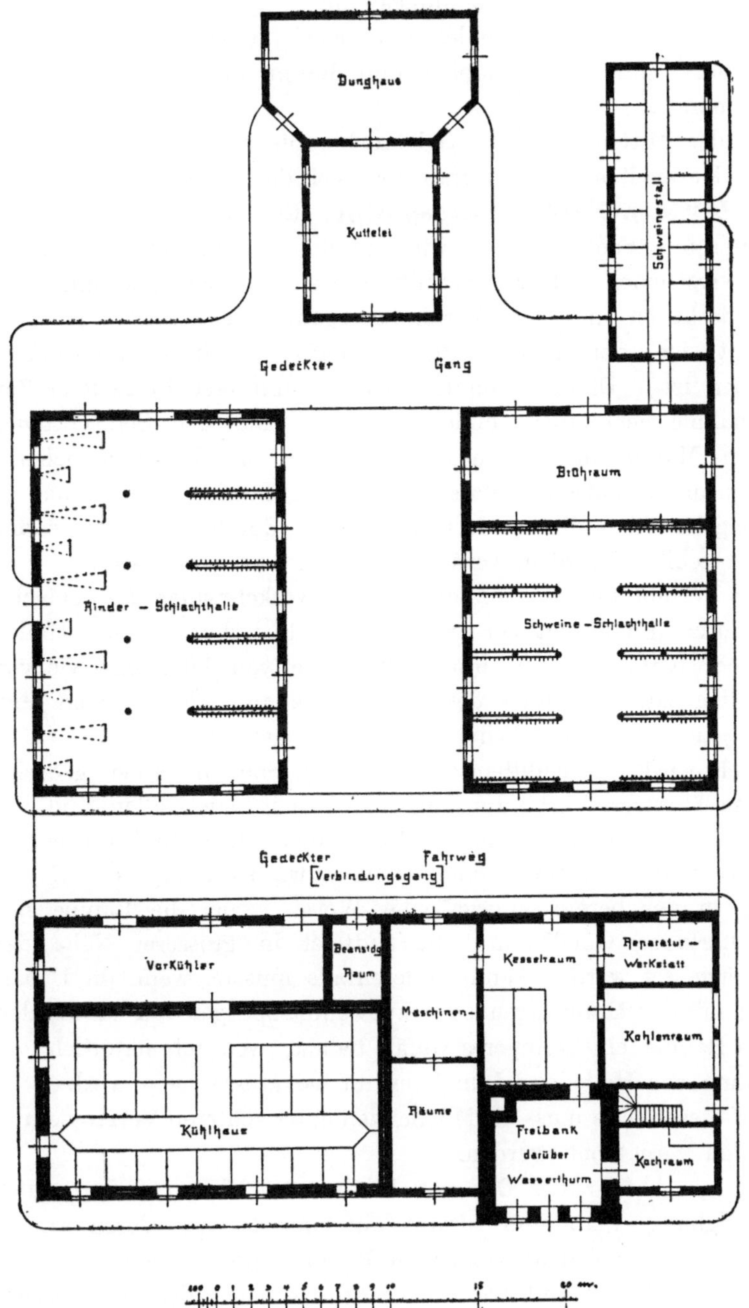

Fig. 13.

von welchem der Beanstandungsraum abgesondert ist, ferner Kessel-, Maschinen- und Kohlenraum, sowie Reparaturwerkstatt und Wasserthurm mit Freibanklokal und Raum für einen Kochkessel (Kochapparat).

In der Mittelaxe dieses Gebäudekomplexes hinter den Hallen liegt die Kuttelei, an deren Hinterfront sich das Dunghaus anschliesst.

Ueber sog. Verbindungsgänge. Eine Verbindung zwischen Kühlhaus und Schlachthallen wird durch einen breiten mit Bürgersteigen versehenen Fahrweg vermittelt, welcher oben gewöhnlich mit Glas bedeckt ist und als »Verbindungsgang« bezeichnet wird. (Es empfiehlt sich, denselben breiter anzulegen, als in dem Grundriss angegeben ist.) Diese Verbindungsgänge sind erst in neuerer Zeit in Aufnahme gekommen, finden sich u. A. auf den Schlachthöfen zu Essen, Mannheim, Kottbus, Halle u. s. w. und bieten mancherlei nicht zu unterschätzende Vorzüge für den Betrieb dar, zumal da die Anlagekosten dadurch, dass die Wände durch die anstossenden Gebäude gebildet werden, verhältnissmässig nur gering sind.

Der Verbindungsgang bildet die Hauptverkehrsader des Schlachthofes: durch ihn erfolgt der Transport des Fleisches von den Hallen nach dem Kühlhause; in ihm halten die von letzterem wie von den Hallen zur Abholung des Fleisches kommenden Wagen und sind in jedem Falle vor Wind und Wetter geschützt.

Auch wird das Kühlhaus vor direkten Sonnenstrahlen gedeckt.

Eine ähnliche Verbindung liegt zwischen den Hallen und der Kuttelei bezw. dem Dunghause. Wählt man die oben beschriebene Transportvorrichtung für Kaldaunen u. s. w., so erfolgt die Ueberführung in der bereits angegebenen Weise, wobei die Rampe mit einem stärkeren Gefäll und die Kuttelei in grösserer Nähe der Hallen errichtet werden kann, anderenfalls müsste, wenn die Ueberführung mittelst Handwagen oder auf Schmalspurgeleisen stattfinden soll, die Rampe ein geringeres Gefäll haben, wodurch natürlich die Entfernung von Halle und Dunghaus um so grösser sein wird.

Auf dieser Seite muss die Möglichkeit einer späteren Vergrösserung der Hallen vorgesehen werden.

Die zur Abfuhr des Düngers bestimmten Wagen finden unter dem Dunghause Platz und werden auf einer Rampe, deren Anlage sich nach dem zu Gebote stehenden Raum richtet, abgefahren.

Rossschlächterei und Polizeischlachthaus nebst den zugehörigen Ställen liegen rechts abgesondert.

Was die Einrichtung der einzelnen Räume betrifft, so gilt auch hier in der Hauptsache das oben bereits Angeführte.

In der Rinder-Schlachthalle liegen zu beiden Seiten des Mittelganges die Schlachtplätze, auf der einen der für Grossvieh, auf der andern der für Kleinvieh.

In grösseren Anlagen ist es empfehlenswerth, die Zimmer für Trichinenschau, Unterbeamte, Gesellen u. s. w. nicht in besondere Gebäude zu legen, sondern hierfür an den Giebelenden der Hallen geeignete Räume auszubauen.

An den Schweine-Schlachthallen grösserer Institute befinden sich an der Aussenseite der Hallenmauer besondere Wartebuchten, aus welchen kleine Thüröffnungen in die im Innern der Halle liegenden Schlagebuchten führen. An der anderen Längsseite der Halle sind oft Vorrichtungen zum Reinigen und Spülen der Eingeweide eingerichtet.

Baukosten-Berechnung für Schlachthof-Anlagen.
Wir wollen dieses Kapitel nicht verlassen, ohne kurz noch einige Angaben über die Anlagekosten eines Schlachthofes zu geben.

Sehr interessant ist hierfür die von Osthoff in dem mehrfach citirten Werkchen aufgestellte Berechnung, nach welcher die Baukosten für eine Stadt von 5000 Einwohnern pro Kopf 7,20 M., von 10000 Einwohnern 7,50 M. und von 15000 Einwohnern 7,67 M. betragen sollen. Hierbei ist natürlich Rücksicht auf Vergrösserung der Stadt und dementsprechende Erhöhung des Konsums zu nehmen.

Nach diesen Berechnungen ergiebt sich folgende Tabelle:

Einwohuerzahl der Stadt	Anlagekosten des Schlachthofes		in einem Jahre			
	ohne	mit				
	Kühlung					
	M.	M.	Ausgaben M.	Einnahmen M.	Ueberschuss M.	Verzinsung %
5 000	36 000	—	3 000	4 350	1 350	3,8
6 000	40 000	—	3 500	5 230	1 730	4,3
7 000	—	54 000	4 900	7 700	2 800	5,2
8 000	—	60 000	5 600	8 800	3 200	5,3
9 000	—	68 000	6 300	9 900	3 600	5,3
10 000	—	75 000	7 000	11 300	4 300	5,7
11 000	—	85 000	7 700	13 000	5 300	6,2
12 000	—	100 000	8 400	15 000	6 600	6,6
15 000	—	115 000	10 000	18 300	8 300	7,2

Diese Zahlen entsprechen, wie aus nachstehender Zusammenstellung von 36 Schlachthöfen aus allen Theilen Deutschlands ersichtlich, den Erfahrungen aus der Praxis.

No.	Stadt	Einwohnerzahl zur Zeit der Erbauung	Baukapital in M.	Betrag pro Kopf M.	No.	Stadt	Einwohnerzahl zur Zeit der Erbauung	Baukapital in M.	Betrag pro Kopf M.
1.	Bernburg . .	21 500	150 000	7,00	19.	Kolmar (P.)	3 023	18 000	6,00
2.	Bochum . .	34 000	230 000	7,00	20.	Kosten . .	4 710	32 640	7,00
3.	Bremen . .	124 500	1 400 000	11,00	21.	Kreuzburg .	6 515	60 000	9,00
4.	Bunzlau . .	11 500	70 000	6,00	22.	Dt. Krone .	6 600	19 000	3,00
5.	Darkehmen .	3 020	23 350	7,70	23.	Lauenburg .	7 320	122 000	16,60
6.	Erfurt . . .	58 300	415 000	7,10	24.	Lübeck . .	58 100	406 500	7,00
7.	Frankfurt a.M.	173 000	901 790	5,20	25.	Meiningen .	11 500	75 000	6,50
8.	Fürth . . .	35 300	292 000	8,30	26.	Mühlheim .	24 000	114 000	4,75
9.	Göttingen . .	21 500	204 000	9,50	27.	Myslowitz .	8 100	132 000	16,30
10.	Görlitz . . .	55 500	229 000	4,10	28.	Oeynhausen .	2 500	25 000	10,00
11.	Gostyn . .	3 730	17 000	4,50	29.	Oppeln . .	15 754	138 418	8,20
12.	Greifswald .	20 300	233 000	11,40	30.	Rastatt . .	12 500	93 000	7,40
13.	Grottkau . .	4 500	50 500	11,20	31.	Ratibor . .	19 400	160 000	8,25
14.	Hersfeld . .	7 100	26 300	3,75	32.	Saalfeld . .	8 500	45 000	5,30
15.	Insterburg .	20 740	280 000	13,00	33.	Solingen .	18 600	57 000	3,10
16.	Iserlohn . .	20 100	127 000	6,30	34.	Sonneberg .	10 250	54 000	5,20
17.	Koburg . .	16 200	216 700	13,40	35.	Stolp. . .	22 450	282 000	12,50
18.	Köslin . . .	17 300	119 440	7,00	36.	Zeitz . . .	19 500	70 000	3,60

VII. Neben-Anlagen.

Zu jeder Schlachthof-Anlage nicht unbedingt erforderlich, aber in sanitärem und volkswirthschaftlichem Interesse wichtig und passend mit einem Schlachthofe zu verbinden, sind folgende als Nebenanlagen zu bezeichnende Einrichtungen zu nennen.

1. Kühlhaus.
2. Rossschlächterei.
3. Freibank(-Lokal).
4. Fett- und Talgschmelze.
5. Albuminfabrik.
6. Darmschleimerei.
7. Häuteschuppen und Häutesalzerei.

8. Hackfleisch-Anstalt.

9. Bade-Anstalt.

10. Anstalt für animalische Bäder.

11. Lymph-Anstalt.

12. Hundefängerei.

Von diesen treffen wir drei, das Kühlhaus, die Rossschlächterei und die Freibank, wohl in den meisten Fällen auf jedem Schlachthofe an, zum mindesten aber eine derselben.

1. Das Kühlhaus.

Die Vortheile des Kühlhauses. Die wichtigste Neben-Anlage an einem Schlachthofe ist das Kühlhaus, so wichtig und so erhebliche Vortheile bietend, dass durch diese überall die Schlächter mit den Unbequemlichkeiten und Unkosten, welche der Schlacht- und Untersuchungszwang mit sich bringt, einigermassen ausgesöhnt werden,*) da die wenigsten von ihnen, besonders in kleineren Städten, in der Lage sind, sich geeignete Kühlräume auf eigene Kosten anlegen zu können. Mit Recht sagt Schmidt-Mülheim:**) »Wir sind von dem hohen Werthe der Kühlhausanlagen für die Gesundheitspflege derartig überzeugt, dass wir unumwunden erklären, dass auf dem ganzen Gebiete der Ernährungshygiene der Menschheit kaum je ein grösserer Dienst geleistet worden ist, als es durch die Konstruktion von Kühlhäusern geschah.«

Die Vortheile, welche eine Kühlanlage bietet, sind so in die Augen springend und die verschiedensten Gesichtspunkte berührend, dass man sich thatsächlich wundern muss, wenn heute überhaupt noch Schlachthöfe ohne Kühlanlagen erbaut werden.

Bei Benutzung eines Kühlhauses ist der Schlächter in der Lage, durch Ausnutzung günstiger Handelskonjunkturen, ohne Rücksicht auf Witterungs-, Konsum- und andere Verhältnisse, sich auf längere Zeit Vorrath zu schaffen, ohne, wie sonst, besondere Ausgaben für Futter-, Warte- und Stallgebühren zu haben.

---

*) Wie unentbehrlich den Fleischern das Kühlhaus geworden ist, geht daraus hervor, dass selbst die erbittertsten Feinde des Schlachtzwanges nicht mehr die Vorzüge jener Einrichtung entbehren möchten.

Charakteristisch ist auch die triviale Aeusserung fleischerseits: „Mag der ganze Schlachthof einstürzen, wenn nur das Kühlhaus stehen bleibt!“

**) Archiv für anim. Nahrungsmittelkunde 1891 p. 51.

Er wird in milden Wintern nicht nur von der Sorge um das für seinen Eiskeller zu beschaffende Eis befreit, sondern kann bei künstlichen Kühlanlagen von dort noch seinen Bedarf an Eis für sonstige Wirthschaftszwecke decken.

Die Verluste an Fleisch in Folge von Witterungseinflüssen werden auf ein Geringes reducirt, denn es ist durch Versuche nachgewiesen, dass sogar solches Fleisch, welches durch längeres Liegen bei hoher Temperatur bereits üblen Geruch angenommen hatte, nach Abwaschen mit kaltem Wasser und sorgfältigem Abtrocknen wieder gänzlich geruchfrei wurde, nachdem es 24 Stunden im Kühlhause gehangen hatte. Ganz besonders aber machen sich Vortheile für die sog. Landschlächter bemerkbar, welche entweder das im Schlachthofe geschlachtete Fleisch bis zum Markttage im Kühlhause hängen lassen können und dann nur nach dem Markt zu transportiren brauchen oder auch — und das ist das Wichtigere — das nicht auf dem Markte verkaufte und erhitzte Fleisch im Kühlhaus auskühlen lassen können, während es sonst in der Hitze oft noch meilenweit gefahren werden müsste und dadurch erheblich an Werth und Haltbarkeit einbüssen würde.*) Für die Schlachthof-Anlage selbst sind als Vortheile hervorzuheben, dass die Schlachthallen kleiner eingerichtet werden können, da das luftkalt gewordene Fleisch sogleich ins Kühlhaus (resp. in den Vorkühlraum) geschafft, und dadurch für andere Schlächter Platz gemacht werden kann.

Last not least — wird die Beschaffenheit des Fleisches durch Aufbewahren im Kühlhause eine wesentlich bessere, denn es ist bekannt, dass das Fleisch von frisch geschlachteten Thieren zähe und trocken ist, für die Küche aber erst durch Eintritt der Todtenstarre geeignet wird, da während derselben eine milchsaure Reaktion der Muskeln vor sich geht. Erst durch diese erhält das Fleisch seine Schmackhaftigkeit, die um so grösser sein wird, je länger das Muskel- und Bindegewebe dieser Reaktion ausgesetzt ist. Künstlich kann man diesen Zustand auch durch Einlegen in Wein, Essig, saure Sahne, Milch, Molken u. s. w. erreichen. Denselben Reifungsprocess nun macht das Fleisch im Kühlhause durch, indem es sich gleichzeitig unter Bedingungen befindet, welche für die Fäulniss und ihre

---

*) In Kassel ist in die Kühlhaus-Ordnung die vielleicht etwas harte Bestimmung aufgenommen, dass nur das Fleisch solcher Thiere in das Kühlhaus gehängt werden darf, welche im städtischen Schlachthofe geschlachtet sind.

Erreger einen möglichst ungünstigen Boden bieten, da bekanntlich die Aufbewahrung in kalter und zugleich trockener und bewegter Luft die beste Konservirungsmethode bildet.

Die verschiedenen Arten der physikalischen Fleischkonservirung. Von den chemischen Konservirungsmitteln abgesehen, können wir folgende physikalischen unterscheiden:

a) absoluten Abschluss der vorher (durch Hitze) sterilisirten Masse gegen das Eindringen von Mikroorganismen (Büchsenfleisch);

b) Kälte;

c) Trockenheit.

Uns interessiren nur die letzten beiden, entweder jedes allein oder kombinirt angewendet. Die Vortheile einer Aufbewahrung durch Trockenheit kennen wir aus dem Verfahren der Naturvölker und Jäger Amerikas (auch in Rumänien gebräuchlich), welche gut ausgeblutetes und von Fett und Sehnen befreites Fleisch in lange dünne Streifen schneiden und dieses mit Maismehl und Salz bestreut so lange der Sonnenhitze aussetzen, bis es zu einer noch biegsamen, aber nicht mehr fäulnissfähigen Masse eingetrocknet ist (Pemmikan in Nord-Amerika, in Süd-Amerika Tassajo oder Charque genannt). Analoge Thatsachen finden wir auch bei der Einbalsamirung der Leichen, bei welcher neben den angewandten Chemikalien ganz besonders die heisse trockene Luft Aegyptens und das Aufbewahren der Todten in gut ventilirten kühlen Räumen einen wesentlichen Faktor bilden. Auch sind es bekannte Thatsachen, dass an manchen Plätzen der Erde Fleisch durch Aufhängen auf luftigen Dachböden u. s. w. lange konservirt werden kann, wie z. B. im Engadin, auf dem St. Bernhard, in Grönland, Süd-Amerika u. s. w. Bei der hierbei mehr oder minder eintretenden Mumifikation hören die Lebensbedingungen für Fäulnisserreger, wozu in erster Linie Feuchtigkeit gehört, auf, und eine Zersetzung kann desshalb nicht eintreten. Auch bei dem Räucherungsprozess spielt neben der Desinfektion die Trockenheit eine grosse Rolle. Wesentlich beeinträchtigt wird ferner die Fäulniss durch reichliche Sauerstoff-Zufuhr. Wir erkennen dies schon aus der jedem Laien bekannten Thatsache, dass das Ofenloch wegen seines starken Luftzuges ein guter Aufbewahrungsort für Fleischwaaren ist, und dass sich ferner in einem Hause kein Schwamm zeigt, wenn für reichliche Ventilation besonders unter den Dielen gesorgt ist.

Die Kühlung mittelst Eis. Besitzt nun schon die trockene und in Bewegung befindliche Luft eine so hohe Konservirungskraft, so wird diese noch ganz bedeutend vermehrt, wenn wir jene abkühlen. Kalte, trockene und bewegte Luft bildet die vollkommenste Art der Konservirung, denn Kälte allein genügt nicht, das sehen wir an unsern Eiskellern, wenigstens nicht; sofern das Fleisch nicht luftdicht vom Eise umschlossen ist. Denn in den Eiskellern ohne gute Ventilationsvorrichtungen wird das Fleisch weich, lappig, an der Oberfläche schmierig und geht an der freien Luft bald in Zersetzung über. Diese Zersetzung aber wird durch Mikroorganismen hervorgerufen, welche auf der feuchten Oberfläche einen geeigneten Boden für ihre Ansiedelung nnd Fortpflanzung finden, und ein grosser Theil von Fleischvergiftungen*) ist dieser ungeeigneten und unvollkommenen Aufbewahrungsart zuzuschreiben. Trocknet man aber mittelst geeigneter Vorrichtungen die Oberfläche, so ist den fäulnisserregenden Mikroorganismen, welche immer von aussen in das Innere des Fleisches eindringen, der Nährboden entzogen und es kann, sofern das Fleisch nicht von einem kranken Thiere**) stammt, Zersetzung nicht stattfinden.

Ganz besonders aber wird der Fäulnissprocess dadurch unterstützt, dass man meistens zur Füllung der Eiskeller Natureis an Stelle künstlichen Eises nimmt und ersteres gewöhnlich aus irgend einem Tümpel stammt, in dem ungeheure Mengen von Schädlichkeitskeimen enthalten sind. Wie nachgewiesen, erleiden diese durch Kälte in ihrer Entwickelungsfähigkeit keine Einbusse. Thaut nun das warme Fleisch das Eis, mit dem es direkt in Berührung kommt, auf, so werden die Mikroorganismen unmittelbar auf jenes übertragen. —

Die Schädlichkeit des Natureises. Hochinteressant sind die Ergebnisse bakteriologischer Untersuchungen von Heyroth,***) welche an 25 Eisproben, die den verschiedensten Wasserläufen Berlins und Umgegend entnommen waren, gemacht sind. Hiernach

---

*) Nach L. Hamilton (Stickers Archiv 1890) verliert ganz besonders Fleisch von Fischen, welches auf Eis liegt, seinen angenehmen Geschmack und seine Festigkeit, es wird weich, fade, schlüpfrig; auch sollen gerade nach dem Genuss solchen Fleisches schwere Vergiftungserscheinungen beobachtet sein.

**) Dass sich auch das Fleisch tuberkulöser Thiere im Kühlhause lange hält, wurde in Stolp festgestellt, wo solches, zum Kochen für die Freibank bestimmt, länger als drei Wochen vollständig frisch blieb.

***) „Ueber den Reinlichkeitszustand des natürlichen und künstlichen Eises“, Mittheilungen aus dem Kaiserl. Reichsgesundheits-Amt 1888.

waren in 1 cbcm Eiswasser ca. 2000—14 000 entwickelungs-
fähige Keime enthalten. Auch künstliches Eis ist nur dann
rein, wenn reines Wasser zu seiner Herstellung verwendet ist. In
12 Proben von Eis aus Berliner Fabriken fand Heyroth in 1 cbcm
Wasser bis zu 1600 Keime von Mikroorganismen. Noch ungünstigere
Resultate hatten die Untersuchungen von C. Bischoff in Berlin,
welcher bei einer Anzahl verschiedenen Stellen entnommener Proben
von Natureis in 1 cbcm Eis-Schmelzwasser das Vorhandensein von
150 000—880 000 lebensfähigen Bakterienkeimen feststellte. Ziemlich
frei von Schädlichkeitskeimen ist jedoch das aus filtrirtem, beziehungsweise destillirtem oder gekochtem Wasser hergestellte Eis,*) welches
jetzt auch meistens nur zur Verwendung kommt.

In Folge vorstehender Untersuchungsresultate ist von dem Regierungs-Präsidenten zu Potsdam unter Hinweis auf die Veröffent-
lichungen des Kaiserl. Gesundheits-Amtes öffentlich vor der unbedachten
Benutzung von Natureis gewarnt worden. Dass im Uebrigen auch Natureis unter gegebenen Bedingungen konservirend wirkt, lehrt die bekannte
Thatsache, dass sich das Fleisch von Thieren (Eisbären, Mammuths),
welche in nordischen Gegenden umgekommen sind, Jahrtausende
lang im Eise eingeschlossen gut erhalten hat. In neuerer Zeit lässt man
Fleisch künstlich gefrieren, um es weite Strecken zu transportiren
(in den letzten Jahren sind grosse Mengen gefrorenen Fleisches von
Amerika und Australien zu uns gekommen), doch hat dieses Verfahren
den grossen Nachtheil, dass das Fleisch nach dem Aufthauen rasch in
Zersetzung übergeht und demnach schnell verbraucht werden muss.

Eis-Kühlhäuser. Es können jedoch auch Eisräume wohl
brauchbar werden, wenn für genügende Ventilation gesorgt ist, eine
Voraussetzung, die wir bei den wenigsten Eiskellern erfüllt finden,
aus Furcht, es würde durch Einleiten von Luft ein zu rasches
Schmelzen des Eises herbeigeführt werden, während man nicht be-
denkt, dass durch Verdünsten des Eiswassers die Luft mit Feuchtigkeit
stark geschwängert wird und diese sich natürlich auch auf das Fleisch
niederschlägt.

Um nun diese feuchte Luft abzuleiten und durch trockene zu er-
setzen, hat man geeignete Ventilationsvorrichtungen ersonnen, welche

---

*) Zur Herstellung von abgekühltem, luftfreiem und destillirtem Gefrierwasser
ist von der Maschinenbauanstalt „Humboldt" (siehe weiter unten) ein Apparat konstruirt, in welchem aus dem aufgefangenen und von Oel befreiten Dampf-Kondens-
Wasser keimfreies Klareis hergestellt wird.

einen raschen Luftwechsel ermöglichen und dabei den Raum kühl und trocken erhalten.

Solche Kühlhäuser wurden von dem Ingenieur Knaur-Breslau in einer ganzen Reihe von öffentlichen Schlachthöfen errichtet. Nach Angaben der betr. Behörden bewähren sich diese Kühl-Anlagen sehr gut und sollen denen mit maschineller Kühlung nahezu an die Seite zu stellen sein.

Die Anlage selbst besteht aus einem über der Erde liegenden Gebäude, in welchem sich zwei Haupträume befinden, der grössere Eisraum und die kleinere Fleischhalle; die Wände sind sehr stark, mit Isolirschichten versehen, in ihnen verlaufen die Ventilations- und Cirkulationskanäle, welche beide Räume mit einander verbinden. Die aus dem höher liegenden Eisraum kommende Luft fällt zu Boden, verdrängt die nach oben steigende wärmere, welche durch Schornsteine entweicht, und bewirkt, dass sich nicht nur die Luft stark abkühlt, sondern auch durch die gute Ventilation hinreichend trocken wird.

Nach den aus den öffentlichen Schlachthöfen in Kattowitz, Landshut, Myslowitz, Ohlau, Oppeln und Waldenburg vorliegenden Berichten ist die Luft bei einer Temperatur von ca. $+ 3$ bis $+ 4^0$ C. stets trocken und konservirt das Fleisch ausserordentlich lange.

Was die Herstellungs- und Betriebskosten anbelangt, so kostet ein Kühlhaus mit ca. 150 cbm Kühlraum 20000 M. und erfordert ca. 600 M. Betriebskosten (Füllung mit Eis*) u. s. w.), während sich für grössere Anlagen, wie in Kattowitz (47 Zellen mit 235 qm Flächeninhalt) die Baukosten auf 50000 M. und die Betriebskosten auf ca. 2450 M. p. a. belaufen.

Gegen die Kühlung mittelst Eis wendet sich aber eine grosse Reihe von Sachverständigen. So sagt F. Moritz:**) »In einem solchen Raum ist die Temperatur stets über 0° C. Der Raum mag

---

*) Um Eis längere Zeit zu konserviren, ist es nöthig, dass grössere Quantitäten vorhanden und so dicht gepackt sind, dass möglichst die Lücken ausgefüllt werden, was man durch rechtwinkliges Schneiden des von Schnee befreiten Eises und Ausfüllen etwaiger Oeffnungen mit zerschlagenem Eise erreicht. Auch ist besonders Gewicht darauf zu legen, dass die Oberfläche stets möglichst glatt ist. Die Lagerung des Eises geschieht sehr zweckmässig auf einer ca. 20 cm hohen Unterlage, damit Raum für Drainage bleibt. Diese kann man durch alte Schienen, auf welche Blätter oder Stroh in genügender Menge gepackt werden, herstellen.

**) Schmidt-Mülheims Archiv 1890.

vor Einbringung des Fleisches mit Luft von $+ 3$ bis $+ 4^0$ erfüllt sein. Dieselbe befindet sich im gesättigten Zustande. Durch die Erwärmung am Fleische wird sie zunächst zur Aufnahme neuer Feuchtigkeit geeignet, aber die reichliche, dem Fleische entsteigende Feuchtigkeit bringt sie bald wieder in den Zustand der Sättigung.

Selbst wenn man nun ungeheure Mengen frischer Luft, die über Eisflächen geleitet worden sind, als Ersatz einbringt, so bleibt im Raume nahezu gesättigte Luft und die von frisch eingebrachtem Fleisch herrührende Feuchtigkeit muss sich an den kühleren Wänden und Decken und an dem bereits gekühlten Fleisch niederschlagen und so einen günstigen Boden für die Ansiedelung von Mikroorganismen vorbereiten. Bei einer Temperatur des Kühlraumes von $+ 3$ bis $+ 4^0$ C dürfen, wenn die Luftfeuchtigkeit dabei den zur Konservirung des Fleisches erforderlichen Feuchtigkeitsgehalt von höchstens $70\,^0/_0$ relativer Feuchtigkeit nicht übersteigen soll, 1000 cbm Luft nicht mehr als 4,3 kg Wasserdampf enthalten. Hierfür ist es aber unbedingt erforderlich, dass die Luft auf -1^0 bis -2^0 C. abgekühlt wird, weil sie bei dieser Temperatur in gesättigtem Zustande gerade diese Wassermenge enthält. Um aber die Luft soweit abzukühlen, muss die Temperatur der Salzlösung bezw. der Kühlfläche natürlich noch etwas niedriger, also -4^0 bis -5^0 C. sein. Es geht hieraus hervor, dass Eiskühlung den Anforderungen, welche an einen Fleischkühlraum gestellt werden müssen, unmöglich zu entsprechen vermag.«

Ein direkter Kontakt der vom Eise kommenden Luft mit dem Fleische wird dadurch vermieden, dass man, wie auf dem Schlachthofe in Budapest, in einem zweistöckigen Kühlhause den unteren Raum als Fleisch-(Kühl-)Halle und den oberen als Eisraum benutzt. Durch die aus Eisenblech (Wellblech) oder Eisenplatten bestehende Decke zwischen beiden Räumen erfolgt alsdann die Uebertragung der Kälte auf die Fleischhalle, indem die an den kalten Platten abgekühlte Luft zu Boden sinkt, während die wärmere nach oben steigt, sich abkühlt u. s. w. Das hierbei sich bildende Kondensationswasser wird aufgefangen und abgeleitet (System Brainard).

Zweckmässiger noch dürfte die von dem Ingenieur Gottlieb Behrendt-Hamburg*) in Altona ausgeführte Kühlhaus-Anlage (Fig. 14 und 15) sein, in welcher die Kühlung sowohl mittelst Eis als auch

---

*) Vergleiche Behrendt „Eis- und Kälteerzeugungs-Maschinen" 1888.

mittelst einer in der Kälteerzeugungs-Maschine abgekühlten Kühlflüssigkeit erfolgen kann. Das bis auf Lufttemperatur abgekühlte
Fleisch wird in die Kühlräume (a) gebracht, »welche durch Eisräume beherrscht sind, sodass sie an und für sich in ziemlich
niedriger Temperatur sich stetig befinden.

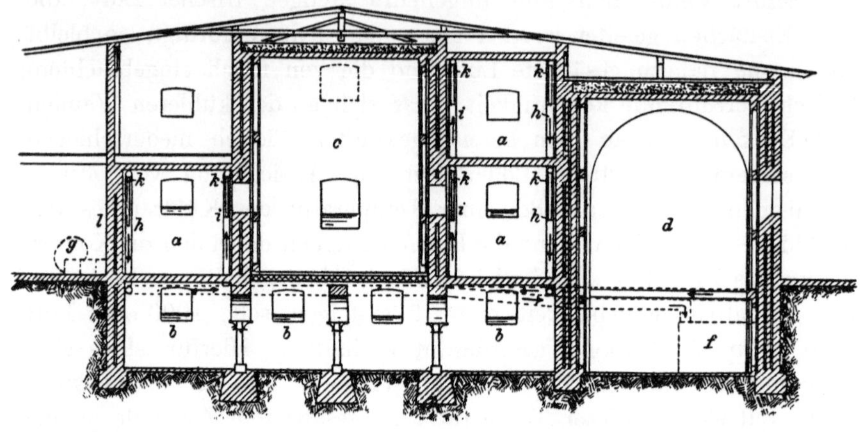

Fig. 14.

»Der Eisraum (c) bleibt geschlossen, das Eis wird nicht ange-
griffen, der Boden desselben besteht aus gewelltem Eisenblech, sodass die Abkühlung des darunter liegenden Einsalzkellers (b) mittelst
Oberflächenkühlung erfolgt. Der Eisraum (d) dient vorzugsweise, um
das zum Betrieb erforderliche Eis zu entnehmen.

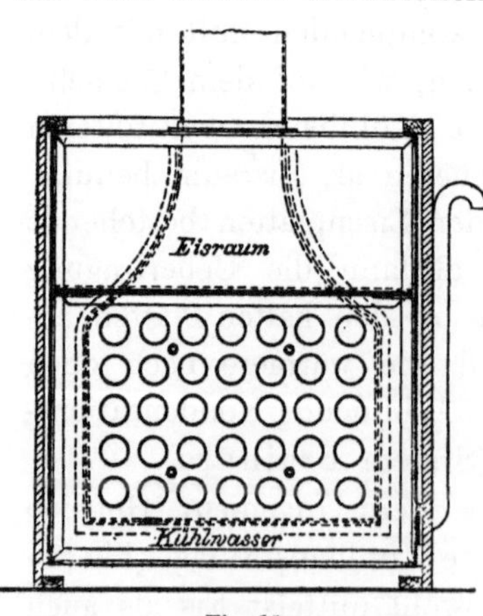

Fig. 15.

»In einem Vorkeller steht der
Kühlapparat (f). (Fig. 15). Er ist ein
Röhren-Apparat, durch welchen die
Luft streichen kann, um sich abzukühlen. Oberhalb desselben wird über
ein Sieb Eis aus dem danebenliegen-
den Eisraum (d) gepackt und der
Kasten mit Kühlwasser gefüllt, das
einer stetigen Erneuerung unterliegt.

»Die durchstreichende Luft wird
auf diese Weise gekühlt.

»Ein Ventilator (g) saugt die Luft
aus den verschiedenen zu kühlenden
Räumen aus und bläst sie durch den Kühlapparat (f), wo sie sich
abkühlt, nach den Räumen zurück.

»In den Kühlräumen hängen an den Wänden herab eine Anzahl vertikaler Röhren, die siebartig durchlöchert sind. Durch die Reihen (h) wird die Luft aufgesaugt, durch die Reihen (i) wird die abgekühlte Luft eingeblasen, welche dadurch gezwungen ist, ihren Weg durch das dazwischen aufgehängte zu kühlende Fleisch zu nehmen. Mittelst Drehklappen (k) ist man im Stande, nach Belieben die Regulirungen des Zutrittes und Abschlusses der Luft zu reguliren. Durch ein Rohr (l) wird frische Aussenluft behufs stetiger Erneuerung der Kühlhausluft zugeführt. Bei Anwendung einer Kälteerzeugungs-Maschine wird der betreffende Kühlapparat an Stelle des hier beschriebenen (f) gestellt.«

Die Kälteerzeugungs-Maschinen. Alle diese Verfahren erfordern jedoch Eis, wie oft aber ein milder Winter, der sparsam war in der Eisproduktion, oder ein heisser Sommer, der die aufgespeicherten Vorräthe allzu gierig verschlang, allgemeine Verlegenheit nach sich zog, schliesst man am besten aus dem Eifer, mit welchem die eiskonsumirende Technik den Erfindern der ersten Kälte-Maschinen entgegenkam, »froh, nunmehr ihr Winterchen allein im Hause zu haben und von der Wettergötter Tücke auf ewig emancipirt zu sein.«

Und nicht allein dass man für einzelne Gebäude derartige Kühl-Anlagen unterhält, hat man in Amerika bereits damit begonnen, von einer Centralstelle aus, ähnlich wie bei uns mit Beleuchtung und Wasser, den einzelnen Konsumenten kalte Luft zuzuführen und nicht nur Räume, welche der Aufbewahrung oder Fabrikation von Lebensmitteln dienen, abzukühlen, sondern auch denen zum Aufenthalte für Menschen bestimmten (Sälen) die gewünschte Temperatur zu geben. Es würde zu weit führen, wollte man näher darauf eingehen, welchen Zwecken bereits die künstliche Kälte nutzbar gemacht ist. —

Die erste Kälteerzeugungs-Maschine für gewerbliche Zwecke, 1867 auf der Welt-Ausstellung in Paris aufgestellt, ist diejenige von Carré. Seit dieser Zeit hat die Technik in der Herstellung solcher Maschinen derartige Fortschritte gemacht, dass wir nunmehr im Besitze einer Reihe der verschiedensten Systeme sind.

Wir unterscheiden zwei grosse Gruppen:

1. Die Luftexpansions- oder Kaltluft-Maschinen,
2. die Kaltdampf-Maschinen;

letztere zerfallen in Maschinen

    a) mit Absorptionsapparat.
    b) mit Kompressionsapparat.

1. ***Die Luftexpansions-Maschinen,*** welche für Schlacht-höfe ganz vereinzelt Anwendung gefunden haben (Bell-Coleman'sche Maschinen), beruhen auf dem Gesetz, dass sich Wärme bildet, sobald Luft oder ein anderes permanentes Gas komprimirt wird. Nach dem Abkühlen läst man sie sich ausdehnen, und dadurch entzieht sie die zu dieser Expansion nöthige Wärme sich selbst und der Umgebung. Durch Wiederholung dieser Prozedur kann allmählich eine ziemlich tiefe Temperatur erzielt werden, wobei allerdings zu berücksichtigen ist, dass die Luft aus solchen Gasarten besteht, welche sich am schwersten komprimiren lassen. Als besonderer Vorzug dieser Maschinen wird hervorgehoben, dass ihre Verwendung absolut un-gefährlich ist, da sie ohne Chemikalien arbeiten und aus diesem Grunde sich auch vornehmlich zur Kühlung auf Schiffen eignen, ohne dass ein Mangel an dem erforderlichen Medium eintreten könnte.

2. ***Die Kaltdampf-Maschinen.*** Für Kühlhauszwecke finden neuerdings nur die Kaltdampf- und zwar in erster Linie die Kompressions-Maschinen Verwendung, während die Absorptions-Maschinen, welche vor den Kompressions-Maschinen entstanden, meistens nur noch vereinzelt angetroffen werden.

Alle Kaltdampf-Maschinen beruhen auf dem Bestreben·ge-wisser sehr flüchtiger Körper, zu verdunsten. Die zur Verdunstung nöthige Wärme entziehen sie ihrer Umgebung und kühlen diese in Folge dessen ab. Derartige, durch Verdampfung Kälte erzeugende Körper — Kältemedien — sind: Ammoniak, schweflige Säure, Kohlensäure, Methyläther, Aether, Pictet'sche Flüssigkeit u. s. w.

Die in Gasform verwandelte Flüssigkeit muss aber, um wieder Verwendung finden zu können, in den flüssigen Zustand zurück-versetzt werden, und dies kann entweder durch Absorption oder Kompression ·geschehen.

Die Absorption beruht auf der physikalischen Eigenschaft ge-wisser anderer Körper, die entstehenden Gase in tropfbar flüssigen Zustand zurückzuführen, während bei der Kompression die Ver-dichtung durch mechanische Kraft, verbunden mit nachfolgender Abkühlung, erfolgt.

a. ***Die Absorptions-Maschinen,*** welche in Deutschland zuerst von Carré erbaut sind, arbeiten mit Ammoniak. Der Vorgang der Kälteerzeugung ist hierbei folgender:

Das vom Wasser absorbirte und im Ammoniakkessel befind-liche Ammoniak (Salmiakgeist) wird durch Erhitzen (bis auf ca.

130° C. und unter einer Spannung von ca. 10 Atm.) dem Wasser entzogen, worauf das freigewordene Gas in den Kondensator gepresst wird. Dieser besteht aus einem System schmiedeeiserner Schlangenröhren, welche in einem grossen eisernen Kasten liegen und fortwährend von frischem kaltem Wasser bespült werden. Hierdurch wird das Ammoniak aus dem gasförmigen in den flüssigen Zustand übergeführt und ist nun erst für die eigentlichen Kühlzwecke geeignet. In ein zweites Schlangenröhrensystem geleitet, welches ebenfalls in einem Behälter, dem Verdampfer, ruht, zeigt es das Bestreben, zu verdampfen und entzieht die hierzu nöthige Wärme der umgebenden Flüssigkeit, welche aus einer Chlorkalcium-, Chlormagnesium- oder Chlornatrium-Lösung besteht.

Vermöge dieser stark (bis zu —10° C.) abgekühlten Flüssigkeit erfolgt nun die eigentliche Kühlung und zwar in der Weise, dass die dem zu kühlenden Raume entnommene warme und mit Unreinlichkeiten aller Art geschwängerte Luft mittelst grosser Ventilatoren durch die kaskadenartig in einem Cylinder herabfallende und gewissermassen Regen bildende Kühlflüssigkeit hindurchgeführt, abgekühlt und »gewaschen«, d. h. von den Unreinlichkeiten befreit wird. Alsdann gelangt sie wieder durch Ventilatoren in den Kühlraum, woselbst sie sich durch ein Netz von Röhren aus Zinkblech, welche an der Decke der Kühlhalle befestigt sind und unten zahlreiche Oeffnungen haben, dem ganzen Raume mittheilt. Die kalte Luft fällt dann, ihrer Schwere folgend, zu Boden, während die nach oben steigende warme durch ein zweites, oben offenes Rohrsystem, wieder zum Kühlapparat abgesogen wird und alle ihr beigemischten Miasmen, Unreinlichkeiten und einen Theil ihrer Feuchtigkeit an die Kühlflüssigkeit abgiebt. Auf diese Weise erhält die Kühlhausluft die erforderliche Temperatur von durchschnittlich $+$ 2 bis $+$ 3° C. bei einem Feuchtigkeitsgehalt von ca. 70% und wird also gleichzeitig rein und trocken.

Eine andere, jetzt nicht mehr gebräuchliche Art von Kälteübertragung besteht darin, dass die Kühlflüssigkeit in einer Rohrleitung direkt dem Kühlraum zugeführt wird und daselbst in einem Netz von Röhren cirkulirt. An dieser kühlt sich die nach oben steigende warme Luft ab, fällt zu Boden u. s. w. Da aber die in der Kühlhausluft enthaltene Feuchtigkeit sich in Form von Reif auf den Röhren niederschlägt, so verhindert die allmählich sich verdickende Reifkruste eine weitere Kälteabgabe, während gleichzeitig die in der

Kühlhalle enthaltene Luft zwar kalt, aber in Folge des vorhandenen und stetig an Menge zunehmenden Reifes auch feucht ist und vor allen Dingen in ihrer Zusammensetzung ständig dieselbe bleibt, also auch gelegentlich vorhandene Mikroorganismen und dergl. enthält, ohne dass dieselben entfernt werden könnten.

Behufs weiterer Verwendung wird das Ammoniak-Gas aus dem Verdampfer in einen Kessel, den Absorber, gedrückt, mittelst Wasser gekühlt und in den Destillationskessel geleitet, worauf der Kreislauf von Neuem beginnt.

Während bei den Kompressions-Maschinen nur im Kondensator Kühlwasser gebraucht wird, erfordern die Absorptions-Maschinen solches auch noch zur Kühlung bei der Absorption, daher sind sie nur bei reichlich vorhandenem Kühlwasser anwendbar und auch dann nur, wenn letzteres von genügend niedriger Temperatur ist.

Ueber die Leistungen der Absorptions-Maschinen sagt Professor Schröter:*)

»Unverkennbar bilden die Absorptions-Maschinen für sich eine Abtheilung, innerhalb welcher zwar verschiedene Grade der ökonomischen Leistung vorkommen, welche aber selbst bei weitgehender Verbesserung immer noch durch einen so grossen Zwischenraum von der Kompressions-Maschine (abgesehen von der Luftmaschine) getrennt sind, dass man, auch ohne die Maschine auf der Basis gleicher Versuchs-Bedingungen zu untersuchen, erkennt, dass hier ein im System begründeter Unterschied vorliegt, welcher die bestmögliche Absorptions-Maschine von der Kompressions-Maschine trennt, ein Unterschied, welcher in der That auch theoretisch begründet ist.«

Ausgeführt werden die Absorptions-Maschinen von der Firma Wegelin & Huebner (Halle a/S.), welche neuerdings aber auch Kompressions-Maschinen baut, ebenso wie die Firma Vaas & Littmann (Halle a/S.), welche neben Kohlensäure-Kompressions-Maschinen auch Ammoniak-Absorptions-Maschinen ausführt.

Maschinen der ersten Firma mit Absorption befinden sich an den Schlachthöfen zu Göttingen, Hannover, Lauenburg i/P. (Kosten der Kühlanlage 14250 M.) und Weissenfels; eine Maschine mit Kompression ist in Stettin in Betrieb.

---

*) „Untersuchungen an Kühlhaus-Maschinen.“ 1887.

b. ***Die Kompressions-Maschinen*** (Fig. 16, schematische Darstellung), welche für Kühlhauszwecke die bei weitem meiste Anwendung gefunden haben, bestehen im Wesentlichen aus 4 Theilen: Kompressor, Kondensator, Verdampfer und Kühler. Während bei allen demnächst zu besprechenden Maschinen Verdampfer und Kondensator gleich sind, zeigen Kompressor, wenigstens in der Stopfbüchse, und besonders Kühler mehr oder minder Abweichungen.

Der Vorgang ist bei den Kompressions-Maschinen*) folgender:

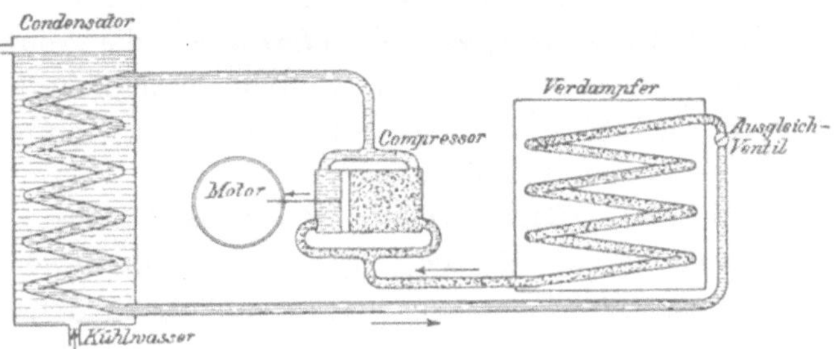

Fig. 16.

Mittelst einer Saug- und Druckpumpe (Kompressor) wird wasserfreies Ammoniak durch den Kondensator hindurch nach dem Verdampfer oder Evaporator gedrückt und verdampft hier schnell unter niedrigem Druck, indem es die zur Verdampfung nöthige Wärme der die Schlangenröhren umgebenden Flüssigkeit, einer Salzwasserlösung,**) entzieht und diese stark abkühlt (bis zu —10⁰ C.). Das flüchtige Ammoniak wird alsdann durch den Kompressor abgesogen, verdichtet und im Kondensator durch reichlich über die Schlangenröhren sich ergiessendes, kaltes Wasser abgekühlt, worauf es von Neuem zur Verwendung gelangt.

---

*) Die Abbildungen zu den Figuren 16, 17, 21 und 24 wurden von Herrn Stadtbauinspektor S c h u l t z e in Köln freundlichst zur Verfügung gestellt.

**) Die Lösung enthält gewöhnlich 20—25% Salz, und muss letzteres von Zeit zu Zeit nachgeschüttet werden, da die dem Kühlraum entzogene Feuchtigkeit von der Salzlösung aufgenommen, und diese dadurch allmählich verdünnt wird. Am gebräuchlichsten ist das mit Petroleum denaturirte Salz, welches aber vor dem jedesmaligen Einschütten frei lagern und öfter umgeschaufelt werden muss, weil sich sonst, wenn auch nur auf kurze Zeit, in der Fleischhalle ein ziemlich starker Geruch nach Petroleum bemerkbar macht.

Statt des Petroleumsalzes ist auch das mit anderen Stoffen, besonders Seifenpulver denaturirte, versucht worden, jedoch können dabei leicht Verunreinigungen der Röhren und einer eventuellen Salzwasserpumpe eintreten.

Der Kraftaufwand und die Menge des verbrauchten Kühlwassers richten sich, nächst der Menge der zu erzeugenden Kühlflüssigkeit, wesentlich nach der Temperatur des zu Gebote stehenden Kühlwassers. Je höher dessen Temperatur, desto grösser der Kraftaufwand und desto grösser das Wasserquantum, welches erforderlich ist. Es wird deshalb von einigen Fabriken ganz besonders hervorgehoben, dass die von ihnen konstruirten Maschinen nur einen geringen Kühlwasser-Verbrauch hätten. Auch hat man (Linde) einen besonderen »Apparat zur Rückkühlung des Kondensations-Wassers«*) erfunden.

Die älteste *Kompressions-Maschine* ist die von Linde konstruirte, bei welcher Ammoniak als Kältemedium dient.

Ausgeführt wird jetzt der Bau von Ammoniak-Kompressions-maschinen von folgenden Fabriken:

1. *Gesellschaft für Linde's Eismaschinen, Wiesbaden.* Während bis vor Kurzem die Kühlung nur durch das in Röhren cirkulirende kalte Salzwasser erfolgte, kühlt man nach dem Vorgange Osenbrück's jetzt fast überall die dem Kühlhause entnommene Luft in einem besonderen Apparate, dem Kühler, indem man sie in innige Berührung mit der kalten Salzsoole bringt und alsdann dem Kühlraum wieder zuführt.

Bei dem von Linde konstruirten Luftkühl-Apparat (Fig. 17) sitzen auf horizontalen, parallel hinter einander liegenden Achsen je eine Reihe runder Blechscheiben derart, dass sie von einander einige Centimeter entfernt sind und auf ihrer unteren Seite in einen mit der kalten Salzlösung gefüllten Behälter eintauchen. Langsam rotirend bedecken sich die Blechscheiben mit einer dünnen Salzlösungsschicht, bilden gewissermassen eine Reihe neben einander liegender schmaler Kanäle, durch welche die Luft hindurchgeblasen wird, wobei in bekannter Weise sich der Kühlprocess vollzieht. Es bilden somit

---

*) Das aus dem Kondensator abfliessende und um einige Grade höher temperirte Kühlwasser, kann noch für andere Zwecke Verwendung finden, so zum Kesselspeisewasser oder überhaupt als Gebrauchswasser, indem es in ein hoch gelegenes Bassin gedrückt und von hier zu den Zapfstellen in den einzelnen Räumen oder zum Warmwasser-Reservoir geleitet wird. An anderen Orten, z. B. in Gotha, wird es in ein besonderes Reservoir geführt und speist von hier aus einen auf dem Hofe stehenden Springbrunnen. Sobald sich das letzteren umgebende Bassin bis zu einer bestimmten Höhe gefüllt hat, öffnet sich selbstthätig ein Ventil und die ganze Wassermenge ergiesst sich in die Ablaufkanäle, allen dort etwa vorhandenen Unrath mit sich reissend.

Salzwasserkühler (Verdampfer) und Luftkühler einen einzigen Apparat, indem die Verdampfer-Spiralen unmittelbar unter die Scheibensysteme in den Behälter für die Salzlösung gelegt werden.

Als besonderer Vorzug dieser rotirenden Apparate werden die minimalen Widerstände hervorgehoben, welche die durchströmende Luft zu überwinden hat, sodass eine thunlichste Einschränkung der

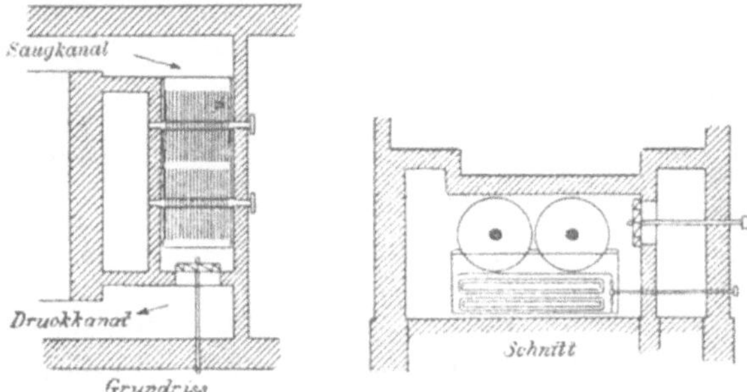

Fig. 17.

für den Ventilatorbetrieb erforderlichen Arbeit und des hieraus resultirenden Kälteverlustes erzielt wird.

Ganz neuerdings ist von Linde ein Apparat (Fig. 18 Längenschnitt, Fig. 19 Querschnitt, Fig. 20 Grundriss) konstruirt, in welchem ebenfalls Verdampfer und Kühler vereint sind. Es sind in diesem die Refrigerator-Spiralen, worin das flüssige Ammoniak zur Verdampfung gelangt, in vertikalen Ebenen angeordnet, über welche je eine Rinne hinläuft, aus der die Salzlösung gleichmässig der ganzen Länge nach auf die oberste Spiralwindung ausfliesst, dann von Rohrlage zu Rohrlage herabträufelt und auf diese Weise die ganze Oberfläche des Refrigerators berieselt. Die Soole sammelt sich unten in einer Schale, woraus sie eine Pumpe entnimmt und wieder in die genannten Vertheilungsrinnen zurückfördert. Der ganze Apparat, welcher über der Kühlhalle steht, ist in ein geschlossenes, gegen Kälteverluste gut geschütztes Gehäuse, eingebaut, durch das die Kühlhausluft mittelst eines Ventilators geblasen wird. Die Kälte wird also zuerst an die dünne Schicht Salzlösung, womit die Rohrspiralen bedeckt sind, abgegeben und von dieser an die Luft übertragen.

Vor anderen Luftkühl-Apparaten, die ebenfalls durch mittelbare Berührung die Luft mit kalter Salzsoole kühlen, hat diese Konstruktion folgende unverkennbare Vorzüge:

1. In Folge der geringen Mengen von Salzlösung, welche cirkuliren müssen, wird der Arbeitsaufwand der Cirkulationspumpe minimal.

Fig. 18.

2. Die Luft passirt den Apparat ohne Richtungsänderung und in grossen Querschnitten, wodurch die Ventilator-Arbeit möglichst gering ausfällt.

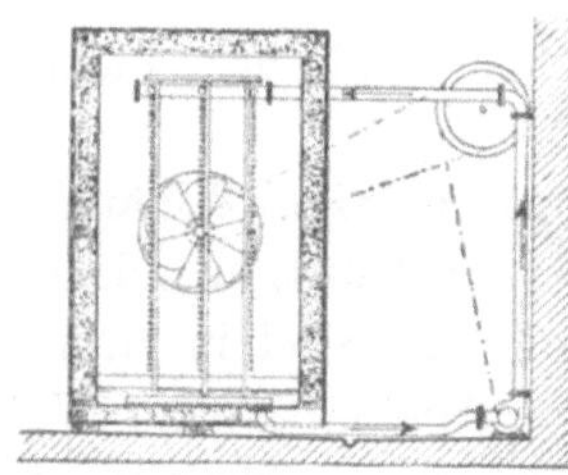

Fig. 19.

3. Alle Theile des Apparats sind sehr bequem zugänglich, indem die Rohre frei liegen, jede einzelne Spiralwindung ist jederzeit leicht zu besichtigen und zu reinigen.

4. Der Kälteübergang von dem verdampfenden Kältemedium an die Luft ist ein möglichst unmittelbarer.

Zu bemerken ist noch, dass an der Saugseite der Ventilatoren ein Kanal ins Freie geführt ist, durch welchen bei eintretendem Bedarf frische Luft angesaugt und dem Kühlraum zugeführt werden kann.[*]

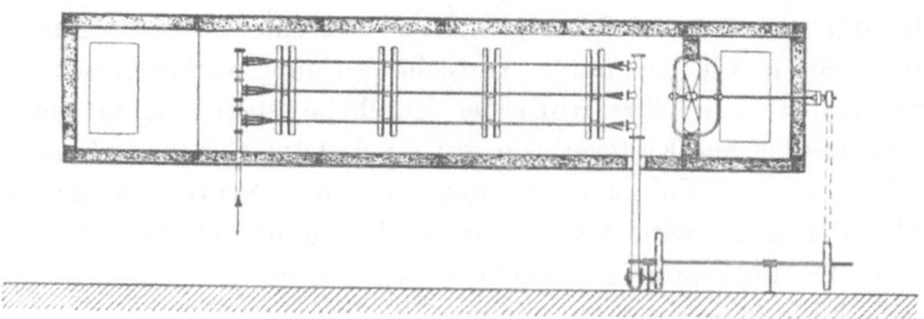

Fig. 20.

---

[*] Eine derartige Verbindung der Kühlhalle mit der Aussenluft auch ohne Anschluss an den Ventilator ist dringend zu empfehlen; besonders, wenn dafür gesorgt

Dieser Kanal hätte auch dann in Thätigkeit zu treten, wenn die Kühlräume zu kalter Jahreszeit in Benutzung bleiben sollen und in dieselben ausschliesslich Aussenluft einzublasen ist. Um diese Luft bei sehr niedriger Temperatur erwärmen zu können, sind auf der Ventilator-Druckseite einfache Dampfspiralen angeordnet.

Die Einschaltung von solchen Heizkörpern hat sich in sehr kalten Wintern jedoch nicht bewährt, weil die durch die untere Rohrleitung (Druckleitung) in das Kühlhaus eingeblasene Luft nach oben steigt und von der oberen Saugleitung wieder abgeführt wird, ohne der Kühlhausluft im Wesentlichen zu Gute zu kommen, da diese vielmehr im unteren Theile des Raumes fast unbewegt stehen bleibt. Wollte man eine ausreichende Luft für recht kalte Wintertage erreichen, so müsste auf dem Fussboden der Kühlhalle eine dritte Rohrleitung für Einführung dieser erwärmten Luft angelegt werden, welche durch die Saugleitung wieder abzuführen wäre.

Neben der Hallenkühlung kann auch eine Krystalleis-Fabrikation eingerichtet werden.

Von den 1700 Linde-Maschinen, welche zur Zeit im Betrieb sind, dienen 169 zur Kühlung von Fleisch-Aufbewahrungsräumen und theilweise gleichzeitig zur Herstellung von Krystalleis. An öffentlichen Schlachthöfen sind in folgenden 56 Städten Linde'sche Kühlmaschinen im Betrieb:*)

Barmen (1130 qm, 100 Ctr.), Bonn (380 qm, 100 Ctr.), Brandenburg (200 qm, 50 Ctr.), Bromberg (210 qm), Cassel, Celle (200 qm), Chemnitz (1010 qm, 120 Ctr.), Cleve (131 qm), Coblenz (228 qm, 120 Ctr.), Darmstadt (436 qm, 50 Ctr,), Dessau (346 qm), Dirschau, Eisenach (173 qm), Eisleben (207 qm), Erlangen (200 qm, 25 Ctr.), Frankfurt a/M. (1700 qm.), Frankfurt a/O. (403 qm), Gardelegen, Gelnhausen, Grossenhain (132 qm), Guben (493 qm), Halberstadt (247 qm), Harburg (480 qm), Heidelberg, Hildesheim (210 qm), Kaiserslautern (255 qm), Kreuznach (170 qm, 50 Ctr.), Landau, Landsberg a/W. (233 qm), Leipzig (1600 qm, 120 Ctr.), Magdeburg (2000 qm),

---

ist, dass die betreffende Oeffnung jederzeit leicht und sicher wieder verschliessbar ist, wie es durch Anlage von Luftschächten, welche zum Dach hinausgehen und mit Verschlussvorrichtungen versehen sind, leicht geschehen kann.

*) Die erste Zahl bedeutet die Kühlhallen-Grundfläche in Quadratmetern, die zweite das tägliche, neben der Hallenkühlung erzeugte Eisquantum in Centnern.

Meissen (414 qm, 100 Ctr.), Minden a/W. (164 qm), Naumburg
(272 qm), Neisse (230 qm), Neu-Ruppin (172 qm), Nürnberg
(1186 qm), Osnabrück (190 qm), Passau (429 qm), Reydt
(296 qm), Rostock (240 qm, 25 Ctr.), Schneidemühl (103 qm),
Schweidnitz (170 qm), Sommerfeld, Spandau (375 qm), St. Johann
(135 qm, 25 Ctr.), Stassfurt (157 qm), Stendal (147 qm),
Tarnowitz (72 qm), Tilsit (422 qm, 48 Ctr.), Ulm (360 qm),
Wiesbaden (900 qm, 60 Ctr.), Wismar (81 qm), Würzburg
(580 qm, 60 Ctr.), Zeitz (231 qm), Ziegenhals.

2. *Osenbrück & Co., Hemelingen.* Die Luftkühlung
erfolgt in einem oben und unten geschlossenen cylindrischen Gefäss
(Fig. 21), in welchem sich eine gusseiserne Schnecke befindet, welche

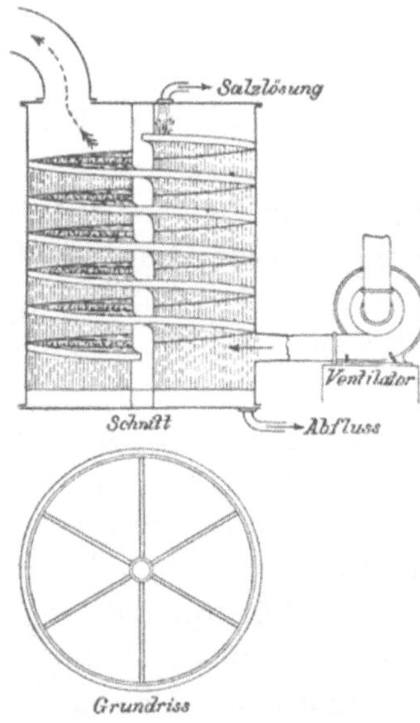

Fig. 21.

sich um ein in der Mitte befestigtes
Kernrohr windet und mit radialen
Stauungen von solcher Höhe versehen
ist, dass die Flächen derselben stets
mit der oben in den Apparat einge-
pumpten Kühlflüssigkeit (Salzlösung)
bedeckt bleiben. Bei jeder Schneckenwindung sind ausserdem mehrere
Durchlässe angeordnet, durch welche
ein Theil der Kühlflüssigkeit als Wasserschleier auf die unteren Schnecken-
flächen abfliesst. Dieser abfliessenden
Kühlflüssigkeit wird die dem Kühlraume durch einen Exhaustor entzogene warme Luft unterhalb der
letzten Schneckenwindung durch ein
an dem Kühler seitlich angebrachtes
Rohr entgegen getrieben und hier in
vielfache Berührung mit der Kühlflüssigkeit gebracht, in dem sie
gezwungen wird, die Wasserschleier zu durchqueren und die Flächen
der Ablaufplatten zu bestreichen, wobei sich die oben beschriebene
»Waschung« der Luft vollzieht.

Erwähnenswerth ist noch die von Osenbrück konstruirte neue
Patentstopfbüchse, welche ohne Sperrflüssigkeit arbeitet und, wie die
Erfahrung am hiesigen und an anderen Schlachthöfen gelehrt hat,
sich sehr gut bewährt.

Die Osenbrück'schen Maschinen haben in den Schlachthöfen folgender deutscher Städte Aufstellung gefunden:

Bautzen, Bernburg (Anlagekosten 50000 M.), Beuthen, Bremen (Anlagekosten für Kühlhaus 85000 M., für Eisfabrik 45000 M., stündliche Eisproduktion 800 kg), Kottbus, Dortmund (335 qm Kühlfläche; Anlagekosten für Kühlhaus 39000 M., innere Einrichtung 11000 M., Maschinen- und Kessel-Anlage 20000 M.), Elbing, Erfurt, Gotha, Greifswald, Heilbronn, Lennep (72 qm Kühlfläche; Anlagekosten für Kessel- und Maschinenhaus 20000 M., Maschinen 24000 M., innere Einrichtung 6500 M.), Lissa, Remscheid, Stolp (195 qm Kühlfläche, Gebäude ca. 25000 M., Maschinen und innere Einrichtung ca. 40000 M.), Zittau (Einrichtung und Maschinen 44000 M.).

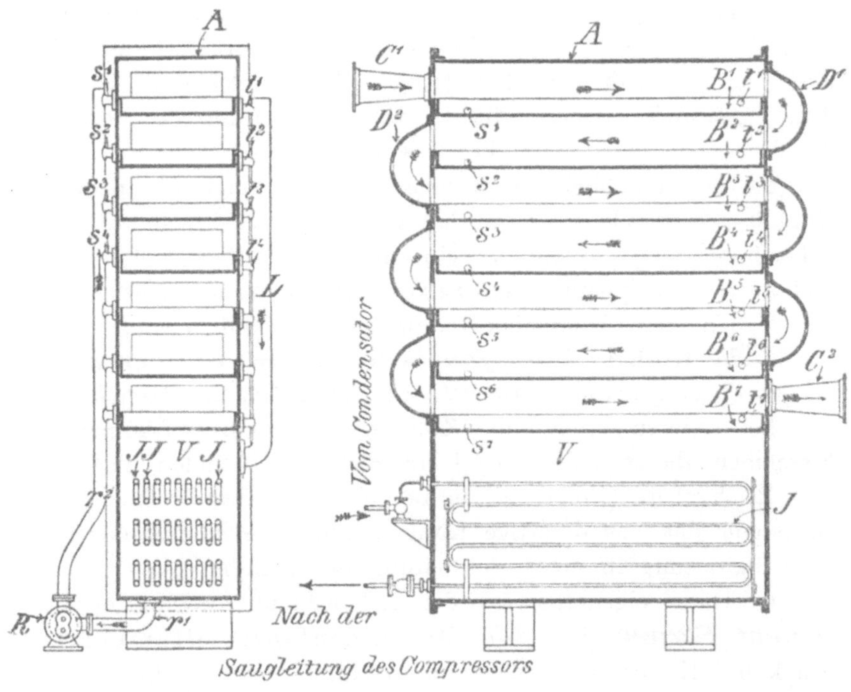

Fig. 22.   Fig. 23.

3. **System L. Wepner, Fürth** (Maschinenfabrik J. W. Engelhardt & Co., Fürth). In dem von Wepner konstruirten Luftkühl-Apparate kann die Kühlung auf zwei Arten erfolgen, nämlich durch Ueberleiten über künstliche Eisflächen oder kalte Salzlösung. Der Vorgang ist hierbei folgender (Fig. 22 Seiten-, Fig. 23 Vorderansicht):

In einem Kasten (A) befinden sich in beliebiger Anzahl über einander angeordnete Schalen (B 1, B 2, B 3), durch eine Oeffnung (C 1) im Kasten tritt seitlich oben die abzukühlende Luft ein, bestreicht die Fläche der ersten Schale, gelangt durch ein Knie (D 1) in die zweite und so fort, um schliesslich nach Bestreichung sämmtlicher Schalen unten (C 2) auszutreten. Lässt man nun das in die Schalen gefüllte Süsswasser durch einen in demselben befindlichen Verdampfer gefrieren, so erhält man die zur Kühlung nöthigen Eisflächen, über welche die Kühlhausluft alsdann geleitet wird. In ähnlicher Weise, wie dieser Kasten, ist der zur Kühlung mittelst Salzwasser angeordnet, doch befindet sich in diesem Apparat der Verdampfer (V) am Boden des Kastens, und das durch ihn erzeugte kalte Salzwasser wird mittelst einer Pumpe (R) in ein Steigerohr (r 2) gehoben und von hier aus in die einzelnen Schalen (B 1, B 2, B 3) ergossen, deren Inhalt nach ihrer Füllung am andern Ende der Schale in ein Rohr (L) überläuft, welches die Salzlösung dem Verdampfer wieder zuführt. Die Durchleitung der Luft durch den Kasten geschieht wie oben beschrieben.

Da die zu kühlende Luft nicht durch, sondern nur über die Kühlflüssigkeit geleitet wird, hat dieser Apparat nicht alle unten näher besprochenen Nachtheile einer Kühlung mittelst Kühlflüssigkeit, und dürfte den Apparaten mit Salzwasserregen wohl vorzuziehen sein.

Weitere Ammoniak-Kompressions-Maschinen sind:

4. die der **Maschinenfabrik Germania in Chemnitz** und

5. diejenigen von **Schmidt, Cranz & Co. in Nordhausen.**

Bei ersteren erfolgt die Kühlung in einem Luftkühlapparate. Maschinen dieser Fabrik sind an den Schlachthöfen zu Meerane und Reichenberg (Voigtland) in Betrieb (auch das Berliner Leichenschauhaus hat eine derartige Kühlmaschine). Bei letzteren cirkulirt kalte Salzlösung in einer Rohrleitung des Kühlhauses.

6. Ganz eigenartig ist die Art Kälteübertragung nach dem **Patent Fixary** (Fig. 24), (Maschinenfabrik »Humboldt« in Kalk bei Köln), bei welcher die Nachtheile einer Kühlung mittelst Kühlflüssigkeit vermieden sind.

Letztere bestehen nämlich darin, dass das Hindurchdrücken der Luft durch die kühlende Flüssigkeit nur mit solcher Kraft bezw. Geschwindigkeit erfolgen darf, dass Flüssigkeits-Partikelchen nicht mitgerissen und in den Kühlraum verschleppt werden, ferner in gewissen Zwischenräumen, wie oben bereits erwähnt wurde, der

Gehalt der Salzflüssigkeit erhöht werden muss, und dass endlich eine im Verhältniss zur Temperatur in der Fleischhalle stehende Menge von Wasserdampf aus dem Kühler in den Kühlraum gesogen wird.

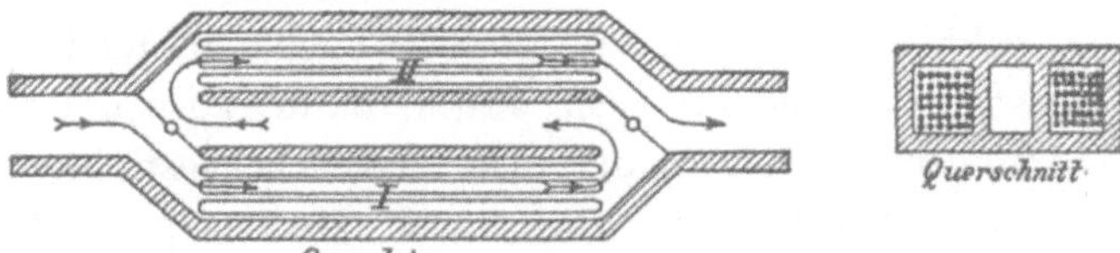

Fig. 24.

Der Kühlapparat nach diesem System besteht aus zwei gemauerten Kammern (I und II), in denen Rohrschlangen liegen, in welchen Ammoniak kreist, und die durch einen Zwischenraum, die Luftzuführungskammer, getrennt sind. Die beiden beweglichen Klappen schreiben den Weg vor, den die aus dem Kühlhause kommende Luft zu nehmen hat. Der Vorgang wird am besten durch ein Beispiel klar: der Apparat ist eben umgeschaltet, die in Kammer I befindlichen Schlangen enthalten kein Ammoniak mehr, sind aber stark bereift vom vorhergehenden Betrieb; in den Schlangen der II. KammerAbtheilung ist soeben Ammoniak zur Verdampfung eingelassen. Die mittelst Exhaustor der Fleischhalle entnommene warme Luft streicht, wie die Pfeile andeuten, an den bereiften Schlangen in I vorbei, schmilzt den Reif der Schlangen und tritt dementsprechend vorgekühlt in die II. Kammer-Abtheilung, an deren sehr kalten Schlangen sie sich weiter abkühlt und ihre Feuchtigkeit und alle schädlichen Bestandtheile in Gestalt von Reif absetzt, welche alsdann später mit dem Thauwasser entfernt werden, während die Luft selbst kalt, trocken und gereinigt zum Kühlraum zurückgelangt.

An Stelle der sonst üblichen metallenen Luftleitungsröhren in der Fleischhalle sind von dieser Fabrik solche aus gehobelten Brettern mit Nute und Feder gewählt. Auch ist durch besondere nach aussen führende Rohre dafür gesorgt, dass von Zeit zu Zeit die Kühlraumluft durch frische ersetzt werden kann.

Ausgeführt waren bis 1892 Kühlhäuser dieses Systems in Elberfeld, Freiburg i/B. und Krefeld. —

Die Kompressions-Maschine mit Kohlensäure. Ein anderes Medium für Kompressions-Maschinen bildet die Kohlensäure.

Nach den vom Prof. Zeuner*) angestellten Berechnungen

---

*) „Zur Theorie der Kaltdampfmaschinen".

beansprucht die Kohlensäure im Verhältniss zu Aether, schwefliger Säure, Methyläther, Chlormethyl und Ammoniak den kleinsten für dieselbe Kältewirkung erforderlichen Kompressionsraum. Da aber ein grosser Kompressor mehr Reibungswiderstände bietet als ein kleiner, so geht bei ersterem ein grosser Theil von Kraft verloren, welcher sonst für Erzielung von Kälte hätte ausgenutzt werden können. Demgemäss hat man auch darnach gestrebt, kleinere Kompressoren zu konstruiren, bezw. nach Medien gesucht, welche nicht, wie z. B. die atmosphärische Luft, solche von ungeheuren Dimensionen erfordern.

Hingegen hat aber Zeuner*) an anderer Stelle bei der Zusammenstellung der Ergebnisse einer numerischen Rechnung über einen bestimmten Effektverlust bei Kältemaschinen gefunden, dass unter normalen Verhältnissen dieser Verlust bei Kohlensäure 48%, bei Ammoniak nur 8% beträgt. Auch wird als grösster Uebelstand der kolossale Druck, unter welchem die Kohlensäure-Maschinen arbeiten, hervorgehoben; derselbe beträgt 60—70 Atmosphären gegenüber 10—12 bei Ammoniak und $2\frac{1}{2}$—4 bei der schwefligen Säure.

Dagegen wird von anderer Seite als besonderer Vorzug der Kohlensäure-Maschinen, besonders den mit Ammoniak arbeitenden gegenüber, betont, dass letzteres Metall angreift und die gelegentlich entweichenden Gase auf den menschlichen Organismus wie auch auf die Fleischvorräthe schädlich wirken.**)

Diese und eine Reihe anderer Nachtheile sollen nach den Angaben Raydt's***) beseitigt sein, nachdem Kompressoren konstruirt sind, in welchen unter einem Druck von 50—60 Atmosphären die Kohlensäure verflüssigt wird, ohne dass durch diesen irgend welche Gefahr entstände. Im Gegentheil, die Gefahren sind geringer als bei anderen Gasen, da dort Kompressoren von grösseren Dimensionen zur Anwendung gelangen.

Als besonders vortheilhaft wird für die ***Kohlensäure-Kompressions-Maschine von Raydt*** der Vorkühl-Apparat hervorgehoben, welcher aus zwei verschiedenen Rohrsystemen besteht, von

---

*) „Technische Thermodynamik" Leipzig 1887 und 1890.

**) Nach einer gutachtlichen Aeusserung von Pettenkofer's ist vom hygienischen Standpunkt aus die Anwendung der Kohlensäure statt Ammoniaks oder schwefliger Säure als ein wesentlicher Fortschritt zum Bessern zu betrachten.

***) Dr. W. Raydt, Hannover, „Zur Entwickelungsgeschichte der Erzeugung künstlicher Kälte."

denen das eine zwischen Kondensator und Verdampfer, das andere zwischen Verdampfer und Kompressor sich befindet, und welche beide von einer Salzlösung umgeben sind. Passirt nun durch das erste System die im Kondensator gebildete, warme und flüssige Kohlensäure auf ihrem Wege zum Verdampfer den Vorkühler, desgleichen die durch das zweite Rohrsystem aus dem Verdampfer zurückkommende, dampfförmige anfangs noch sehr kalte Kohlensäure, so findet in dem Vorkühler durch Vermittelung der Salzlösung eine gegenseitige Einwirkung der beiden verschiedenen Ströme aufeinander statt, wodurch einerseits die Temperatur der flüssigen Kohlensäure erheblich erniedrigt, andererseits die vom Verdampfer kommende auf ihrem Wege zum Kompressor vollständig getrocknet wird.

Um Gasverluste zu vermeiden, wird ferner das in einer Kammer der Stopfbüchse sich ansammelnde Gas in einen Gasometer geleitet, aus welchem es nach Bedarf in das Rohrsystem zurückgepumpt wird.

Die Luftkühlung erfolgt mittelst Salzwasserregen in einem besonderen Apparat.

Augeführt werden die Maschinen Raydt'schen Systems von der **König Friedrich-Augusthütte in Potschappel** bei Dresden.

Sehr verbreitet sind die nach dem *System Franz Windhausen (S. A. Riedinger-Augsburg)* gebauten Kohlensäure-Kälteerzeugungs-Maschinen, bei welchen die Luftkühlung nicht an den Schlangen des Verdampfers, sondern an einzelnen absperrbaren, Salzwasser führenden, Rohrleitungen stattfindet, welche ausserhalb des Kühlraumes liegen.

Solche Maschinen sind im Betrieb an den Schlachthöfen zu Dresden (Eisproduktion täglich 120 Ctr.), Stralsund, Rathenow, Karlsruhe, Köslin, Görlitz, Braunschweig (beschlossen).

Von den übrigen Kälte erzeugenden Medien ist noch gebräuchlich die *schweflige Säure,* welche zuerst von *Pictet* eingeführt wurde. Von letzterem ist auch eine besondere Flüssigkeit, »liquide Pictet«, ein Gemisch von schwefliger Säure und Kohlensäure, zusammengestellt.

Nach den in München in der Kältemaschinen-Versuchsstation angestellten Versuchen hat sich ergeben, dass die Pictet-Maschinen für die gleiche Kälteleistung je nach den verschiedenen Temperaturen der Kühlflüssigkeit 20%—60% mehr Arbeit verbrauchten als z. B. die Linde'schen Ammoniak-Kompressions-Maschinen.

Als Vorzüge der Pictet-Flüssigkeit wie der schwefligen Säure wird hervorgehoben, dass sie für den Betrieb vollständig ungefährlich

sind, indem sie nur mit $2^1/_4$—4 Atm. arbeiten gegenüber 60—70 Atm.
bei Kohlensäure und 10—12 Atm. bei Ammoniak, und dass ferner kein
besonderes Schmiermittel erforderlich ist, da die schlüpfrige Beschaffenheit der schwefligen Säure für Schmierung des Kompressors ausreicht.

Die Kühlung erfolgt in der Weise, dass in einer besonderen
über die ganze Fleischhalle sich erstreckenden Kühlkammer brause-
artig kaltes Salzwasser von der Decke ergossen wird. Durch diesen
»Regen« wird die warme Fleischhallenluft hindurch geführt, nachdem
sie durch Kanäle in der Decke aus dem unten gelegenen Kühlraum
in die Kühlkammer gestiegen ist. Nach ihrer Abkühlung und Reinigung fällt sie vermöge ihrer eigenen Schwere in die Fleischhalle zurück.

Kühlmaschinen mit wasserfreier, schwefliger Säure werden von
Schüchtemann und Kremer in Dortmund gebaut. Die
Kühlung findet in einem Etagen-Apparat statt, in welchem das
kaskadenartig herabfallende Wasser von der zu kühlenden Luft
durchdrungen wird.

Anlagen dieser Fabrik sind in den Schlachthöfen zu Oberhausen,
Lüneburg und Duisburg (Anlagekosten 180000 M., tägliche Eisproduktion 200 Ctr.) vorhanden.

Von *Rudloff, Grübs & Co. in Berlin* findet sich eine
Pictet-Maschine am Schlachthofe in Saarbrücken. Neuerdings hat
jedoch die Gesellschaft für Linde's Eismaschinen die Anfertigung der
Pictet-Maschinen übernommen.

Eine neue Schwefligsäure-Kompressions-Maschine wird von der
*internationalen Eiskältemaschinen-Industrie Julius
Schlesinger & Co. in Berlin* und zwar nach Angabe von
A. Römpler gebaut, welcher festgestellt hat, dass der Kohlensäure-
Zusatz vollständig zwecklos ist, vielmehr die reine wasserfreie
schweflige Säure vorzuziehen sei.

Wir können aber Raydt nur darin beistimmen, dass »bei allen
Kältemaschinen, ganz abgesehen von dem verwendeten Gase, die
günstige Wirkung selbstredend wesentlich mit abhängig ist von der
gut und sachgemäss durchgeführten Konstruktion und Anordnung
der ganzen maschinellen Anlage, sowie von der richtigen Leitung des
Betriebes, sodass sehr wohl eine rationell und gut ausgeführte
Maschine, welche mit einem Gase von geringerer Wirkungsfähigkeit
arbeitet, eventuell günstigere Betriebsresultate zeigen kann, als eine
mangelhaft konstruirte oder geleitete Anlage mit einem an sich vor-
theilhafter wirkendem Gase.« —

Gewichtsverlust bei der Luftkühlung. Ehe wir zur baulichen Anlage der Kühlhäuser übergehen, möchten wir noch der Wirkungen kurz gedenken, welche sich in einem Punkte nachtheilig bei der künstlichen Kühlung äussern.

Wie wir vorhin gesehen haben, wird nicht nur der Kühlhausluft, sondern auch den zu kühlenden Gegenständen, also dem Fleisch, Feuchtigkeit entzogen, wodurch letzteres an seiner Oberfläche trocknet und in Folge des Wasserverlustes an Gewicht Einbusse erleidet. Diese Gewichtsverluste, welche auch schon bei dem Hängenlassen an der frischen Luft ziemlich gross sind, sind mehrfach durch Versuche ermittelt.

Wie Schlachthof-Direktor Hengst berichtet, sind im Leipziger Kühlhause Versuche mit einer Rinds-, Kalbs-, Hammel- und Schweinekeule gemacht. »Nach sieben Tagen war das Gewicht der Rinderkeule um 1,8 kg, der Schweine- und Kalbskeule um je 0,5 kg und der Hammelkeule um 0,3 kg vermindert. Ein weiterer Verlust trat bis zum Ende des Versuchs (bei der Kalbs- und Schweinekeule nach zwei, bei der Rinder- und der Hammelkeule nach vier Wochen) überhaupt nicht ein. Betreffs der Haltbarkeit des Fleisches hat sich ergeben, dass die Kalbs- und Schweinekeule nach ca. 14 Tagen und die Rindskeule nach ca. 24 Tagen Zersetzungserscheinungen zu zeigen begannen. An der Hammelkeule konnten selbst nach vier Wochen keine derartigen Erscheinungen nachgewiesen werden.

Die Zersetzungsvorgänge an den Querschnitten der Rindermuskulatur waren in der Hauptsache veranlasst durch stäbchenförmige Mikroorganismen, mit denen der Kürze der Zeit halber Kulturversuche nicht vorgenommen werden konnten. Die Zersetzungsprodukte waren fast geruchlos und nur auf den Oberflächen wahrzunehmen, während die darunter befindlichen Fleischschichten vollkommen normales Ansehen und den gesunden Fleischgeruch hatten.«

Hingegen ergaben die vom Verfasser im Stolper Kühlhause angestellten Versuche folgendes:

Ein Stück Rindfleisch von 3350 g verlor nach 22 Tagen 850 g, nach weiteren 17 Tagen 350 g, nach weiteren 28 Tagen 230 g, also insgesammt nach 67 Tagen 1430 g ($= 43\,\%$). Das Fleisch war sehr saftig und von frischem, appetitlichem Geruch. Die Trockenschicht hatte nach 17 Tagen eine Dicke von drei mm, war schwarzroth bis schwärzlich wie bei geräuchertem Fleisch.

Pferdefleisch zeigte nach 45 Tagen eine Trockenschicht von 5 mm.

Ein zweites Stück Rindfleisch von 5850 g verlor nach 15 Tagen 1485 g, nach weiteren 25 Tagen 335 g, also nach 40 Tagen 1820 g (= 31 %). Diese grossen Verluste sind allein dem Umstande zuzuschreiben, dass angeschnittenes, d. h. des deckenden Unterhautbindegewebes beraubtes Fleisch der Verdunstung bedeutend mehr zugänglich ist, als das von jenem bedeckte.

Auch mit gekochtem (tuberkulösem) Rindfleisch wurden Gewichtsproben gemacht, und es ergab sich, dass ein Stück von 2730 g nach 14 Tagen 340 g, nach weiteren 28 Tagen 1160 g verlor. Es war sehr zusammengeschrumpft, aber in der Mitte noch frisch und von keinem unangenehmen Geschmack oder Geruch.

Schlachthof-Direktor Goltz theilt über die im Kühlhause zu Halle a. S. gemachten Beobachtungen Folgendes mit:

Es verlor bei $+ 4^0$ C und achttägiger Aufbewahrung

$^1/_4$ Bulle	von	71	kg	Gewicht	$3^1/_2$	kg,
$^1/_2$ Schwein	»	$44^1/_2$	»	»	$1^1/_2$	»
1 Kalb	»	38	»	»	$3^1/_2$	»
1 Hammel	»	$35^1/_2$	»	»	$1^1/_2$	»

Dagegen verlor ein bei warmer und trockener Aussenluft (20—25 ^{0} R. bei Tage im Schatten) vier Tage im Sanitätshause hängendes Rinderviertel von 87 kg Gewicht 6 kg. Sämmtliches vorstehend aufgeführte Fleisch kam bei der ersten Gewichtsfeststellung im abgetrockneten und bis auf die Aussentemperatur abgekühlten Zustande zur Waage. Es ist demnach anzunehmen, dass das Fleisch in warmer trockner Sommerluft einen weit grösseren Gewichtsverlust erleidet, als bei Aufbewahrung im Kühlhause. —

Im Kühlhause des Antwerpener Schlachthofes sollen bereits seit zwei Jahren zwei geschlachtete Hammel aufbewahrt werden und sich vorzüglich halten.

Die Lage des Kühlhauses. Was die Lage und bauliche Einrichtung betrifft, so gelten hierfür im Allgemeinen die von Hofmann[*] für alle Lagerungsplätze für Lebensmittel aufgestellten Bedingungen: Möglichst bequeme Anfahrt, glatter und jederzeit leicht und vollkommen zu reinigender Boden und die Möglichkeit

---

[*] „Kühlräume für Fleisch und andere Nahrungsmittel". Vierteljahresschr. f. öff. Gesundhpfl. B. XXIV. H. 1.

eines ergiebigen und durch den ganzen Raum sich schnell vollziehenden Luftwechsels.

Mit der Hauptfront verlegt man das Kühlhaus gewöhnlich nach Norden und zwar am zweckmässigsten so, dass man es von den Schlachthallen aus erreichen kann, ohne das Freie zu passiren, um nicht das zu transportirende Fleisch den Witterungsverhältnissen auszusetzen. Wo daher eine direkte Verbindung von Kühlhaus und Schlachthalle, wie auf kleinen Schlachthöfen, nicht möglich ist, stellt man eine solche entweder durch einen grossen allgemeinen Verbindungsgang (vergl. Fig. 12 und 13) her — und dies dürfte wohl am meisten zu empfehlen sein — oder man errichtet wenigstens ein von der Halle zum Kühlhaus laufendes Schutzdach (Wellblech), welches gleichzeitig den zur Abholung von Fleisch anfahrenden Wagen Schutz bietet.

Gegen die direkte Verbindung von Kühlhaus mit Schlachthalle, besonders wenn Viehställe mit letzterer in unmittelbarem Zusammenhange stehen, werden von verschiedenen Seiten nicht ganz unberechtigte Einwände erhoben. So sagt Stadtbauinspektor Schultze:*) »Für die Lage des Kühlhauses ist es von Wichtigkeit, dafür zu sorgen, dass die Luft, welche bei Oeffnung von Thüren und Zugängen von aussen in das Kühlhaus zu dringen vermag, eine gute, reine, nicht mit üblen Gerüchen geschwängerte sei. Letztere Bedingung wird nicht erfüllt werden, wenn man das Kühlhaus in unmittelbare Thürverbindung mit dem Schlachthaus, das letztere wieder in ebensolche mit den Viehställen bringt; es wird in diesem Falle der Stall- und Schlachthausgeruch bei Oeffnung der Thüren zum Kühlhaus dorthin förmlich angesaugt werden, und daher muss eine soweit gehende Rücksicht auf die Bequemlichkeit des Betriebes aus Gründen der Gesundheit und des guten Geschmacks für unbedingt verwerflich erklärt werden.« Hierzu möchten wir Folgendes bemerken: Wie schon bei der Besprechung der Lage der Viehställe zu den Schlachthallen im VI. Kapitel erwähnt, lässt es sich durch gut schliessende Thüren und grosse Reinlichkeit in den Ställen wohl vermeiden, dass üble Gerüche von dort sich in der Schlachthalle bemerkbar machen. Es wäre aber ein Zeichen nachlässiger Verwaltung, wenn es in den Schlachthallen so riechen sollte, dass zu befürchten stände, die

---

*) „Ueber Fleischkühlhäuser in Verbindung mit öffentlichen Schlachthöfen“, Centralblatt für allg. Gesundheitspflege 1891.

schlechten Dünste könnten auch in das Kühlhaus strömen. Wenn wirklich z. B. beim Herausnehmen der Eingeweide sich vorübergehend ein übler Geruch bemerkbar macht, so braucht auch in diesem Augenblick nicht gerade das Kühlhaus zufällig geöffnet sein; dasselbe pflegt man ausserdem meistens erst nach beendeter Schlachtung (in den Mittag- resp. Abendstunden) dem Publikum zugänglich zu machen.

Endlich kann man, wie bereits erwähnt und weiter unten näher besprochen ist, einen besonderen Raum zwischen Kühlhaus und Schlachthalle, »den Vorkühlraum«, einschalten. Aus Bequemlichkeit aber geschieht das Naheaneinanderlegen dieser beiden Räume weniger, als aus dem Grunde, das Fleisch möglichst vor Witterungseinflüssen zu bewahren.

Ganz zweckmässig dürfte auch die Anlage des Kühlraumes in dem Keller einer Schlachthalle, wie in Frankfurt a. M., sein, wenn man nicht in dem Kellergeschoss des Kühlhauses die Einrichtung eines besonderen Pökelkellers beabsichtigt, was sehr zu empfehlen ist, da das Aufstellen solcher Fässer im Kühlraum selbst mit mancherlei Uebelständen verknüpft ist.

In grossen Instituten pflegt man auch Eisenbahngeleise bis zum Kühlhause zu leiten, um geeignetenfalls sogleich von dort Fleisch in grösseren Mengen verladen zu können.

Grösse und Anlage des Kühlhauses. Die Grösse des Kühlhauses sucht Osthoff*) in der Weise zu bestimmen, dass er auf 1 qm Kühlhausfläche inkl. Gänge und auf einen laufenden Meter Hakenrahmen-Länge 120 kg Fleisch rechnet. Die Gewichtssumme der höchsten Tagesschlachtungen theilt er durch 120 und erhält dann sowohl den Flächeninhalt wie die Gesammtlänge der Hakenrahmen. Ohne Zweifel sind aber 120 kg für ein Quadratmeter zu hoch gerechnet, es müssten dann die Gänge so eng werden, dass zwei mit Rindervierteln beladene Menschen kaum an einander vorbeigehen können. Rechnet man dagegen nur 100 kg auf dieselbe Fläche resp. Hakenrahmenlänge, so dürfte sich der Raum etwas weniger beschränkt gestalten. Andererseits muss aber auch auf eine Vergrösserung der Stadt bezw. Zunahme des Konsums Rücksicht genommen werden, und empfiehlt es sich deshalb, die Kühlhalle selbst möglichst niedrig (ca. 3 $\frac{1}{2}$—4 m), das ganze Gebäude jedoch so einzurichten, dass bei nothwendig werdender Vergrösserung

---

*) l. c.

der Oberstock ebenfalls zu Kühlräumen ausgebaut werden kann. Zu diesem Zwecke wird man das untere Geschoss halb in die Erde verlegen, damit der Aufgang zum Obergeschoss nur eine halbe Treppe nöthig hat, ebenso wie der Zugang zum Untergeschoss. Es wird hierdurch die Kühlung eines noch nicht benutzten Raumes vermieden, was in Rücksicht auf die dadurch vermehrten Betriebsunkosten nicht unwesentlich sein dürfte.[*]

Um den Kühlraum vor Kälteverlust zu schützen, wird man ferner die Umfassungsmauern möglichst stark wählen und mit Isolirschichten oder mit Luft- und Isolirräumen versehen. Als gutes Isolirmaterial wird die Holzwolle und neuerdings der Korkstein empfohlen.

Thüren und Fenster müssen dicht und erstere so gelegen sein, dass beim Oeffnen derselben kein Gegenzug entsteht, desshalb lege man stets einen Vorraum an, von welchem aus man erst in den eigentlichen Kühlraum gelangt. Diese Vorräume können nun grösser eingerichtet und mit Haken versehen sein, um dann gleichzeitig als Vorkühler zu dienen. Solche Vorkühlräume stellen nicht nur den Betrieb des Kühlhauses wesentlich billiger, da man in ihnen das Fleisch gewissermassen für die eigentliche Kühlung vorbereiten kann, sodass es alsdann im Kühlraum selbst weniger Kältemengen absorbirt, sondern es können auch die Schlachthallen kleiner gebaut werden, da das ausgeschlachtete Thier sofort in den Vorkühler geschafft werden kann, und so für andere Platz zum Schlachten gemacht wird. Statt einfacher Thüren, die zu dem eigentlichen Kühlraum führen, nimmt man besser Doppelthüren und zwar die inneren mit Pendelvorrichtung, sodass sie sich nach dem Betreten des Raumes sofort wieder schliessen. Die Fensteröffnungen (auser seitlichen auch Oberlichtfenster) beschränkt man auf das zulässig kleinste Maass und versieht sie mit mehrfacher Verglasung von mattem oder dickem grünem Rohglase, um das Eindringen direkter Sonnenstrahlen zu verhindern.

Die Decken sind mit einer Torfmullschicht (bis zu 1 m Dicke) beschüttet.

Für die Bedachung wird gewöhnlich Holzcement gewählt. Der Fussboden enthält meistens noch eine Isolirschicht von Coaks-Asche,

---

[*] Kögler „Verhandl. d. Delegirten v. Schlachtviehhofverw. u. s. w." 1893 schlägt vor, die Kühlräume stets höher als 3 m anzulegen, damit der Raum durch zwei übereinander befindliche Aufhängevorrichtungen besser ausgenutzt werden könne.

Torfgrus, Gypsdielen oder von einem neupräparirten Stoff, dem antiseptischen und wasserfesten Wärme-Isolir-Bimstein, welcher zahlreiche Luftlücken enthält, dabei aber eine glatte aus Cement und Kieselguhr geplättete Aussenschicht, welche den Wärmedurchgang verhindert, besitzt.

Innere Einrichtung. Der Fussboden und die Wände müssen mit hellem und leicht zu reinigendem Material (für letztere Kacheln, Thonplatten, Cement mit Oel- oder Porcellan-Email-Anstrich u. s. w.) bekleidet sein, um den Raum weniger dunkel erscheinen zu lassen.

Für die künstliche Beleuchtung eignet sich am besten das elektrische Licht, weil es weder Wärme noch Geruch verbreitet, zwei für eine Fleischkühlhalle wichtige Eigenschaften.

Die Trennungswände der einzelnen Zellen stellt man am besten aus starkem Drahtgitter her, weil dieses Material neben der Billigkeit den Vortheil bietet, die einzelnen Zellen leicht kontrolliren und erhellen zu können, auch der cirkulirenden Luft freier Spielraum geboten ist. Doch muss man alsdann durch geeignete Vorrichtungen (durch ca. 20 cm hohe massive Scheidewände unter dem Gitter) zu verhindern suchen, dass beim Reinigen der Zellen der Schmutz in die Nachbarzellen gespült wird.

Von anderem Material, welches aber immer nur beschränkten Luftzutritt gestattet, werden empfohlen Marmor, Granit, durchlöchertes Well- oder Eisenblech u. dgl. m.

Für den Verschluss der Zellen wählt man der Raumersparniss wegen am besten die Schiebethüren.

Vielfach hat man auch neben den abgeschlossenen Zellen grössere Räume, entweder zur allgemeinen Benutzung oder tageweisen Vermiethung nach Anzahl der zu behängenden Haken, eingerichtet.

Neben dem Vorkühler legt man auf grösseren Schlachthöfen noch einen besonderen »Zerlegeraum« an, um die Zellen bei derartigen Manipulationen nicht zu verunreinigen. Auch kann ein genügend grosser Vorkühler gleichzeitig als Zerlegeraum benutzt werden.

Sehr praktisch und besonders für grössere Anstalten vortheilhaft sind Vorrichtungen für den Transport des Fleisches aus den Hallen nach dem Kühlhause.

Dieser kann in der Weise erfolgen, dass das Fleisch an Hakengestellen, welche auf einem kleinen Wagen ruhen, aufgehängt und auf einem Schmalspurgeleise nach der Kühlhalle gefahren wird.

Praktischer ist jedoch die von dem Architekten F. Moritz*) ersonnene Vorrichtung, auf welcher die in der Luft schwebenden Rinder nach ihrer Zerlegung in Hälften direkt nach dem Kühlhause gerollt werden können, jedoch unter der Voraussetzung, dass die Schlachtstätten nicht, wie bisher meistens üblich, mit festen, sondern mit Winden mit Laufkatzen! ausgerüstet sind. Auf den Laufkatzen wird, wie bei den Schlachthallen bereits beschrieben, das Rind auf die andere Seite der Schlachthalle geschafft und von hier mittelst eigenthümlich gestalteter Rädergestelle, auf denen Hängeholz nebst Rind ruht, nach dem Kühlhause gefahren. Durch sinnreiche Vorrichtung kann vor dem Einbringen in das Kühlhaus das Gewicht des Rindes durch eine Waage (Luftbahnwaage) festgestellt werden, deren Hebelkonstruktion sich oberhalb der Geleise befindet und deren mit Laufgewicht konstruirte Gewichtsableseeinrichtung unten ihren Platz hat. Das Nettogewicht erhält man, wenn man das auf Rädergestell und Hängeholz angeschriebene Eigengewicht in Abzug bringt. Bei der ganzen Einrichtung ist vorausgesetzt, dass Schlacht- und Kühlhalle möglichst nahe bei einander liegen.

Auf demselben Princip beruht die von Regierungsbaumeister Schmidt**) in Stettin konstruirte und von Beck & Henkel ausgeführte Transport-Vorrichtung, mittelst welcher die über den Schlachtständen auf Trägern ruhenden Spreizen mit dem Rinde direkt auf Transportwagen geladen, in das Kühlhaus geschafft und leer an der Aussenseite des Kühlhauses nach der Schlachthalle zurückgebracht werden, nachdem sie in der betreffenden Kühlzelle auf ein neues Spreizenträgerpaar Spreize sammt Rind abgegeben haben. Dieses Uebertragen von Spreize auf die Träger und umgekehrt wird durch eine sinnreiche Konstruktion vermittelt. Auf die ganze Einrichtung näher einzugehen, gestattet nicht der Raum, jedoch sei noch soviel bemerkt, dass diese Transportvorrichtung dem Schlachtbetriebe grossen Vortheil bietet uud sich gut bewähren soll.

Die Rentabilität. Was die Rentabilität des Kühlhauses betrifft, so reicht nach den angestellten Ermittelungen gewöhnlich der Erlös aus der Miethe nicht aus, sondern muss durch ander-

---

*) Vergl. hierüber des Näheren: Archiv für animal. Nahrungsmittelkunde 1890.
**) Vergl. des Näheren hierüber in Zeitschrift für Fleisch- und Milchhygiene, 1892/93. S. 70.

weitige Einnahmen theilweise gedeckt werden;*) denn da die Theilnahme eine freiwillige ist, so würden bei zu hohen Preisen zu viel Zellen leer bleiben, während andererseits ein Zwang nicht ausgeübt werden darf. Geeignetenfalls kann aber die Rentabilität dadurch erhöht werden, dass neben der Hallenkühlung gleichzeitig Eisfabrikation betrieben wird.

Nach Linde's Berechnungen ergeben sich für eine Stadt von 60000 Einwohnern mit einer Kühlhalle von etwa 600 qm lichter Grundfläche bei einem sechsmonatlichen Betrieb im Jahr folgende Anlage- und Betriebskosten:

A. Anlagekosten.

1. Immobilien (exkl. Grunderwerb), Kühlhaus mit sämmtlichen Fleischzellen, Maschinen- und Kesselhaus, Schornstein, Kesseleinmauerung, Fundationen etc. . . . . M. 84 000

2. Gesammte maschinelle Einrichtung, bestehend in Dampfkessel, Dampfmaschine, Kältemaschine, Luftkühlapparat, Pumpe, Transmission, Riemen, Rohrleitung etc. . . . . » 64 000

Gesammtanlagekapital M. 148 000

B. Betriebskosten.

1. Personal:
1 Maschinist für das ganze Jahr ⎫
2 Heizer für 6 Monate ⎭ . . . . . . M. 3 060

2. Material:
Kohlen, Schmier- und Dichtungsmaterial etc. für 180 Arbeitstage von je 24 Stunden . . . » 6 000

3. Amortisation und allgemeine Unterhaltung:
8 % von M. 64 000 . . . = M. 5120
2 % von » 84 000 . . . = » 1680   » 6 800

4. Verzinsung:
3 1/2 % vom durchschnittlichen Buchwerth ca. . » 2 600

M. 18 460

Für ein derartiges Kühlhaus von 600 qm Fläche, welches die Unterbringung von Fleischzellen mit einer Grundfläche von etwa

---

*) Nach den in Bremen angestellten Berechnungen kostet im dortigen Kühlhause die Herstellung kalter Luft pro Kühlstunde 7,50 M., sodass auf 1 kg Fleisch 2 Pf. fallen.

425 qm gestattet, während 175 qm auf Gänge entfallen, berechnet sich sonach der jährliche Miethspreis pro Quadratmeter Zellenfläche zu rund M. 43,50.

Selbst für kleinere Anlagen fallen die Betriebskosten sehr mässig aus, wie der nachstehenden Aufstellung für ein Kühlhaus von 200 qm Grundfläche im Lichten, ausreichend für eine Stadt von etwa 25 000 Einwohnern, zu entnehmen ist.

A. Anlagekosten.

1. Immobilien (exkl. Grunderwerb), Kühlhaus u. s. w.
wie oben . . . . M. 32 000
2. Gesammte maschinelle Einrichtung wie oben . » 28 000

Gesammtanlagekapital M. 60 000

B. Betriebskosten.

1. Personal:
1 Maschinist für 6 Monate . . . . M. 720
2. Material:
Kohlen u. s. w. wie oben . . . . » 2 800
3. Amortisation und allgemeine Unterhaltung:
8 % von M. 28 000 . . . . . M. 2 240
2 % von » 32 000 . . . . » 640 » 2 880
4. Verzinsung:
$3^{1}/_{2}$ % vom durchschnittlichen Buchwerth ca. . . » 1 050

M. 7 450

Von dem vorliegenden Kühlhaus, für welches ein jährlicher Betrag von M. 7450 aufzubringen ist, können ca. 150 qm Grundfläche für Fleischzellen ausgenutzt werden, während ca. 50 qm auf Gänge entfallen. Es könnten somit etwa 18 Zellen von je 4 qm und 26 Zellen von je 3 qm untergebracht werden. Für jeden Quadratmeter effektiv benutzter Zellengrundfläche würden die jährlichen Kosten rund M. 50 betragen.

Die Haupteinnahme bildet demnach die Miethe, welche entweder für das ganze Jahr oder für die Kühlzeit, oder einzelne Zeitabschnitte (sogar Tage) erhoben wird und sich nach der Anzahl der Haken oder dem Flächeninhalt der Zellen richtet. Dieser schwankt bei den kleineren Zellen zwischen 2—5 qm neben solchen bis zu 12 qm. Die Preise sind sehr verschieden. Sie betragen pro Quadratmeter Zellengrundfläche in Freiburg i. Br. 40 M., Brandenburg 37 M.,

Kreuznach 36 M., Passau 35 M., Würzburg 34 M. im Erdgeschoss (im I. Stock 30 M.), Halberstadt 34 M., Dortmund, Frankfurt a. M. 32 M., Beuthen, Wiesbaden 30 M., Leipzig 25 M. (einzelne Haken pro Tag 25 Pf.), Halle a. S., Nürnberg 25 M.,*) Stolp 20 M. (eine Hakenreihe (= 6 Haken) pro 24 Stunden 50 Pf. in gemeinsamer Zelle), Lauenburg i. P. 17 M., Hannover 16 M. zu ebener Erde (die ganze Zelle 95 M.) und 12 M. in der II. Etage (die ganze Zelle 75 M.), Gotha 16 M., Stralsund 14 M.

Osthoff veranschlagt wie Linde ebenfalls den Quadratmeter mit 50 M.

In anderen Städten ist, und zwar entschieden unberechtigter Weise, die Kühlhauspacht in die Schlachtgebühren mit eingerechnet, so in Bremen, Bernburg (für Grossvieh Aufschlag um 1 M., Kleinvieh 25 Pf., Schwein 50 Pf. pro Stück), Erfurt (75 Pf. bis 1 M. für 1 Stück Grossvieh, 50 Pf. für ein Schwein, 10 Pf. pro Stück Kleinvieh Aufschlag an Schlachtgebühren), Greifswald (Aufschlag für 1 Rind 40 Pf., Kalb über 50 kg 20 Pf., unter 50 kg 10 Pf. desgleichen Schaf, Ziege; für 1 Schwein 30 Pf. für das ganze Jahr zu zahlen. Nicht-Gewerbetreibende und Rossschlächter (welche keine besondere Zelle haben) pro Haken und Tag 10 Pf.).

Die Vergünstigung einer Kühlhausbenutzung ist den Rossschlächtern keineswegs überall gewährt, so nicht in Leipzig, Hannover, Halle u. s. w., dagegen haben sie in Bremen ein besonderes Kühlhaus, während ihnen in anderen Städten, z. B. Brandenburg, Duisburg (mit besonderem Eingang), Greifswald und Görlitz die Mitbenutzung gestattet ist. Ein stichhaltiger Grund, die Rossschlächter von einer derartigen Vergünstigung auszuschliessen, liegt sicher nicht vor! — Sofern nicht alle Zellen von Fleischern, Wurstmachern benutzt werden, kann man solche auch an Wild-, Butter- u. s. w. -Händler abgeben.

Bestimmungen für Benutzung des Kühlhauses. Die Benutzung des Kühlhauses kann entweder durch eine besondere Kühlhaus-Ordnung bezw. durch entsprechende Bestimmungen in der Schlachthof-Ordnung oder auf Grund eines mit jedem Miether abzuschliessenden Vertrages geregelt werden. Der nachstehende Kontrakt

---

*) Direktor Rogner daselbst hat die Betriebsunkosten des dortigen Kühlhauses auf 50—52 M. pro qm berechnet.

ist dem des Leipziger Schlachthofes in den meisten Punkten gleich und dürfte als zweckentsprechend zu empfehlen sein:

»Zwischen dem Magistrat der Stadt............................, vertreten durch die Schlachthof-Verwaltungs-Kommission als Vermiether und dem .... als Miether ist nachstehender Miethsvertrag abgeschlossen worden.

§ 1.

Es wird dem.. die im Kühlhause des städt. Schlachthofes mit No..................... bezeichnete, ...qm haltende, Kühlzelle zur Aufbewahrung von Fleischwaaren für den Miethszins von ....M. jährlich, in halbjährlichen Raten im Voraus zahlbar, auf die Zeit vom........................ 18......... bis dahin 18........ unter den nachstehenden Bedingungen vermiethet.

In der Zelle befinden sich .... abnehmbare Fleischhaken.

§ 2.

Miether darf nur Fleischwaaren, welche bis nahezu auf die Lufttemperatur abgekühlt sind, also ungefähr erst zwei Stunden nach der Schlachtung, einbringen. Uebelriechendes Fleisch, Felle, Haare, alter Talg, altes Fett, ungebrühte Eingeweide, schmutzige Tücher, Schürzen und Stricke dürfen nicht in die Kühlzelle gebracht werden, und werden, darin befunden, auf Anordnung des Schlachthof-Verwalters, dem das Betreten der Zelle jeder Zeit zusteht, vorläufig entfernt. Von der Beanstandung ist jedem Miether Kenntniss zu geben.

Blut darf nur in Kannen mit engem Halse stehen.

§ 3.

Als Lagerungsort darf die gemiethete Zelle stets benutzt werden, dagegen ist das Betreten nur in folgenden Stunden gestattet:

Morgens die 1. Stunde nach Eröffnung des Schlachthofes,
Mittags von 11—12 Uhr,
Abends eine Stunde vor Schluss des Schlachthofes.

Ausserdem an den Markttagen: Mittwoch und Sonnabend
im Winter von 2—3 Uhr,
im Sommer von 3—4 Uhr.

Sonn- und Feiertags die erste Stunde nach Eröffnung des Schlachthofes und von 11—11½ Uhr Vormittags.

Ausser diesen Zeiten ist das Betreten des Kühlhauses und der Aufenthalt in demselben nur ausnahmsweise und nur mit besonderer, in jedem einzelnen Fall einzuholender Erlaubniss der Schlachthof-Verwaltung gestattet*).

Eine Abänderung der festgesetzten Stunden steht zu jeder Zeit der Schlachthaus-Verwaltung zu, und hat Miether sich solche Abänderung gefallen zu lassen.

§ 4.

Die für den Verkehr bestimmten Gänge dürfen mit keinerlei Gegenständen besetzt und zu keinerlei Arbeiten benutzt werden**).

Das Fahren mit Handwagen ist im Kühlhause nicht gestattet.

§ 5.

Im Kühlhause ist die peinlichste Sauberkeit zu beachten, und sind für die Erhaltung derselben in den vermietheten Zellen deren

---

*) Eine Beschränkung des Zutritts zum Kühlhause ist unbedingt nothwendig, weil sonst die Temperatur, abgesehen von dem Mehraufwand an Betriebskosten, nicht auf der erforderlichen Höhe erhalten werden kann. Dieser Uebelstand hat sich überall da bemerkbar gemacht, wo der Zutritt zum Kühlraume zu jeder Zeit freisteht, wie in Frankfurt a. M, Wiesbaden u. s. w. Auch kann für jedes Mal Zutritt ausser den festgesetzten Stunden eine kleine Gebühr von 20—25 Pf. erhoben werden.

**) Ob man das Einstellen von Pökelfässern in die Zellen gestatten soll, bleibt dahingestellt; jedenfalls würde eine derartige Erlaubniss für die Interessenten von ungeheurer Wichtigkeit sein, da sie dadurch in Stand gesetzt sind, während des ganzen Sommers nach Bedarf einpökeln zu können. Andererseits können aber auch schadhafte und nicht genügend geschlossene Gefässe den Betrieb sehr beeinträchtigen bezw. vertheuern, desshalb muss mit Strenge darauf gehalten werden, dass nur ganz dichte, neue und saubere, sowie fest verschliessbare Pökelfässer Verwendung finden. Am besten ist es, wenn man verlangt, dass alle Fässer mit Oelfarbe gestrichen werden. In Halle ist ein diesbezüglicher Passus in die den Kühlhausbetrieb regelnde Schlachthof-Ordnung aufgenommen, welcher Folgendes bestimmt: „Die Pökelfässer müssen aber vor dem Einbringen angemeldet und vorgezeigt werden; sie müssen aus hartem Holze fest und dicht gearbeitet sein, auf mindestens 15 cm hohen Füssen oder Klötzen stehen und mit einem gut schliessenden Deckel versehen sein. Innerhalb längstens vier Wochen ist ein jedes Fass gänzlich zu entleeren und zu reinigen. Seitens der Direktion wird über die Pökelfässer ein Register geführt, auf Grund dessen sie die Reinigung u. s. w. derselben kontrollirt; die Fleischer, welche Pökelfässer eingestellt haben, müssen die beabsichtigte Reinigung der Direktion bezw. dem Kühlhausaufseher melden "

Auch auf die Reinhaltung der Zellen im Allgemeinen muss grosses Gewicht gelegt werden, wobei zu beobachten ist, dass das Abspülen mit Wasser auf das geringste Maass beschränkt werden soll, damit durch das Verdunsten desselben nicht der Feuchtigkeitsgehalt in der Kühlhallenluft vermehrt wird, und in Folge dessen erhöhte Ansprüche an die Leistungsfähigkeit des Kühlapparats gestellt werden müssen, womit wiederum grössere Betriebskosten verbunden sind. Es genügt schon, wenn mit einem nassen Besen die Zellen mehrere Male in der Woche gründlich ausgescheuert werden.

Abmiether verantwortlich. Auch ist es verboten, eiserne Haken an den Drahtgittern der Wände anzubringen. Beschädigungen fallen dem Miether zur Last.

§ 6.

Die vermietheten Zellen sind verschlossen zu halten. Die Verwaltung übernimmt keinerlei Haftung und Verantwortlichkeit für die darin aufbewahrten Vorräthe und Gegenstände. Kein Abmiether*) darf ohne Genehmigung der Verwaltung die vermiethete Zelle einem dritten zur Benutzung oder Mitbenutzung überlassen. Der Aftermiether hat sich den erforderlichen Schlüssel auf seine Kosten machen zu lassen und muss nach Abgabe der Zelle denselben an die Verwaltung abliefern.

§ 7.

Die Verwaltung wird bestrebt sein, die Temperatur im Kühlhause stets auf 0 bis $+4^0$ Celsius zu halten, übernimmt hierfür jedoch keinerlei Gewähr, und bescheidet sich Abmiether, dass ihm irgend welche Schadenansprüche an die Verwaltung wegen Nichteinhaltung dieser Temperaturgrenzen nicht zustehen.

Die Kühlung findet so lange statt, wie die Verwaltung es für nöthig erachtet.

§ 8.

Werden Zuwiderhandlungen gegen die vorstehenden Bedingungen durch den Miether oder dessen Leute constatirt, so hat der Miether eine Konventionalstrafe von je drei Mark innerhalb drei Tagen an die Schlachthofkasse zu zahlen. Der Miether haftet auch für seine Leute und Aftermiether. Massgebend ist allein der Ausspruch des Schlachthof-Verwalters über das Verfallen der Konventionalstrafe und steht dem Pächter eine Beschwerde an den Vorsitzenden der Schlachthof-Verwaltungs-Kommission zu. Dessen Bescheid ist endgültig.

§ 9.

Wer den Bedingungen mehrfach entgegenhandelt, dem kann durch Beschluss der Kommission die fernere Benutzung entzogen werden, ohne dass derselbe auf Rückgewähr der gezahlten Miethe Anspruch hat.

---

*) Ausnahmsweise können Zellen an höchstens zwei kleinere Geschäftsleute zur gemeinsamen Benutzung vermiethet werden.

2. Die Rossschlächterei. In einer ganzen Reihe von Städten, die im Allgemeinen nur eine mangelhafte Fleischkontrolle besitzen, findet man seit längerer Zeit schon eine strenge Beaufsichtigung der Rossschlächtereien, der öffentlichen sowohl wie der privaten, von denen erstere in manchen Städten, wie z. B. in Berlin, früher entstanden sind (1847) als ein öffentliches Schlachthaus daselbst.

Der immer mehr den Vernunftgründen weichende Widerwille gegen den Genuss von Pferdefleisch, die zur Zeit unverhältnissmässig hohen Fleischpreise, besonders aber der Schutz, welcher dem Publikum durch Beaufsichtigung der Rossschlächtereien gewährt wird, sind die Veranlassung, dass der Rossfleisch-Konsum in steter Zunahme begriffen ist; denn während bis zum Jahre 1850 nur der Abdecker Pferde tödten durfte (»Alles, was der Abdecker bekommt ist Aas, daher ist auch das Pferdefleisch gleich Aas zu achten«), demgemäss auch das Rossfleisch nur sehr selten Verwendung als menschliches Nahrungsmittel fand, ist durch den Ministerial-Erlass vom 2. Juni 1888 der Pferdeschlächterei-Betrieb geregelt und den Abdeckern untersagt, Pferdefleisch zur menschlichen Nahrung zu verkaufen, bevor die Kadaver durch einen Thierarzt untersucht und für gesund befunden sind. Seit dieser Zeit entstanden so viele Rossschlächtereien, dass die Zahl derselben in Preussen im Jahre 1891 bereits 431 betrug, während augenblicklich Berlin allein schon 36 zählt.

In jeder Stadt, in welcher ein Schlachthof mit allgemeinem Schlachtzwang errichtet wird, muss daher bestimmt werden, dass auch die Pferde nur in demselben geschlachtet werden dürfen und zwar, so verlangt es die Regierung, in einem besonderen Schlachthause. Es muss deshalb in grösseren Städten bei der Anlage eines Schlachthofes von vornherein auf ev. Einrichtung einer Rossschlächterei Rücksicht genommen werden, wenigstens an einer geeigneten Stelle ein Platz für dieselbe reservirt bleiben. Unmotivirt scheint es jedoch mit Recht, die Rossschlächterei so anzulegen, dass sie für die Gewerbetreibenden nur von aussen durch einen besonderen Eingang und von innen nur für die Schlachthof-Beamten zugänglich ist. Solche Einrichtungen sind nur geeignet, den theilweise immer noch herrschenden Widerwillen zu unterstützen, denn ein annehmbarer Grund, Pferdefleisch mit dem der übrigen Schlachtthiere nicht in Berührung zu bringen, ist nicht vorhanden; es sei denn, dass man betrügerischen Manipulationen, die ausserhalb des Schlachthofes aber noch leichter zu bewerkstelligen sind, vorbeugen will. Was im Uebrigen die

Anlage selbst betrifft, so wird sich die Grösse der Schlachthalle nach dem jeweiligen Bedürfniss richten, doch wird immer dafür gesorgt werden müssen, dass ein mit Winden und sonstigen zur Schlachtung von Grossvieh nothwendigen Vorrichtungen ausgestatteter Schlachtraum für wenigstens zwei Pferde und daneben ein Stall für ebenso viele Thiere vorhanden ist. Auch müssen auf einer Seite der Schlachthalle Spülbütten mit warmem und kaltem Wasser zum Reinigen der Eingeweide angebracht werden, und die nöthigen Geräthschaften, wie Kaldaunenwagen, Tische u. s. w., vorhanden sein. An grösseren Schlachthöfen würde man zweckmässig einen besonderen Raum für eine Pferdekuttelei herrichten und die ganze Rossschlächterei-Anlage mit der sog. Sanitäts-Anlage (Polizeischlachthaus, Kontumazstall), ev. mit der Freibank verbinden, und in der oberen Etage einem besonderen Aufseher für die ganze Anlage Wohnung geben.

3. Die Freibank ist ein Verkaufslokal (auf dem Schlachthofe) für solches Fleisch, welches Eigenschaften besitzt, die es zu einer nicht marktfähigen Waare machen, ohne dabei der menschlichen Gesundheit schädlich zu sein. Es wird weiter unten in dem Kapitel (XII.) über »die Verwerthung und Vernichtung beanstandeten Fleisches« auf das Wesen und die hohe Bedeutung dieser Institution näher eingegangen werden. An dieser Stelle wollen wir nur über die für eine Freibank nöthigen Baulichkeiten sprechen. Vorausgeschickt sei, dass es in jedem Falle opportun ist, den Platz so zu wählen, dass das kaufende Publikum wenig oder garnicht mit dem eigentlichen Schlachthofe in Berührung kommt, vielmehr, wenn angängig, den Verkaufsraum direkt durch einen besonderen Eingang von aussen betritt. Da man aber in neuerer Zeit vielfach nur gekochtes Fleisch, — auf manchen Schlachthöfen ausschliesslich solches — auf der Freibank feilbieten lässt, so müssen in einem Nebenraum des eigentlichen Verkaufslokals Vorrichtungen zum Kochen getroffen werden, und da man hierzu am geeignetsten Dampf verwenden wird, so darf die Entfernung von der Kesselanlage nicht zu gross sein. Aus diesem Grunde dürften der Wahl eines geeigneten Platzes sich oft Schwierigkeiten bieten, da man immer auf die beiden Punkte Rücksicht nehmen muss: Thunlichst ein Betreten des allgemeinen Schlachthofes durch das Publikum zu vermeiden und die Entfernung von der Kesselanlage so kurz als möglich zu nehmen.

In Fig. 13 (S. 59) befindet sich das Freibanklokal im Erdgeschoss des Wasserthurms, und neben demselben liegt der Kochraum.

In Städten, in welchen der Schlachthof weit von der Stadt entfernt liegt, kann es nothwendig werden, die Freibank in der Stadt selbst zu errichten, womit allerdings auch mancherlei Uebelstände verknüpft sein dürften.

Was das Verkaufslokal selbst betrifft, so muss dasselbe genügend gross sein, um die — wenigstens wenn sich die Art des Verkaufs erst eingebürgert hat — meistens grosse Anzahl von Käufern aufnehmen zu können. Auch empfiehlt es sich, einen besonderen Ein- und Ausgang vorzusehen, auch Vorrichtungen zu treffen, dass die Käufer nur einzeln das Verkaufslokal betreten können. —

Die nun folgenden Nebenanlagen dürften im Allgemeinen wohl nur an grösseren Schlachthöfen zu finden und nothwendig sein, sie sollen daher auch nur in den Hauptpunkten berücksichtigt werden.

4. *Fett- und Talgschmelze.* Obwohl die Einrichtung einer Fett- und Talgschmelze wegen des beim Schmelzen entstehenden schlechten Geruches gern von der Schlachthof-Verwaltung vermieden wird, so lässt sich doch in vielen Fällen die Anlage derselben nicht umgehen, und wenn, wie es an einigen Orten geschieht, die beim Schmelzen sich entwickelnden, stinkenden Gase abgesogen und unter der Dampfkesselfeuerung verbrannt werden, so ist dann wohl der grösste Uebelstand gehoben. In der Fettschmelze werden finnige und tuberkulöse Schweine zu Speiseschmalz ausgeschmolzen, gleichzeitig aber auch noch Leim und Rückstände als Dungpulver gewonnen. Der in der Talgschmelze gewonnene gute Talg findet theils zu Speisetalg, theils zur Margarine-Bereitung Verwendung, während der schlechtere in die Seifensiederei wandert oder als Maschinentalg verkauft wird.

Für eine grössere Talgschmelze, welche meistens von einem Konsortium von Gewerbetreibenden der Schlachthof-Verwaltung abgepachtet wird, sind Räume nöthig zur Annahme des Materials, zum Zerreissen, Schmelzen, Trocknen, für ein Kontor und zum Lagern des fertigen Materials (Keller).

Trotzdem an sehr vielen Schlachthöfen solche Schmelzen eingerichtet sind, hat man dieselben wegen mangelnder Benutzung theils gar nicht in Betrieb genommen, theils nach kurzer Zeit wieder ausser Betrieb gesetzt, sodass es für jede Verwaltung rathsam ist, sich vor Einrichtung derselben von ev. Rentabilität der Anlage zu überzeugen.

5. *Albuminfabrik.* Vereinzelt finden wir Fabriken, in welchen das in grossen verzinkten Schalen aufgefangene Blut, welches nicht zur Wurstbereitung Verwendung findet, zu technischen Zwecken ausgenutzt wird. Während das Serum (Blutwasser), nach einer besonderen Methode verarbeitet, verschiedenen technischen Zwecken dient, liefern die in Bluttrockenöfen getrockneten und dann gepulverten Blutkuchen ein wegen seines Stickstoffgehaltes werthvolles Düngemittel. Da sich bei der Fabrikation jedoch ebenfalls unangenehme Dünste entwickeln, so nimmt man vielfach von einer derartigen Anlage Abstand; auch hat man bereits bestehende eben deshalb wieder eingehen lassen.

In einigen Städten erzielt man eine möglichst werthvolle Ausnutzung des Blutes dadurch, dass man das Serum in Fässern an die betreffenden Fabriken versendet, nachdem die Abscheidung desselben in besonders zu vermiethenden Blutkammern erfolgt ist.

6. *Darmschleimerei*. Die Nothwendigkeit, einen besonderen Raum für die Darmschleimerei einzurichten, dürfte sich meistens wohl nur bei ganz grossen Betrieben herausssstellen, wo die Fleischer nicht selbst die gewonnenen Därme verarbeiten, sondern wo diese Manipulationen von einer besonderen Kategorie von Gewerbetreibenden vorgenommen werden, ähnlich wie im Elsass und überhaupt in Süddeutschland die Kuttler die Füsse, Köpfe, Magen u. s. w. aufkaufen und selbst verarbeiten. — Gewöhnlich findet sonst das Schleimen der Därme in der allgemeinen Kuttelei statt.

7. *Häutesalzereien und Häuteschuppen*. Um eine bessere Verwerthung der Häute erzielen zu können, sind in einigen Schlachthöfen Räume errichtet, in deren Kellergeschoss die Häute gesalzen und in deren oberen Etagen sie getrocknet werden. Ausserdem ist noch ein Raum für die Abnahme und ein Kontor nöthig. Wenn genügend grosser Platz zur Verfügung steht, dürfte im Allgemeinen eine solche Anstalt, welche im Uebrigen auch nur für grössere Betriebe Zweck hat, im Interesse der Fleischer ganz angebracht erscheinen, zumal besondere Uebelstände bei genügend sorgfältiger Behandlung des Materials wohl kaum zu befürchten sein dürften.

8. *Hackfleisch-Anstalt*. Zur ganz besondéren Bequemlichkeit der Fleischer und Verbilligung ihres gewerblichen Betriebes finden sich auf grossen Schlachthof-Anlagen Räume mit Fleisch-Hackmaschinen, welche durch die allgemeine Dampfmaschine oder auf elektrischem Wege in Bewegung gesetzt werden. Gegen eine geringe Entschädigung, welche sich nach der zu hackenden Menge richtet, können diejenigen Gewerbetreibenden, welche nicht im Besitz einer eigenen Hackmaschine sind, in ganz kurzer Zeit und mit geringen Arbeitskräften sich das nöthige Fleisch wiegen lassen. In Leipzig und Freiburg i. B. besteht eine derartige Anstalt schon längere Zeit, in Schwäbisch-Gmünd ist die Einrichtung einer solchen beschlossen.

9. Bade-Anstalt. Eine Bade-Anstalt, selbst noch so einfachster Art, sollte an keinem grösseren, selbst nicht an mittleren Schlachthöfen fehlen, weil solche Einrichtungen nicht nur hygienisch von grosser Wichtigkeit sind, besonders für Leute einer Gewerbsklasse, welche reichlich Gelegenheit hat, sich mit leicht in Fäulniss übergehenden Stoffen zu besudeln, sondern weil hierdurch auch in hohem Grade der Sinn für Reinlichkeit geweckt wird. Es genügt zu solcher Bade-Anstalt schon ein $2\frac{1}{2}$ qm grosser Raum, möglichst in der Nähe des Warmwasser-Behälters und der Dampfleitung für ev. Heizung im Winter, und so gelegen, dass die Zuleitung des kalten und Ableitung des gebrauchten Wassers keine Schwierigkeiten bietet. Am meisten zweckentsprechend wäre das Brausebad, welches sich in seiner Wirkung nur unbedeutend von dem Wannenbad unterscheidet, aber bedeutend weniger kostspielig in Anlage und Betrieb ist und eine ausgiebigere Benutzung gestattet. Zwei Brausen, welche durch ein sog. Schwimmventil regulirt werden, würden für einen mittleren Betrieb schon genügen. Wie die Erfahrung gelehrt hat, kann ein solches »Arbeiter-Brausebad« schon für 10 Pf. inkl. Handtuch abgegeben werden, doch würde es sich empfehlen, wenn irgend möglich, die Bäder unentgeltlich zu verabfolgen.

10. Animalische Bäder. Vielfach von Laien begehrt, sonst aber von geringem therapeutischem Nutzen sind die sog. Thier- oder animalischen Bäder, ehemals sehr beliebt wegen besonderer Wirkungen, welche der thierischen Wärme und den den Thieren innewohnenden heilsamen Lebensgeistern zugesprochen wurden. Thatsächlich wirken die Bäder nicht anders als jede feuchte Wärme, und ist ihnen in diesem Sinne auch eine gewisse Einwirkung bei rheumatischen Leiden, Gicht u. s. w. nicht abzusprechen. Das Bad kann nun darin bestehen, dass man die erkrankten Glieder in die geöffnete Bauchhöhle zwischen die lebenswarmen Eingeweide oder in den Inhalt der letzteren direkt bringt. Am wenigsten unappetitlich für die weitere Benutzung der Eingeweide ist es, wenn man den Inhalt zur Aufnahme des erkrankten Körpers in einen geeigneten

Behälter entleert. In München*) befindet sich das Badekabinet im Maschinenhause und in nächster Nähe des Düngerhauses, damit der daselbst entleerte Dung möglichst warm nach dem Baderaum gebracht werden kann. Dieser Raum hat Asphaltboden, ist ca. 4 qm gross, mit einem eisernen Oefchen versehen, um im Winter erwärmt werden zu können. Ausserdem befinden sich darin zwei grosse Badewannen von Zinkblech, von denen die eine zu Dungvollbädern, die zweite zur darauffolgenden Reinigung mittelst Wasser dient, ferner eine Brause-Vorrichtung und mehrere Zinkgefässe für die Anwendung von Arm- oder Fussbädern. Zu Reinigungs- wie Brausebad kann warmes und kaltes Wasser zugeleitet werden. Der Preis für ein Vollbad beträgt eine Mark, für ein Fuss- oder Armbad 50 Pf. Unbemittelte erhalten die Bäder unentgeltlich.

Nach Angaben von Mascher**) befinden sich Vorkehrungen für animalische Bäder in einer Reihe westfälischer Städte, wie Bochum, Hörde, Iserlohn, Dortmund, Gelsenkirchen und Soest, und sollen in letzterer Stadt die Bäder sehr viel und mit gutem Erfolg gebraucht werden.

11. Die Lymph-Anstalt. In einigen Provinzial-Hauptstädten und Hauptorten der anderen Bundesstaaten findet man auf oder auch neben dem Schlachthofe eine Anstalt zur Gewinnung animalischer Lymphe, wie in Berlin, Bernburg, Bielefeld, Bochum, Bremen, Iserlohn, Münster, Stettin u. a. m.

Eine derartige Verbindung mit dem Schlachthofe empfiehlt sich nach Roepke***) aus folgenden Gründen:

Die Kälber können vom Schlachthofe, bezw. von einem mit diesem in Verbindung stehenden Viehhofe bei der grossen dort vorhandenen Auswahl leicht beschafft, rasch und bequem transportirt und gegebenenfalls sofort durch andere ersetzt werden. Erhitzung und Ermüdung der Thiere tritt nicht ein. Bei der Schlachtung resp. Nothschlachtung kann auf dem Schlachthofe die Untersuchung sofort und bequem vorgenommen werden.

---

*) Nach einer freundlichen Mittheilung des Herrn Schlachthof-Direktor Röbl in München.

**) „Wesen und Wirkungen des Schlachthauszwanges." 1888.

***) „Die animalische Lymph-Anstalt." Stuttgart 1890. Vergleiche ferner hierüber: „Goltz, „Das Impfinstitut und die Fleischschau." Archiv für animal. Nahrungsmittelkunde Jahrg. VI, No. 3.

Die Grösse der Anlage, welche aus einem Stall, Operirsaal und Streugelass besteht, richtet sich nach dem zu liefernden Impfmaterial. Die Kosten für eine Anstalt, welche während der Impfsaison 2—3 Kälber täglich in Benutzung zu nehmen hat, berechnet Roepke auf ca. 12 000 M. (ohne Baugrund).

In Betreff der baulichen Anlage sei noch erwähnt, dass trockener und gesunder Bauuntergrund unbedingt erforderlich ist, desgleichen Trockenheit, reine Luft und genügendes Licht in den Räumen sowie möglichst porenfreies Baumaterial. Die Vorderfront des Gebäudes muss frei und gegen Osten liegen. Wünschenswerth dagegen ist es, dass die übrigen Seiten beschattet sind, und der nahe Aufenthalt anderer Thiere, besonders Kälber, vermieden wird. Der Stall ist mit undurchlässigem und leicht zu reinigendem Material zu versehen, gut zu ventiliren und mit ganz schmalen Buchten auszustatten.

Neben dem Stall liegt der Operirsaal, hell und gut ventilirt, mit Warm- und Kaltwasserzapfstellen ausgestattet.

Das Streugelass, zu welchem der Eingang nicht aus dem Stall oder Operationssaal führt, verlegt man am besten in den (luftigen) Bodenraum.

In Magdeburg befindet sich auf dem Schlachthofe auch eine Station zur Erzeugung frischer Lungenseuche-Lymphe.

12. Hundefängerei. Grösstentheils der Rührigkeit der Thierschutz-Vereine ist es zu verdanken, dass man, wenn auch noch vereinzelt, auf den Schlachthöfen grösserer Städte besondere Räume antrifft, welche dazu bestimmt sind, die bei der Kontrolle eingefangenen Hunde bis zu ihrer Auslösung bezw. Tötung aufzunehmen. Es dürfte die Verlegung der Hundefängerei nach dem Schlachthof deshalb ganz zweckmässig sein, weil es einmal daselbst nicht an Personal für die Wartung, noch an Material für die Fütterung fehlt, und die Kadaver entweder rasch vernichtet oder gegebenenfalls technisch ausgenutzt werden können, und dem Publikum so die Sicherheit geboten wird, dass mit den eingefangenen Thieren kein Missbrauch getrieben wird. Während für kleinere Städte ein mit mehreren Abtheilungen bezw. Käfigen versehener Raum genügt, findet man in grösseren und grossen noch ein Zimmer für einen besonderen Wärter und einen Tötungsraum.

In neuerer Zeit hat man Versuche angestellt, die Tötung durch Einathmenlassen von Kohlensäure zu bewirken, und zwar dadurch, dass man die zu tödtenden Thiere in cementirte Gruben oder trommelförmige Behälter, welche mit Kohlensäure gefüllt werden, bringt, ein Verfahren, welches einen raschen und schmerzlosen Tod bewirkt und beliebige Verwerthung der Kadaver (Ausschmelzen des Fettes zum Genuss für Lungenkranke angeblich als Heilmittel gegen Tuberkulose) im Gegensatz zu vergifteten gestattet.*)

Nicht unerwähnt mag zum Schluss bleiben, dass häufig mit einem Schlachthof eine Fabrik für **Konserven** verbunden ist.

In Russland hat man neuerdings an den Schlachthöfen zu St. Petersburg und Odessa **Blutbrotbäckereien** eingerichtet**) In ersterer Stadt befindet sich auf dem Schlachthofe auch eine **Volksspeiseküche,** zu deren Unterhaltung reiche Fleischermeister an Material viel beitragen.

Ob man, wie Falk***) empfiehlt, mit dem Schlachthof eine Normal-Milchwirthschaft verbindet, dürfte aus verschiedenen Gründen reiflich in Erwägung zu ziehen sein.

VIII. Abwässer-Kläranlagen.

Allgemeines über Klärung von Abwässern. Hygienisch von grosser Bedeutung ist die Reinigung, Klärung und Ableitung der Spül- oder Abwässer an den Schlachthöfen, und widmet die Sanitätspolizei bei Abnahme der gesammten Anlage gerade diesem Punkte ihre besondere Aufmerksamkeit, da durch unzweckmässige Einrichtung derselben Belästigungen für die benachbarten Grundstücke entstehen und sich gleichzeitig Brutstätten für eine Menge von Schädlichkeitskeimen entwickeln können. Nach R. Koch muss demnach bei der Reinigung der Abwässer dafür gesorgt werden, dass

1. alle etwa in den Abwässern vorhandenen Infektionsstoffe unschädlich gemacht,

---

*) Vergleiche das Nähere im Bericht über die V. Versammlung des Verbandes der Thierschutz-Vereine in Karlsruhe 1892 S. 105 ff.

**) Die Zusammenstellung und Bereitung ist, nach einer freundlichen Mittheilung des Herrn Professor Gutmann in Dorpat, Geheimniss des Erfinders, Schlachthof-Thierarztes Mag. Ignatjew in St. Petersburg, und erfolgt eine Veröffentlichung derselben erst später.

***) „Die Errichtung öffentlicher Schlachthäuser." 1886.

2. die Abwässer in einen Zustand versetzt werden, welcher verhindert, dass sie bei ihrer Ableitung in stinkende Fäulniss übergehen, wozu sie besonders neigen, da Schwebestoffe organischer Abstammung, wie Blut, Darmtheile, Darminhalt, Harn u. s. w., ferner übelriechende Fäulnissprodukte, welche ihren Grund in dem vorhandenen Schwefel (Schwefelwasserstoff) und anderen Reduktionsprodukten haben, reichlich vorhanden sind, während sich Sauerstoff gar nicht oder nur spärlich vorfindet. Gerade dieser Mangel an Sauerstoff ist nach König aber die Ursache für die Entwickelung der giftigen Gase, da er die Oxydation der Zersetzungsprodukte der Mikroorganismen verhindert.

Sind die Abwässer-Anlagen demnach überhaupt schon von grosser Bedeutung, so müssen sie für die Grenz-Schlachthäuser im allgemeinen Staatsinteresse geradezu gefordert werden, da durch die Auswurfstoffe und sonstigen thierischen Abfälle leicht eine Verschleppung etwa in dem Nachbarstaat vorhandener Seuchen stattfinden kann.

Wenn nun auch zugegeben werden muss, dass gerade in den öffentlichen Schlachthöfen nicht mit dem Wasser gespart wird und auch nicht gespart werden darf, die Abfallstoffe also eine ausserordentliche Verdünnung erfahren, welche bei einer etwa vorhandenen Kühlmaschine durch grosse Mengen Kühlwasser noch bedeutend vermehrt wird, so scheint es doch vielen bedenklich, ohne vorangegangene Klärung die Abwässer direkt in einen Flusslauf, wie wir es an verschiedenen Schlachthöfen finden, zu leiten, selbst wenn der Zufluss unterhalb der Stadt erfolgt.

Demgegenüber glaubt aber Pfeiffer*) darauf hinweisen zu müssen, dass man sich mehr aus Prinzip, wie gestützt auf Thatsachen, ablehnend gegen das Einleiten von Abwässern in die Flüsse verhalte, denn nach seiner Berechnung könne man z. B. die Abwässer der Stadt Wiesbaden auf 9000 cbm (darunter ca. 6000 kg organischer Substanz) täglich veranschlagen, welche sich mit einer Menge von ca. 70 Millionen cbm (d. i. in der Sekunde ca. 800000 Liter) Rheinwasser vermischen, sodass also die Menge organischer Stoffe in jedem cbm nur eine äusserst minimale sei. Auch der brandenburgische Fischerei-Verein hat sich dahin ausgesprochen, dass die Abwässer von Schlachthöfen im Gegensatz zu denen der Städte im Allgemeinen nicht nur der Fischerei keinen Schaden verursachen, sondern, wie es

---

*) Deutsche Vierteljahresschrift für öffentliche Gesundheitspflege 1888.

sich bei Einleitung der Spandauer Schlachthof-Abwässer zeige, vielmehr die Fische anlocke, besonders wenn Fäkalien und dergl. sorgsam in Gullys und Senkkästen abgefangen würden. —

Ist der Schlachthof von geeigneten Ländereien umgeben, so dürfte sich eine Berieselung derselben, welche zweifellos zu den vollkommensten Arten der Reinigung gehört, empfehlen, sofern eben nicht zu grosse Anlagekosten damit verknüpft sind.

Am einfachsten ist natürlich die Ableitung in denjenigen Städten, welche mit Kanalisation verbunden sind, indem die Abwässer einfach in das allgemeine Kanalnetz geführt werden.

Sollen die Effluvien vor ihrer Ableitung geklärt bezw. gereinigt werden, so kann dies auf folgende Weise geschehen:

1. auf mechanischem,
2. auf mechanisch-chemischem Wege,
3. vermittelst der Elektricität.

Die Klärung durch Elektricität, welche bis jetzt nur durch Versuche geprüft ist, besteht darin, dass in den mit Spülwasser gefüllten Reservoirs sich Elektroden (Kohlen- und Eisenplatten) befinden, welche durch Einwirkung des elektrischen Stromes die Menge der in dem Wasser enthaltenen Schädlichkeitskeime bedeutend reduciren. Wenn auch diese Reduktion schon eine ziemlich grosse ist, so hat sich doch durch genaue Untersuchungen herausgestellt, dass durch Zusatz von 1 % Kalk nach einer Stunde die Wirkung desselben eine bedeutend stärkere war, als die des elektrischen Stromes, denn während nach Kalkzusatz das Wasser nahezu steril blieb, vermehrten sich in dem mit Elektricität behandelten die Keime nach einiger Zeit wieder ziemlich erheblich, sodass der Nutzen einer solchen Anlage, abgesehen davon, dass sie eigene Vorkehrungen erfordert, ein höchst geringer sein dürfte.

Am einfachsten in der Anlage, aber in bakteriologischer Hinsicht am unzuverlässigsten, ist die mechanische Klärung, während man bezüglich jener bei Zusatz von Kalk die günstigsten Erfolge erzielt hat. Seiner Wirkung nach in der Mitte zwischen beiden steht das Thonerde-Verfahren. In Zahlen ausgedrückt heisst das: In einem cbcm Wasser von Kalk geklärt fanden sich 17 500, bei Thonerde-Zusatz 380 000 und bei mechanisch geklärtem 3 350 000 Keime von Mikroorganismen vor.

Wenn trotzdem an vielen Schlachthöfen das mechanische Klärverfahren gewählt ist, so kann man dies nur den geringen Unkosten, welche die Anlage verursacht, oder einer gewissen Sorglosigkeit in der Beurtheilung der Abwässer-Bestandtheile zuschreiben.

Die mechanische Klärung ist nur eine Klärung, nicht aber auch eine Reinigung der Abwässer, da das ganze Verfahren allein auf einer groben Filtration beruht, aus welcher das Wasser zwar ziemlich klar, aber keineswegs frei von Schädlichkeitskeimen hervorgeht.

Diese Filtration kann eine auf- oder absteigende sein; mit der letzteren gleichbedeutend ist die seitliche. Die aufsteigende Filtration, welche in der weiter unten beschriebenen Anlage einer mechanischen Abwässer-Klärung angenommen ist, hat die Nachtheile vor der absteigenden und seitlichen, dass der zur Oxydation von Schädlichkeitsstoffen nöthige Sauerstoff nicht in erforderlicher Menge Zutritt hat, ferner auch die Reinigung resp. Erneuerung des Filtermaterials einigermassen mit Schwierigkeiten verknüpft ist. Die absteigende und seitliche Filtration, von denen letztere darin besteht, dass das Wasser an der dem Lauf der Effluvien zugekehrten Seite eine schräg abfallende Wand von Filtermaterial zu durchströmen hat, ermöglichen zwar beide, besonders letztere, grossen Kontakt mit Sauerstoff und leichte Erneuerung resp. Reinigung des Filters, doch bieten sich in räumlicher Hinsicht der Anlage oft Schwierigkeiten dar.

Als bestes Filtermaterial sind bekannt: Kies, kleine Steine, Sand, Koaks, Holzkohle, Torfmull und dergl.

Der Lauf der Abwässer bei einer mechanischen Kläranlage ist folgender. Das Spülwasser verliert in den Gullys der einzelnen Hallen und Arbeitsräume einen grossen Theil seiner festen Bestandtheile, welche mittelst der Senkeimer täglich, je nach Bedürfniss auch mehrmals, entfernt werden, sodann muss des Oefteren ein Entleeren und Ausspülen der Senklöcher der Gullys erfolgen. Eine weitere Ansammlung von festen Bestandtheilen findet dann in den, in das Kanalnetz eingeschalteten grösseren Senkgruben (Reinigungsschächten) statt, welche in genügender Anzahl vorhanden und nicht weiter wie 30 m von einander entfernt sein sollen; diese müssen im Sommer mindestens alle 14 Tage gereinigt werden, um zu vermeiden, dass in die eigentliche Kläranlage zu viel Senkstoffe gelangen. In dieser Art der »Vorklärung« gleichen sich annähernd die meisten Systeme, sowohl die mechanischen, wie die mechanisch-chemischen. Durch ein gemeinsames Rohr fliessen dann die Abwässer behufs weiterer Klärung in ein System von Kammern (Fig. 25, Grundriss),

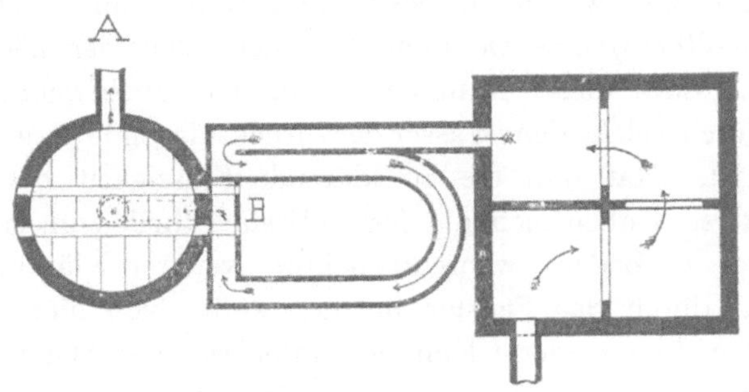

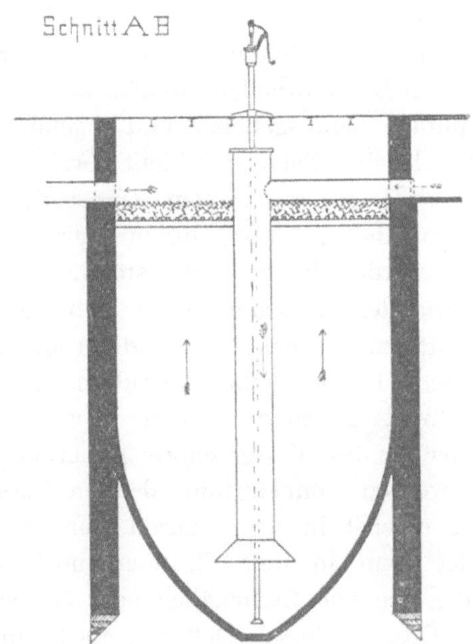

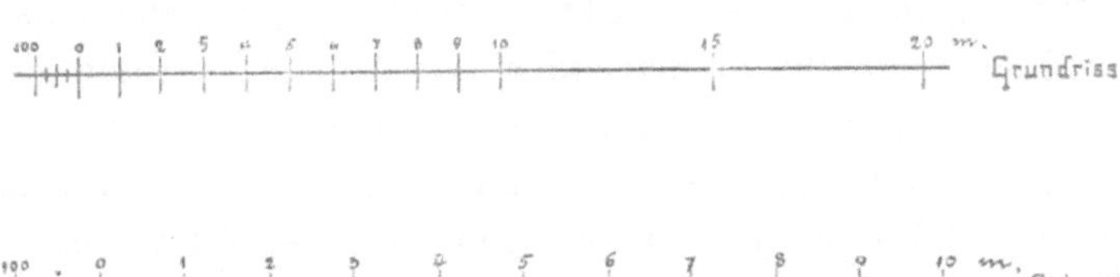

Fig. 25.

deren Ausdehnung sich nach der Grösse des Betriebes richtet, die aber mit ihrer Grösse an Wirksamkeit zunehmen. Die Kammern stellen gemauerte Räume dar, welche in bestimmter Höhe vom Fussboden (gewöhnlich 50—60 cm) eine Oeffnung (Fenster) nach der nächsten Kammer haben. Statt dieser Kammern kann man auch Schneckengänge wählen, durch welche dem Wasser der zurückzulegende Weg genau vorgeschrieben ist. Hat nun die zu klärende Flüssigkeit die erste Kammer gefüllt, so senken sich die festen Bestandtheile zum grossen Theil schon hier zu Boden, während behufs weiterer Klärung das Wasser langsam durch das Fenster in die zweite, von hier in die dritte und endlich in die vierte Kammer unter weiterer Abgabe von festen Stoffen fliesst, um schliesslich durch einen Schneckengang, in dem weitere Verluste stattfinden, mittelst eines fast bis auf den Grund reichenden, eisernen Rohres in einen grundwasserdichten Senkbrunnen zu gelangen (Fig. 25, Schnitt). In diesem erfolgt eine letzte Ablagerung von festen Bestandtheilen, welche alle 10—14 Tage mittelst einer Schlammpumpe herausgehoben und abgefahren werden, während das Wasser durch eine Feldsteinschicht, welche oben von einer ca. $^1/_2$—$^3/_4$ m dicken Lage von reinem Kies bedeckt ist und auf eisernen Trägern und Balken ruht, hindurchdringt und nun nach Belieben abgeleitet werden kann. Sehr störend ist es, wenn es bei zu reichlich vorhandenem Grundwasser nicht gelingt, den Brunnen grundwasserdicht zu machen, da alsdann die zu Boden fallenden Stoffe dort nicht liegen bleiben, sondern emporgehoben und gegen die Filtrirschicht gedrängt werden, woselbst sie nach kurzer Zeit schon zu einer für das Wasser schwer passirbaren (nassem Torf ähnlichen) Masse werden können und alsdann Stauungen in den Klärbassins und demnächst in dem ganzen Kanalsystem nach sich ziehen. Oft findet man in dem Brunnen noch einen sogenannten Stromvertheiler, ein aus Eisenstäben oder Holzlatten konstruirtes trichterförmiges Gestell, dessen Oeffnung nach unten sieht, mit jalousieartig sich deckenden Platten, welcher als Stromvertheiler und gleichzeitig in der Weise wirkt, dass er die zu Boden sinkenden Stoffe auffängt und die aufsteigenden am Aufstieg verhindert. Die Reinigung der Kammern mittelst Schlammpumpe oder Paternosterwerk hat mindestens im Jahre zweimal, die des Senkbrunnens alle drei bis vier Jahre einmal zu erfolgen, vorausgesetzt, dass keine Betriebsstörungen in der oben angedeuteten Art sich zeigen. Sorgfältige Reinigung der Gullys und Senkgruben erleichtern den Betrieb der Klär-Anlage wesentlich. Nach Angaben der Firma Friedrich & Glass in Leipzig, von welcher zahlreiche Anlagen, wie in Torgau, Kottbus, Kleve u. a. m. eingerichtet sind, belaufen sich die Kosten einer mechanischen Kläranlage auf 1200 bis 1500 M.

Die chemische Klärung und Reinigung verbunden mit mechanischer Filtration, wenngleich komplicirter und kostspieliger als die mechanische, ist dieser in den meisten Fällen vorzuziehen, denn sie ermöglicht nicht nur eine Klärung der Effluvien, sondern befreit dieselben auch von Schädlichkeitskeimen, doch sind die Ansichten über den thatsächlichen Werth dieses Verfahrens sehr getheilt. So spricht Pfeiffer*) sich energisch gegen solche Anlage aus, denn es gäbe nach seiner Ansicht bislang kein Mittel, alle im Wasser befindlichen Mikroorganismen bezw. deren Keime dauernd unschädlich zu machen, und damit bleibe das Hauptpostulat einer solchen Anlage unerfüllt. Als höchster Nutzen sei eine, aber auch nur kurz andauernde, Geruchlosigkeit der Abwässer zu nennen. Endlich würden durch den Zusatz der chemischen Klärmittel die Niederschläge für die Landwirthschaft meist völlig unbrauchbar, da ihr hoher Kalkgehalt oder ihre saure Beschaffenheit nur eine beschränkte Anwendung gestatte, und damit gehe ein Theil der die grossen Unkosten zu deckenden Einnahmen verloren. Demgegenüber lässt sich aber für unsere Zwecke Folgendes sagen. Bei Kläranlagen an Schlachthöfen fällt der Kostenpunkt nicht so sehr ins Gewicht, weil die zu klärende Menge nicht bedeutend und die Reinigung um so leichter ist, da es sich um Abwässer handelt, welche in ihrer Zusammensetzung sich stets gleich bleiben, und, da diese konstante Zusammensetzung bekannt ist, auch die Zusatzmengen genau bestimmt werden können, was bei der wechselnden Menge städtischer Effluvien nicht möglich ist, daher bei diesen leicht Vergeudung an Zusatzstoffen eintreten kann. Auch in bakteriologischer Hinsicht dürfte das Spülwasser der Schlachthöfe weniger gefährlich sein, da Auswurfstoffe im Allgemeinen vor ihrem Eintritt in die Abzugskanäle nach Möglichkeit aufgefangen und mittelst der zur Abfuhr des Düngers bestimmten Wagen entfernt werden, während man denjenigen, welche von seuchekranken oder seucheverdächtigen Thieren stammen, besondere Aufmerksamkeit widmen wird.

---

*) l. c.

Betrachten wir nun einmal den Vorgang, der sich bei der chemischen Reinigung abspielt, etwas näher.

Nachdem auf mechanischem Wege die gröbsten Bestandtheile aus den Abwässern entfernt sind, verbinden sich die dem geklärten Wasser hinzugefügten Chemikalien mit den noch im Wasser befindlichen festen Stoffen und reissen dieselben sammt den darin enthaltenen und daranhängenden Bakterien bei ihrem Niedergang mit zu Boden, versetzen letztere in einen Zustand verminderter Entwicklungsfähigkeit und nehmen Keimen von hoher pathogener Bedeutung ihre Virulenz. Solche Zusatzstoffe sind in neuerer Zeit in grosser Menge aufgetaucht, doch hat sich bislang immer noch der Kalk und zwar in Gestalt der Kalkmilch mit am Besten bewährt.

Ferner sind folgende Verbindungen empfohlen:

Kalk, Kieselsäure-Hydrat, Aluminiumsulfat (Müller-Nahnsen).

Kalk, Eisenvitriol, Kohlenstaub (Holden).

Kalk, Chlormagnesium, Thon (Süvern).

Kalk, Stassfurter Salz und Demelscher Zusatz (Demel).

Kalk und Hulwa'sche Klärmasse (Hulwa).

Eisenchlorid, Eisenvitriol, Karbolsäure (Friedrich & Glass).

Drei Verfahren, welche in letzter Zeit an einer Reihe von Schlachthöfen zur Anwendung gelangt sind, sollen nun noch näher besprochen werden.

1. Das ***Röckner & Rothe'sche System*** [Wilhelm Rothe & Co. Güsten (Anhalt)], bei welchem von Röckner der Apparat für mechanische Reinigung erdacht ist, und von der Firma Rothe die für die verschiedensten Schmutzwässer jedesmal geeigneten Chemikalien zugesetzt werden. Dieses System, kurzweg auch »Dortmunder« genannt, weil dort der erste Apparat in Thätigkeit war, besteht darin,[*) »dass die Schmutzwässer in einen Brunnen geleitet werden, über welchem der Apparat aufgestellt ist. Letzterer (Fig. 26) ist ein eiserner Cylinder (A), oben geschlossen und unten offen, welcher mit seinem unteren Rande unter das Niveau des zu reinigenden Wassers im Bassin (B), dessen Boden nach einer Seite stark geneigt ist, taucht. Oben unter dem Boden des Cylinders ist ein seitliches Abfallrohr (D) angebracht, welches in ein ausserhalb gelegenes Becken (C) mündet, aus dem das gereinigte Wasser in die Abzugsrinne

---

*) Die Beschreibung des Verfahrens ist einem Vortrage des Stadt-Baumeisters Wiebe aus dem Centr.-Blatt für allgemeine Gesundheitspflege V. Jahrg. entnommen.

strömt. Auf dem Cylinder befindet sich ein Aufsatzrohr (F), von dessen oberem Ende sich ein nach einer kleinen Luftpumpe führendes

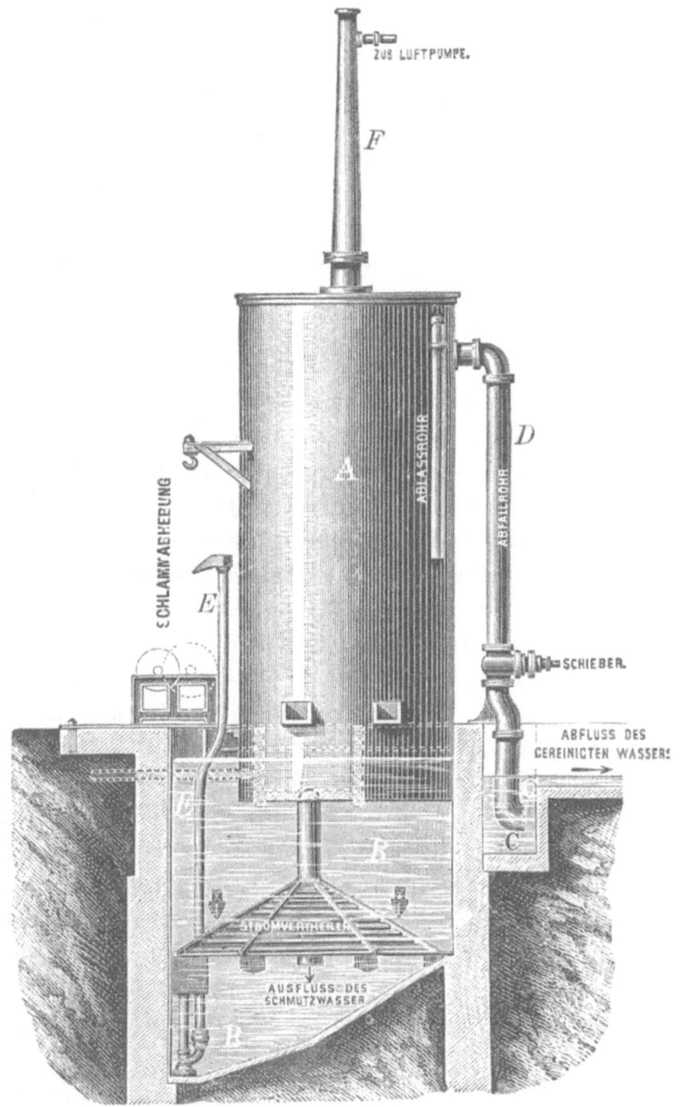

Fig 26.

Saugrohr abzweigt. Um nun die Reinigung des in den Brunnen fliessenden Schmutzwassers zu veranlassen, wird mittelst der Luftpumpe die Luft im Cylinder so sehr verdünnt, dass durch den

8*

Ueberdruck der äusseren Atmosphäre ein allmähliches Ansteigen des Schmutzwassers im Cylinder bewirkt wird. Hat das Wasser die Höhe des seitlichen Ablaufrohres erreicht, so strömt es durch dieses hinab in das Becken. Das Niveau des abfliessenden Wassers im Becken muss etwas tiefer gelegen sein, als das des zufliessenden Schmutzwassers im Brunnen, sodass also nach dem Gesetze des Hebers das zufliessende Wasser ununterbrochen im Cylinder emporsteigt und seitlich abfliesst. Die Luftpumpe hat dann nur das Vakuum konstant zu halten und muss zu dem Zwecke täglich eine kurze Zeit arbeiten.

»Es darf nicht übersehen werden, dass die eingetauchte Unterkante des Cylinders eine etwas tiefere Lage als die Sohle der äusseren Ablaufrinne haben muss, damit bei etwaigem Ausgleich der Wasserstände das Wasser aus dem Heber nicht ablaufen kann.

»Die ·Höhe des Cylinders ist selbstverständlich abhängig von der Höhe der Wassersäule, welche dem Atmosphärendruck entspricht; muss also geringer sein als 10,3 m. Es besitzt der Cylinder gewöhnlich eine Höhe von 7—8 m. Dagegen muss die Stelle des Aufsatzstückes, wo das Luftsaugerohr in dasselbe mündet, höher als 10,3 m über dem Wasserspiegel im Brunnen liegen, damit selbst bei einem vollständigen Vakuum das Wasser nicht durch das Luftsaugerohr in die Luftpumpe treten und den Betrieb stören kann.

»Die Geschwindigkeit des im Cylinder aufsteigenden Wassers richtet sich nach dem in der Zeiteinheit zufliessenden, grössten Wasserquantum und nach dem Cylinderquerschnitt. Das Abfallrohr ist weiter angenommen als die Rechnung ergiebt, damit bei Regenwetter aussergewöhnlich grosse, verdünnte Wassermassen mit grösserer aufsteigender Geschwindigkeit noch geklärt werden können. Ein Schieber regulirt den Querschnitt des Abfallrohres.

»Nach den bisherigen Erfahrungen darf die Geschwindigkeit des aufsteigenden Wassers 2—9 mm pro Sekunde betragen. Sie ist abhängig von dem Gewicht der abzusondernden Schmutztheile und muss um so geringer sein, je leichter dieselben sind. Zur Erzielung einer gleichmässigen, ruhigen Aufrücksbewegung des Wassers im Brunnen und Cylinder, also zur Vermeidung eines Stromstriches mit einer Maximalgeschwindigkeit, wird das Schmutzwasser nicht direkt durch den Zulaufskanal in den Brunnen geführt, sondern in ein Einlaufrohr geleitet, welches nahezu auf den Boden des Brunnens in die Mitte desselben führt, sodass das Wasser gezwungen ist, von unten den Aufsteigeprocess zu beginnen. In dem Brunnen um das Einfallrohr ist ein trichterförmiger, jalousieartig durchbrochener Stromvertheiler angebracht, sodass das Wasser aus dem Einlaufrohr durch mehrere Jalousiespalten fliessen muss und also schon im Brunnen-Querschnitt eine gleichmässige Bewegung erhält. Die Ueberlauf-Konstruktion im oberen Theile des Cylinders ist derartig ausgeführt, dass eine gleichmässige Wasserbewegung bis zum Ablauf gewährt wird.

»Während das Abwasser nun im Cylinder langsam emporsteigt, scheiden sich die specifisch schwereren, unreinen Stoffe aus, fallen auf den Boden des Brunnens und bilden in demselben Schlammschichten, welche für das nachströmende Wasser als Filter dienen. Hat das Wasser die Mündung des Abfallrohres erstiegen, so muss es frei von allen specifisch schwereren Stoffen sein. Die kompakteren Massen, welche am tiefsten zu liegen kommen, müssen regelmässig durch Paternosterwerke oder Schlammpumpen (E) aus dem Brunnen entfernt und durch Rinnen in Schlammablagerungsbecken oder mittelst Schlammwagen direkt abgeführt werden. Die im Aufsatzrohr ev. sich sammelnden üblen Gase können durch die Luftpumpe abgesogen und in die Kesselfeuerung geleitet werden. Bedeutend vervollkommnet wird die Reinigung durch Zusatz von Chemikalien zu dem Klärwasser, bevor es in den Brunnen tritt, wodurch auch die organischen Bestandtheile ausgeschieden werden, und das abfliessende Wasser für eine geraume Zeit vor Fäulniss bewahrt wird.«

Als besondere Vortheile dieser Anlagen sind hervorzuheben:

a) Es ist nur geringer Raum zur Aufstellung nöthig.

b) Die Filtration des Abwassers erfolgt auf natürlichen Wegen durch den Schlamm.

c) Die Chemikalien werden möglichst ausgenutzt, weil sie für das nachdringende Wasser im Schlammfilter wieder zur Wirkung kommen, während in grossen Klärbecken die Chemikalien bald zu Boden sinken und dann wirkungslos werden.

d) Das Verfahren ist nahezu geruchlos, da die üblen Gase abgeleitet werden. Durch Versuche ist festgestellt, dass das durch vorgenanntes System geklärte Wasser bezüglich seines Bakteriengehaltes dem Trinkwasser nicht nur gleichkommt, sondern dasselbe an Reinheit oftmals noch übertrifft, und dass das Schlammfilter des Apparates einen wesentlichen Antheil an der Desinfektion hat.

Auf Schlachthöfen hat das Verfahren von Röckner & Rothe Anwendung gefunden in Dortmund, Bernburg, Stettin u. a.

2. Das Müller-Nahnsen'sche Klärverfahren. [Rob. Müller & Co., Schoenebeck a. d. Elbe.] (Fig. 27.) Durch das mit einem groben Drahtsiebe (b) geschlossene Hauptrohr (a) fliessen die Abwässer in ein Vorbassin (c), neben welchem sich ein zweites (d), zur ev. Ausschaltung, behufs Reinigung des ersteren befindet. Durch ein Gerinne (e) fällt dann das Wasser in die auf einer horizontalen Welle sitzenden Kästen des Mischwerks (f), dreht die Welle um ihre Achse und setzt gleichzeitig hierdurch ein Schöpfwerk (g) in Bewegung. Die an dem letzteren befindlichen Schaufeln (Becher h) füllen sich mit flüssigen Chemikalien (Patent Nahnsen) und mischen sie, indem sie gleichzeitig als Rührwerk dienen, mit dem zu klärenden Spülwasser, welches alsdann in das Klärbassin (i) und von hier durch ein besonderes Ueberlaufrohr (k) in das zweite Klärbassin (l) fliesst. Nachdem es dann noch zwei Kiesfilter (m) passirt hat, kann es durch das Abflussrohr (n) beliebig abgeleitet werden. Durch eine Schlammpumpe werden die Senkstoffe aus den Klärbassins (c, d, i, l) herausgehoben, um alsdann fortgeschafft zu werden.

Die angestellten Untersuchungen über Schlachthof-Abwässer, welche nach der Müller-Nahnsen'schen Methode geklärt waren, haben ein sehr gutes Resultat geliefert, denn »das Wasser war klar, frei von suspendirten Stoffen, geruchlos oder sehr schwach laugenhaft riechend, alkalisch und, an der Luft stehend, nur geringe Menge von kohlensaurem Kalk ausscheidend, sonst aber unbegrenzt lange in gleichem Zustande sich erhaltend.« Die bakterioskopische Untersuchung ergab einen befriedigenden Befund, indem das »ungereinigte Abwasser« ca. $6^{1}/_{2}$ Millionen Kolonien und das »gereinigte« nur durchschnittlich acht Kolonien enthielt, welche sich in fünf Tagen auf ca. 100 Kolonien entwickelten.

Das Verfahren ist zur Anwendung gelangt u. A. auf den Schlachthöfen in: Waldenburg i. S., Landeshut, Neisse, Remscheid, Oberhausen, Halberstadt, Celle, Reichenbach, Halle, Dirschau, Ohlau und in Ausführung begriffen in: Gerdauen, u. a. m.

3. Das Dr. Hulwa'sche (Breslau) Abwässer-Reinigungs-Verfahren besteht darin, dass die zu klärenden Effluvien in Vorklärbehälter geleitet und hier von den gröbsten Bestandtheilen befreit werden. Das aus diesem ersten Bassin ausscheidende, von den mechanischen Verunreinigungen befreite Abwasser tritt dann in die eigentliche Reinigungs-Station ein, in welcher ein gleichmässiger Zusatz von Kalkmilch und Hulwa'scher Klärmasse und gleichzeitig

Kläranlage nach Müller-Nahnsen

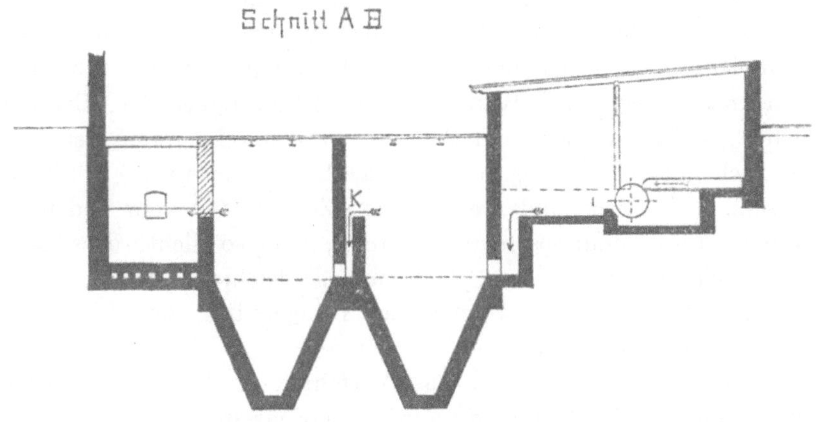

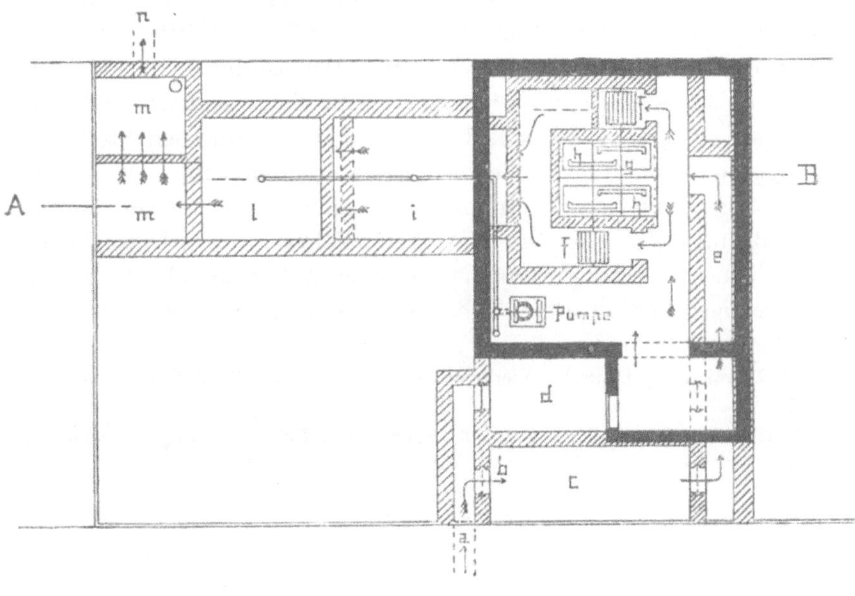

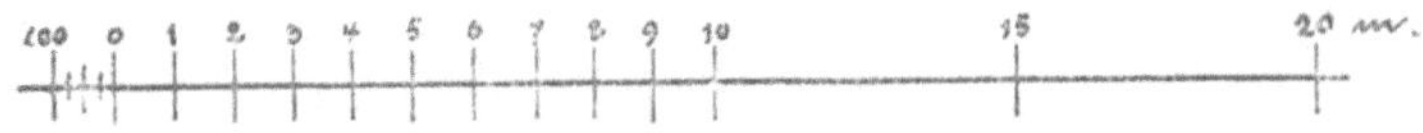

Fig. 27.

durch ein selbstthätiges Rührwerk das Durcheinanderrühren erfolgt, wodurch die Einwirkung der Chemikalien unterstützt wird.

Nach den angestellten bakteriologischen Untersuchungen*) sind die Abwässer frei von allen entwicklungsfähigen Keimen und können in dieser Beziehung sowohl, als auch bezüglich ihrer chemischen Eigenschaften unbeanstandet jedem Flusslaufe zugeführt werden. Sogar krankheiterregende Bakterien von der Bösartigkeit der Milzbrand-bacillen, welche vorher dem Abwasser zugemischt waren, erwiesen sich nach der Behandlung mit Hulwa'scher Klärmasse als völlig un-wirksam. Die Rückstände, welche von Zeit zu Zeit vom Boden des Sammelbassins herausgeschaufelt werden, sind so dicht, dass sie in kurzer Zeit getrocknet und dann um so leichter entfernt werden können. Sie geben ein vorzügliches Düngemittel, das Eisen und auch Eisenoxyd enthalten soll.

Praktisch verwerthet ist das Verfahren u. A. in dem Grenz-Schlachthofe zu Beuthen O./S. und in Marienwerder.

Zum Schluss möchten wir noch ein neues Verfahren der Ab-wässer-Behandlung erwähnen, welches von *Scott-Moncrieff***) aus-gearbeitet ist und darin besteht, dass man die Abwässer aufwärts durch ein aus Kies und Coaks bestehendes Filterbett leitet und hin-reichende Lüftung gestattet, um das Wachsthum von aëroben Mikroorganismen zu begünstigen, die, wenn sie in genügender Menge vorhanden sind, eine schnelle Oxydation der organischen Stoffe be-wirken, sodass ein unschädliches Wasser erhalten wird. Das Filter, welches nur wenig Raum einnimmt, war ununterbrochen fünf Monate in Benutzung. Ein altes, an Mikroben reiches Filter arbeitet besser als ein neues. Neue Filterbetten können mit Material aus einem bereits einige Zeit in Betrieb befindlichen Filter inokulirt werden.

---

*) Tracinski, Deutsche Vierteljahresschrift für öffentliche Gesundheitspflege B. XXII.

**) Chemiker-Zeitung XVI. S. 1626; nach einem Ref. in d. hygien. Rundschau 1893 No. 7.

IX. Grenz-Schlachthäuser. *)

Die Bedeutung der Grenz-Schlachthäuser. Zu den Vortheilen und Vorzügen, welche an sich schon öffentliche Schlachthäuser bieten, gesellen sich bei den an der Grenze gelegenen noch zwei wesentliche Faktoren: die Verhütung der Einschleppung von Seuchen aus den jenseits der Grenze gelegenen Ländern und die Versorgung des Landes, besonders der Grenzländer, mit gesundem und billigem Fleisch. Gerade der letzte Punkt ist für die schlesischen Grenzorte von grosser Bedeutung, da die dortige Viehproduktion nicht annähernd den Bedarf der ziemlich dichten Bevölkerung deckt. Zu der hygienischen Bedeutung kommt also noch die volkswirthschaftliche, zumal da, wie die Erfahrung gelehrt hat, ausser den Grenzländern auch das Binnenland zum Theil noch mit dem billigeren Fleisch versorgt wird.

Jedesfalls aber bieten die Grenz-Schlachthäuser in sanitärer Beziehung mehr Sicherheit als die an der österreichischen Grenze errichteten Kontumaz-Anstalten (Bielitz-Biala u. s. w.), in welchen die Schweine eine bestimmte Zeit lang von einem Thierarzt beobachtet werden und dann erst die Grenze passiren dürfen, um direkt (ohne Umladung) nach ihrem Bestimmungsorte zu gelangen. Zu den nicht unerheblichen Kosten, welche hierdurch dem Besitzer erwachsen, und dem Gewichtsverlust der Thiere kommt noch besonders die Gefahr der Ansteckung eines solchen ganzen Transportes durch eine Seuche. Diese Gefahren und Schwierigkeiten, die sich den Händlern in den Kontumaz-Anstalten darbieten, sind die Veranlassung, dass der Schmuggel daselbst besonders stark betrieben wird, denn nach den Berechnungen Tracinski's kommen an der österreichischen Grenze trotz strengster Ueberwachung noch jährlich 8—10000 Schweine auf diesem Wege nach Deutschland.

Diesem Uebelstande sollen die Grenz-Schlachthäuser abhelfen, und es ist in neuester Zeit eine grosse Reihe solcher Anstalten an der Grenze gegen Russland und Oesterreich entstanden, in denen die aus dem Nachbarstaat eingeführten Thiere nach einer bestimmten kurzen Beobachtungszeit geschlachtet werden und alsdann beliebig Verwendung finden können.

---

*) Vergleiche Tracinski l. c.

Anlage der Grenz-Schlachthäuser. Soll auf die Einrichtung öffentlicher Schlachthäuser im Allgemeinen schon grosse Sorgfalt gelegt werden, so bedingen dies die Grenz-Schlachthäuser in noch höherem Masse. Die Ställe dürfen nicht zu gross oder müssen wenigstens mit geschlossenen Abtheilungen versehen und nach den einzelnen Thiergattungen getrennt sein, um bei Ausbruch einer Seuche leicht und gut desinficirt werden zu können, ohne dass eine Absperrung der übrigen zu erfolgen hat.

Vornehmlich aber muss auf geeignete Anlage der Kaldaunenwäsche, des Dunghauses und der Kläranlage besonderes Gewicht gelegt werden, damit nicht durch die Exkremente der Abwässer eine Verschleppung von Mikroorganismen und somit einer Seuche erfolgt. Daher muss nicht nur eine Klärung, sondern auch eine (chemische) Reinigung der Abwässer erfolgen. Ferner müssen geeignete Vorrichtungen vorhanden sein, inficirte Theile unschädlich zu beseitigen oder zu desinficiren, denn eben darin soll der Vorzug der Grenz-Schlachthäuser bestehen, dass alles, was zur Verschleppung einer etwa jenseits der Grenze vorhandenen Seuche zu uns beitragen kann, in dem Schlachthofe zurückbehalten und vernichtet wird.

Damit aber auch zu jeder Zeit das Fleisch geeignete und vortheilhafte Verwendung finden kann, müssen Vorkehrungen für gute Aufbewahrung der Vorräthe getroffen sein, solche kann aber ohne Zweifel allein ein Kühlhaus bieten und nur in Verbindung mit einem solchen können die Grenz-Schlachthäuser den einen Theil ihrer Aufgabe, auch das Binnenland mit gutem und billigem Fleisch zu versehen, voll und ganz erfüllen.

X. Die Verwaltung und das Personal.

a) Die Schlachthof-Verwaltungs-Kommission. Die eigentliche Verwaltung liegt in den Händen des Magistrats, in dessen Auftrage — es soll hier hauptsächlich von kommunalen Schlachthöfen die Rede sein — eine aus Mitgliedern des Magistrats oder beider städtischer Körperschaften oder aus letzteren und aus stimmfähigen Bürgern sich zusammensetzende Kommission (§ 59 der Städte-Ordnung), Schlachthof-Verwaltungs-Kommission, (Deputation oder

Kuratorium) die Oberleitung auf dem Schlachthofe führt. In diese Kommission wird man sehr zweckmässig solche Mitglieder wählen, welche bereits in der Schlachthof-Bau-Kommission (Special-Kommission) thätig gewesen sind, aber nach Möglichkeit Interessenten, insbesondere Fleischer, selbst wenn sie sich als technische Berather in der Bau-Kommission noch so sehr bewährt haben, fernzuhalten suchen, um nur solche Mitglieder in der Kommission zu haben, bei welchen persönliche Interessen an dem Institut von vorne herein absolut ausgeschlossen sind. Auch Aerzte und Thierärzte sollten besser nicht zu Kommissions-Mitgliedern gewählt werden, da dieselben, obwohl sie nur über Verwaltungssachen zu urtheilen und zu berathen haben, sich dennoch gern in die sanitätspolizeiliche Thätigkeit des Verwalters, welche sie gar nichts angeht, mischen und, wie die Erfahrung gelehrt hat, nicht gerade zur Klärung streitiger Fragen in der Fleischbeschau beigetragen haben.

Dass der Verwalter, und zwar leider nur als berathendes Mitglied,*) der Kommission angehört, ist wohl als selbstverständlich zu betrachten.

Die Obliegenheiten der Kommission sowie sämmtlicher Beamten des Instituts werden in einer besonderen Verwaltungs-Ordnung festgesetzt.

b) Der Verwalter, seine Stellung und sein Titel. Der Verwalter, an grösseren Schlachthöfen und auch in einer ziemlich grossen Anzahl kleiner Städte »Direktor« genannt, während an mittleren der unmotivirte Titel »Inspektor«,**) an kleinen und

---

*) Nach der Ministerial-Instruktion für die Magistrate (betreffend den Geschäftsgang bei der städtischen Verwaltung vom 25. Mai 1835 §§ 26—30) können die Deputationen und Kommissionen „zur Berathung ihrer Angelegenheiten andere Kommunalbeamte, sachverständige und sachkundige Personen zuziehen. Dergleichen Personen haben aber kein Stimmrecht."

**) Eine bestimmte Klassifikation der Gemeindebeamten findet sich weder in dem Disciplinargesetz vom 21. Juli 1852 noch in der Städteordnung, doch war nachstehende Eintheilung in dem Entwurf zur Städteordnung von 1876 aufgenommen und hat sich seitdem durch die Praxis eingeführt.

Die städtischen Beamten gehören zu den mittelbaren Staatsbeamten. Sie haben im Allgemeinen die Rechte und Pflichten der letzteren. In mancher Beziehung bietet indess die Stellung der städtischen Beamten einige Abweichungen dar.

Man unterscheidet nach der Art der Beschäftigung folgende drei Klassen:

a) Die oberen Gemeindebeamten, welche mit der selbstständigen Leitung einzelner Verwaltungszweige oder städtischer Anstalten betraut sind (Oberförster, Bau-

kleinsten gewöhnlich die Bezeichnung »Vorsteher« oder »Verwalter« vorherrscht (in Bayern heissen sie auch Schlachthof-Betriebsleiter), ist der eigentliche leitende Beamte, und seine Hauptbeschäftigung (mit Ausnahme von ganz grossen Instituten), die Untersuchung der Thiere auf ihren Gesundheitszustand, bedingt es, dass die Approbation als Thierarzt*) das Haupterforderniss für seine Anstellung bildet. Seine Wahl ist von besonderer Wichtigkeit für das Gedeihen der Anstalt, denn er muss die verschiedensten Fähigkeiten und

direktoren, Schulinspektoren, Gasanstalts- nnd Wasserwerks-Direktoren, Krankenhausärzte u. s. w.),

b) die Subalternbeamten, wie die Kassenrendanten, Unterförster, Stadtsekretäre, Registratoren u. s. w., deren Dienst eine besondere und eigenthümliche Geschäftsbildung voraussetzt;

c) die eigentlichen Unterbeamten, welche blos zu mechanischen und niederen Dienstleistungen, die keine besondere Ausbildung oder Geschäftsbefähigung erfordern, Verwendung finden, wie Exekutoren, Boten, Kastellane u. s. w.

Es unterliegt hiernach keinem Zweifel, dass auch der Schlachthof-Verwalter zu den oberen Gemeindebeamten gehört. Da aber seine Thätigkeit nicht wie z. B. die der Schulinspektoren eine „inspicirende“, sondern mehr „dirigirende“ ist, auch der Titel „Inspektor“ mit Ausnahme der oben erwähnten „Schulinspektoren“, im Kommunaldienst mehr auf Subalternbeamte wie Feld-, Kirchhof-, Lazareth- u. s. w. Inspektoren Anwendung findet, so glauben wir mit Recht für allgemeine Einführung des Titels „Direktor“ für Schlachthof-Verwalter sprechen zu müssen, zumal an grösseren Vieh- und Schlachthöfen die Bezeichnung „Inspektor“ auch für Aufsichtsbeamte untergeordneter Stellung gebräuchlich ist, der Titel „Direktor“ aber, wie wir es bei den Reichsbank-Direktoren kleiner Orte sehen, durchaus nicht das Vorhandensein eines grösseren Beamtenpersonals bedingt.

*) Im § 2 des Schlachthaus-Gesetzes wird bestimmt, dass „alles in das Schlachthaus gelangende Schlachtvieh zur Feststellung seines Gesundheitszustandes sowohl vor als nach der Schlachtung, einer Untersuchung durch „Sachverständige“ zu unterwerfen ist.“ Hierzu giebt eine Verfügung des Regierungs-Präsidenten zu Bromberg (September 1891) nähere Erklärung, nämlich, dass als „Schlachthof- (Fleischbeschau-) Sachverständige“ im Sinne des Gesetzes vom $\frac{\text{18. März 1868}}{\text{9. März 1881}}$ nur approbirte Thierärzte anzusehen sind, und dass in solchen Fällen, wo aus Kostenersparniss (an ganz kleinen Schlachthöfen) die Anstellung eines Nichtthierarztes beabsichtigt wird, diese nur dann erfolgen könne, wenn der Bewerber nach Absolvirung eines Kursus an einem, unter thierärztlicher Leitung stehenden Schlachthofe, durch eine vor dem Departements-Thierarzt abzulegende Prüfung, seine Befähigung für ein derartiges Amt nachgewiesen hat. Eine Verfügung gleichen Inhalts ist unter dem 11. Januar 1892 von dem Regierungs-Präsidenten zu Posen erlassen worden. Nach einer Entscheidung des Oberpräsidenten von Westfalen sind die Schlachthof-Verwalterstellen jedoch nicht zu denjenigen zu rechnen, welche von Militäranwärtern besetzt werden müssen, da hierzu eine besondere wissenschaftliche Qualifikation erforderlich ist.

Charaktereigenschaften in sich vereinen. Neben gründlichen Special-kenntnissen in der Fleischbeschau verlangt man eine gewisse allgemeine praktische und kaufmännische Tüchtigkeit, da er in kleinen Instituten die Kassengeschäfte mit zu versehen hat und in jedem Fall so viel Sachkenntniss oder wenigstens Verständniss für maschinelle und bauliche Anlagen an den Tag legen muss, dass er sich geeignetenfalls leicht über alle Vorkommnisse einigermassen orientiren und seiner vorgesetzten Behörde Bericht erstatten kann. Es ist deshalb sehr zweckmässig, namentlich bei grösseren Schlachthöfen, wenn der leitende Beamte so früh als möglich angestellt wird, um sowohl alle Einrichtungen schon im Entstehen genau kennen zu lernen, als auch etwaigen Missgriffen und Fehlern in der Anlage durch seinen Rath vorbeugen zu können.

Vorbildung. Zu seinen sonstigen Charaktereigenschaften muss ferner gehören: Gerechtigkeitsgefühl, Takt und Energie, denn an jedem neu eingerichteten Schlachthofe stellt sich der jungen Anlage vielfach Widerstand entgegen. Deshalb muss ganz besonders bei der Auswahl des betreffenden Beamten für grössere Schlachthöfe darauf Gewicht gelegt werden, dass sich derselbe schon in der Leitung eines Schlachthofes praktisch bewährt hat, während es für kleine Institute genügt, wenn der Anzustellende überhaupt in der Fleischbeschau, zumal an einem grösseren Schlachthofe, thätig gewesen ist. Da man bei diesem von vorneherein mehr Kenntnisse und Erfahrungen für dies Specialfach voraussetzen muss, als bei einem gewöhnlich nur die »Heilkunde« ausübenden Thierarzt, so kann auf diese Weise den meist unausbleiblichen Differenzen zwischen Sachverständigen und Gewerbetreibenden möglichst vorgebeugt werden; denn vielfach nicht mit Unrecht wird von Seiten der Schlächter den Behörden der Vorwurf gemacht, nicht genügend in der Fleischbeschau vorgebildete Sachverständige angestellt zu haben. Da sich aber erst in den letzten Jahren die Fleischbeschau zu einem Specialfach herangebildet hat, vordem aber im Allgemeinen zu wenig Gewicht auf die Ausbildung in derselben gelegt wurde, so ist mit Errichtung eigener Lehrstühle für diese Materie an unseren Hochschulen zu hoffen, dass schon während des Studiums die Ausbildung eine gründlichere werden wird. Denn »mit Rücksicht auf die wichtige und verantwortungsvolle Stellung der Thierärzte als technische Organe auf diesem Gebiete staatlicher Hygiene hat der Staat die Verpflichtung, neben der Sorge für eine höchstmögliche Ausbildung derselben einen speciellen Unterricht in Hygiene und Pathologie der menschlichen Fleischnahrungsmittel zu bieten« (Bollinger).

Aus diesem Grunde fordert man auch in Württemberg bei der Staatsprüfung für beamtete Thierärzte, dass dieselben einen zweimonatlichen Kursus an einem grösseren öffentlichen Schlachthofe durchgemacht haben, und im Königreich Sachsen werden laut Ministerial-Verfügung vom 20. Mai 1893 die Kandidaten der verschmolzenen amts- und bezirksthierärztlichen Prüfung auch in der Fleischbeschau eingehend examinirt.

Von einigen Kommunen ist bei Anstellung des Schlachthof-Verwalters zur Bedingung gemacht, dass derselbe das Fähigkeitszeugniss als beamteter Thierarzt besitze. Abgesehen davon, dass das gebotene Gehalt meistens in keinem richtigen Verhältniss zu dieser Vorbedingung steht, scheint uns eine derartige Forderung nicht genügend motivirt, falls man nicht gerade bei einem qualificirten Kreis-Thierarzt eo ipso mehr Kenntnisse voraussetzt, als bei einem anderen Thierarzt. Sieht man aber hiervon ab und berücksichtigt nur, dass sowohl zur Verwaltung eines Schlachthofes als auch zur sanitätspolizeilichen Thätigkeit gewisse Specialkenntnisse erforderlich sind, welche in keiner Weise von dem Beamten-Examen berührt werden, so kämen nur zwei Punkte in Betracht:

1. die Gegen- bezw. Oberbegutachtung beanstandeter Thiere;
2. die veterinärpolizeiliche Kontrolle des Schlacht- resp. Viehhofes.

Was den ersten Punkt betrifft, so kann ein Gegengutachten von jedem approbirten Thierarzt, ohne Rücksicht darauf, ob er Kreis-Thierarzt ist oder nicht, abgegeben werden, doch muss an denjenigen Schlachthöfen, wo nur ein Thierarzt fungirt, eine diesbezügliche Bestimmung in das Regulativ für die Untersuchung aufgenommen werden (vergl. § 11 daselbst), wonach demjenigen, welchem ein Thier oder Theile eines solchen beanstandet sind, das Recht zusteht, die Entscheidung eines von der Polizeibehörde in jedem einzelnen Falle zu bestimmenden Sachverständigen anrufen zu können. In Orten, wo ein Kreis- bezw. Departements-Thierarzt sich befindet, ist es üblich, diesem die Gegenbegutachtung zu übertragen,*) jedoch wohl kaum in der Annahme, dass ihm in der

---

*) In einigen Städten hat man für solche Fälle eine Kommission gebildet, welche aus dem Kreis-Physikus, Kreis-Thierarzt und dem betreffenden Sanitäts-Thierarzt besteht. Ob es sich empfiehlt, den Kreis-Physikus mit hineinzuziehen, bleibt dahingestellt.

Fleischbeschau grössere Kenntnisse zu Gebote stehen als einem anderen Thierarzt, sondern weil er als königl. Beamter vielleicht die gegebene Person sein dürfte. Ein Zwang hierzu kann jedesfalls nicht ausgeübt werden, sondern es ist lediglich Sache der freien Vereinbarung zwischen ihm und der betreffenden Stadtverwaltung.

Wie also auf kleinen Schlachthöfen mit nur einem Thierarzt die Gegenuntersuchung durch einen beliebigen Thierarzt erfolgen kann, so liegt es an grösseren Instituten in der Hand der betr. Gemeinde, für derartige Fälle einen ständigen Begutachter, entweder in der Person des (thierärztlichen) Direktors oder eines besonderen Ober-Thierarztes, anzustellen, welcher ein endgültiges Urtheil über die Seitens der anderen Thierärzte erfolgte Beanstandung abzugeben hat, und es liegt, wie oben ausgeführt, kein Grund vor, von diesem das Fähigkeitszeugniss als beamteter Thierarzt zu verlangen, wie denn auch thatsächlich an vielen grossen Schlachthöfen dasselbe von den leitenden Beamten nicht gefordert ist, wie in Braunschweig, Dortmund, Düsseldorf, Elberfeld, Halle, Köln, Lübeck, Magdeburg, Münster, Stettin, Strassburg i. E., desgleichen nicht von dem ersten Thierarzt in Städten, wo ein Nichtthierarzt an der Spitze steht, wie in Frankfurt a. M. und Krefeld.

Dagegen wird (ad 2) unter allen Umständen der königl. Kreis-Thierarzt sowohl die Untersuchungen der Thiere auf Seuchenverdacht auf dem städtischen Viehhofe in gleicher Weise ausführen wie auf öffentlichen Viehmärkten und nach § 17 der Abänderung des Gesetzes vom 23. Juni 1880 auch eine gewisse Kontrolle auf den Schlachthöfen, welche sich auf Instandhaltung der baulichen Anlagen, Reinigung, Desinfektion u. s. w. erstreckt, auszuüben haben, wie es jetzt schon in der Provinz Posen der Fall ist. Von einer Kontrolle des Schlachthof Verwalters in Bezug auf seine sanitäts-polizeilichen Massnahmen ist aber nichts gesagt.

Dass aber thatsächlich die Untersuchung von Vieh auch auf städtischen Schlachthöfen Sache des königl. Thierarztes ist und nicht von dem städtischen Beamten ausgeübt werden darf, selbst wenn

---

Doch ist es vollständig unrichtig, wenn man in Fleischerkreisen annimmt, der S. 29 citirte Ministerial-Erlass vom 7. December 1890 sei dahin zu deuten, dass dem Kreis-Thierarzt ohne Weiteres eine Kontrolle der sanitätspolizeilichen Funktionen der Schlachthof-Thierärzte zustehe. Ein gelegentlich eines Special-falles kürzlich in diesem Sinne an ihn gerichtetes Gesuch hat auch der Regierungs-Präsident von Köslin (Verfügung vom 5. Januar 1893) abschläglich beschieden.

er das Fähigkeitszeugniss als beamteter Thierarzt besitzt, geht daraus hervor, dass in einer Stadt dem betr. Schlachthof-Verwalter mit der Qualifikation zum beamteten Thierarzt von der Regierung nicht die Untersuchung des Viehes auf etwa vorhandene Seuchen auf dem Viehhof bezw. Viehmarkt gestattet wurde, da dieses zu den Obliegenheiten des königl. Beamten gehöre. Mit Genehmigung der Regierung kann jedoch die Stadtverwaltung, wie es u. a. in Spandau geschehen ist, behufs Wahrnehmung der veterinärpolizeilichen Geschäfte einen eigenen Thierarzt für den Stadtkreis anstellen.

Dagegen können nach § 2 und § 24 des Gesetzes vom 23. Juni 1880*) an Stelle der beamteten Thierärzte im Falle ihrer Behinderung oder aus sonstigen dringenden Gründen andere approbirte Thierärzte zugezogen werden. Hierzu führen die Motive der Gesetz-Vorlage folgendes aus: »Als ein solcher dringender Grund kann die Rücksicht auf die Kostenersparniss nur ausnahmsweise und besonders nur dann gelten, wenn veterinärpolizeiliche Interessen dabei nicht gefährdet werden. Ein Thierarzt z. B., welcher von einer Gemeinde oder einer Korporation oder von einer Privatperson angestellt ist, würde bei Ausübung staatlicher Funktionen leicht mit den Interessen seines Anstellers in Konflikt kommen und erscheint deshalb zur Mitwirkung als beamteter Thierarzt nicht geeignet.«

Aus diesem Grunde dürfen nur die vom Staate angestellten Thierärzte die Thiere auf etwa vorhandene Seuchen untersuchen, während die Untersuchung der mit anderen Krankheiten behafteten und der unreifen und abgemagerten Thiere den Gemeinde-Thierärzten überlassen bleibt, diese also garnicht in die Funktion eines Veterinär-Beamten treten.

Mit demselben Recht aber, wie man von einem Thierarzt als Verwaltungsbeamten den Nachweis zur Befähigung als königl. Beamter verlangt, müsste man auch in der humanen Medizin von jedem dirigirenden Arzte an einem Krankenhause oder einer Irren-Anstalt das Physikats-Zeugniss fordern, was aber keineswegs der Fall ist.

An einigen grösseren Instituten hat man die Geschäfte des Verwalters gänzlich von den thierärztlichen Funktionen getrennt und erstere Personen anderer Berufsklassen übertragen, wie in Berlin, Hamburg,**) Frankfurt a. M. (je ein Landwirth), Bremen (Schiffs-

---

*) Vergleiche Beyer „Viehseuchengesetze“ 1886 S. 4.

**) Berlin und Hamburg nehmen unter sämmtlichen Vieh- und Schlachthöfen eine so eximirte Stellung ein, dass hier eine Trennung des Verwaltungspostens von dem eines thierärztlichen Sachverständigen nicht ungerechtfertigt erscheinen dürfte.

kapitän), Chemnitz (Architekt), Hannover (Kaufmann), Krefeld (Chemiker) u. s. w. Abgewichen von diesem Princip ist kürzlich Braunschweig, woselbst nun ebenfalls ein Thierarzt an der Spitze steht.

Im Allgemeinen hat diese Theilung nicht viel Anklang gefunden, und an den neuerdings eröffneten, beziehungsweise in kürzester Zeit zu eröffnenden Schlacht- und Viehhöfen, wie in Stettin, Magdeburg, Halle, Mannheim, Barmen, Königsberg, Aachen und Danzig sind ebenfalls Thierärzte bereits gewählt bezw. in Aussicht genommen, ein Beweis, dass man sich in stadtleitenden Kreisen immer mehr der Ansicht zuneigt, dass nur ein Thierarzt die geeignete Person für den Verwaltungsposten sei.

Gegen die Besetzung des Direktorpostens durch einen nichtthierärztlich Gebildeten spricht Folgendes:

Es sind die Gehaltsausgaben grösser, weil ein Beamter mehr besoldet werden muss. Denn angenommen, es wäre an einem Schlachthof ein I. und II. Thierarzt ausser dem nichtthierärztlich gebildeten Direktor angestellt, so bleibt für letzteren gewöhnlich nicht so viel Arbeit übrig, dass seine Kraft im Verhältniss zu seinem Gehalt, welches auf mindestens 4500—5000 M. (neben freier Wohnung und Heizung) zu veranschlagen ist, ausgenutzt werden kann, da er kaum so viel Bureaugeschäfte mit übernehmen wird, dass dadurch einer dieser Beamten überflüssig würde. Ueberträgt man aber dem I. Thierarzt die Direktionsgeschäfte, so bedarf es nur einer verhältnissmässig geringen Zulage zu seinem Gehalt, um ihm die erforderliche Höhe zu geben, und wenn dann, um ihn nicht zu sehr mit Arbeiten zu belasten, noch ein dritter (Hülfs-)Thierarzt angestellt wird, so bleibt immer noch eine Gehaltsersparniss von 1000—1500 M. übrig. Zu diesem, wenn auch nur geringen pekuniären Vortheile gesellt sich aber ein weiterer, nicht zu unterschätzender: Ein thierärztlich gebildeter Direktor wird am leichtesten in der Lage sein, so häufig bei Beanstandung von Fleisch entstehende Differenzen zwischen Publikum und Thierarzt ausgleichen zu können. Endlich werden unliebsame Zustände unter den Beamten vermieden, welche nur geeignet sind, das Ansehen der Thierärzte zu schädigen, wie z. B. in einer Stadt, in welcher der Kassirer, also ein Mann von untergeordneter Stellung, gelegentlich als Vertreter des Direktors (Nichtthierarzt) fungirt und somit, wenn auch nur vorübergehend, Vorgesetzter der Thierärzte ist. —

Gehalt. Was nun die Gehaltsverhältnisse*) anbetrifft, so steht da leider recht oft die beanspruchte Kraft in schlechtem Verhältniss zu dem Lohne, denn wir haben Verwalterstellen, bei welchen die Besoldung 1000—1200 M. beträgt, und es dem Betreffenden überlassen ist, das Fehlende theils durch Theilnahme an der Trichinenschau, theils durch Ausübung von Privatpraxis, mit der es an manchen Stellen oft auch noch recht traurig aussieht, zu erwerben. Da meistens zu dieser Thätigkeit noch die Verwaltung der Kasse kommt, so ist er dann mit Geschäften aller Art gewöhnlich so überhäuft, dass er dem einzelnen Berufszweige kaum die erforderliche Zeit und Sorgfalt widmen kann, und es nicht wunderbar erscheinen darf, wenn hie oder da ein Versehen vorkommt. Wir glauben unbedingt fordern zu müssen, dass das Gehalt so bemessen werde, dass der leitende Thierarzt von der Trichinenschau ausgeschlossen, und dieselbe ausschliesslich Empirikern übertragen wird, welche gleichzeitig dem Verwalter auch in anderen Obliegenheiten (Verkauf von Schlachtzetteln u. s. w.) zu unterstützen geeignet sind. Will man aus Rücksicht auf die ev. nicht auskömmliche Höhe des Gehalts Privatpraxis gestatten, so beschränke man dieselbe wenigstens auf den Stadtbezirk. Wir sind aber der Ansicht, dass der Betreffende, wenn irgend möglich, von vorneherein so gestellt werden muss, dass er Privatpraxis zu treiben überhaupt nicht nöthig hat; denn er kommt dadurch in ein gewisses Abhängigkeitsverhältniss zum Publikum, und das widerspricht seiner Stellung als Beamter; er muss unbedingt frei von jeglicher Rücksicht sein. In ganz kleinen Schlachthöfen wird es sich natürlich nicht vermeiden lassen, dass für den Thierarzt die Praxis die Hauptbeschäftigung bildet, und die Wahrnehmung der sanitäts-thierärztlichen Funktionen nebenher geschieht.

Nach Durchschnittsberechnungen würde sich unter Annahme

---

*) Nach § 106 des Militärpensions-Gesetzes verliert ein Militär-Thierarzt, welcher für die Nichtbenutzung des ihm ertheilten Civilversorgungsscheins 9 M. monatliche Pensions-Zulage bezieht, diese letztere, wenn er auch nur die remunerirte und nicht mit Pensionsanspruch verbundene Ueberwachung eines Schlachthofes übernimmt, weil dies eine Civildienststelle ist. Nach einer Reichsgerichtsentscheidung vom 17. September 1891 jedoch giebt eine auf privatrechtlichem Vertrag mit einer Behörde beruhende Funktion, wenn sie auch mit fixirtem Einkommen und Dienstwohnung verbunden ist, noch nicht eine solche Beamtenqualität, dass dadurch eine Kürzung bezw. Sistirung der Pensionszahlung selbst eintreten könnte.

freier Wohnung, Feuerung und ev. Beleuchtung folgende Zusammenstellung der Gehälter im Verhältniss zur Einwohnerzahl ergeben:
Bis zu   10 000 Einw. 15—1800 M. (freie Privatpraxis)
   » » 10— 15 000   »   18—2100   » (freie Privatpraxis in der Stadt)
   » » 15— 25 000   »   24—2700   » ⎤
   » » 25— 50 000   »   27—3600   » ⎬ (Privatpraxis verboten.)
   » » 50—100 000   »   36—4500   » ⎦

In den Städten über 100 000 Einwohner pflegt gewöhnlich ein
Gehalt von 4500—6000 M. gewährt zu werden.*)

Für die sog. Hülfs-Thierärzte beträgt das Durchschnittsgehalt
ca. 2100 M. neben freier (Garçon-) Wohnung etc.

Anstellung. Es erübrigt, nun noch der einzelnen Modalitäten
der Anstellung zu gedenken. Die Behörden sind hierin bis jetzt
ziemlich willkürlich verfahren, und wir finden deshalb die allerverschiedensten Anstellungsbedingungen, z. B. vierteljährliche (resp.
dreimonatliche) Kündigung, $^{1}/_{2}$—1 Jahr Probezeit; halbjährliche
(sechsmonatliche) Kündigung, $^{1}/_{2}$—1 Jahr Probezeit, oft mit dem
Zusatz »während der Probezeit 4—6 wöchentliche Kündigung«.
Andere stellen zwar auf Lebenszeit aber ohne Anspruch auf Pension
an, und zwar bald mit dauernd gleichem, bald mit steigendem
Gehalt. Auch die Probezeit ist sehr verschieden bemessen; während
$^{1}/_{2}$—1 Jahr als ausreichend und geeignet angenommen werden muss,
um sich von den Fähigkeiten bezw. der Brauchbarkeit des Betreffenden zu überzeugen, schreiben einige Behörden nur eine solche von
4—6 Wochen, andere von mehreren, sogar bis zu 4 Jahren (!), vor.
Es steht den Behörden unter allen Umständen das Recht zu, eine
Probezeit zu verlangen, nach einem Reichsgerichts-Erkenntniss aber
muss eine Zeitdauer von 2 Jahren für diese als ausreichend angenommen werden. Aber in Betreff der übrigen Bestimmungen bewegen sich die Behörden nicht auf gesetzlichem Boden; denn wenn
die Anstellung des betr. Thierarztes in der Weise erfolgt ist, dass
er von dem Magistrate gewählt und den Stadtverordneten von der

---

*) Es würde sich wohl empfehlen, für die Schlachthof-Verwalter eine Gehalts-
skala festzusetzen, denn hierdurch haben die Gemeinden die Gewähr, dass der betr.
Beamte ihnen erhalten bleibt, während er im anderen Falle sich bald um eine besser
dotirte Stelle bewerben wird, was er vielleicht nicht thun würde, wenn er eine Gehalts-
steigerung bestimmt zu erwarten hätte. — An einigen mit Viehhöfen verbundenen
grösseren Instituten wird dem Direktor auch Tantième des Reingewinns aus dem
Viehhofe gewährt. —

Wahl Kenntniss gegeben ist, so ist hierbei der Modus befolgt, den die Städte-Ordnung vom 30. Mai 1853 (Tit. V, §. 56, 6)*) für die Anstellung von Beamten vorschreibt, und der Gewählte demnach Gemeindebeamter. Dass er thatsächlich diese Qualifikation besitze, wird von den betr. Behörden oft bestritten, welche einen Schlachthof nicht für ein kommunales Institut, sondern für eine gewerbliche Anlage ansehen. Diesem widerspricht die Verfügung der Königl. Regierung zu Breslau vom 16. März 1892, nach welcher selbst **Innungen gehörige Schlachthöfe nicht als gewerbliche Anlagen, sondern als öffentliche kommunale Einrichtungen zu betrachten sind,** bei denen die Anstellung des Schlachthof-Thierarztes vollständig unabhängig ist von den Schlachthof-Besitzern und durch den Magistrat zu erfolgen hat. Letzterer scheine hierzu nach § 12 des Gesetzes vom $\frac{\text{18. März 1868}}{\text{9. März 1881}}$ ohne Weiteres befugt. Der anzustellende Schlachthof-Thierarzt sei aus Mitteln der Kämmerei-kasse zu besolden, welche sich die entstehenden Kosten durch den Schlachthof-Besitzer wieder erstatten lassen könne.**)

Wenn also ein Schlachthof eine Gemeinde-Anstalt ist, so muss zweifellos auch der leitende Beamte als Gemeinde-Beamter betrachtet und, wie der cit. § 56, 6***) weiter besagt, lebenslänglich angestellt werden, denn seine Stellung ist keine vorübergehende, sondern der Posten wird besetzt sein, so lange der Schlachthof besteht, und ebenso wenig ist seine Beschäftigung eine mechanische. Die Eigenart der von den Gewerbetreibenden vielfach angefeindeten Stellung der Schlachthofleiter erfordert an sich schon die pensionsfähige Anstellung derselben, zumal das Ruhegehalt nicht aus der Stadt-, sondern aus der Schlachthofkasse zu zahlen ist.

Verfügungen über die Anstellung. In diesem Sinne liegen auch mehrere Regierungs-Entscheidungen vor. So hat unter

---

*) „Zu den Geschäften des Magistrats gehört es, ... die Gemeindebeamten, nachdem die Stadtverordneten darüber vernommen sind, anzustellen und dieselben .... zu beaufsichtigen."

**) Diese Verfügung bestimmt ferner, dass die gesammte Aufsicht im Schlacht-hofe dem betr. Thierarzte zu übertragen, ihm insbesondere auch der Schlachtmeister (Hallenmeister) zu unterstellen sei.

***) „Die Anstellung erfolgt, soweit es sich nicht um vorübergehende Dienst-leistungen handelt, auf Lebenszeit, doch können diejenigen Unterbeamten, welche nur zu mechanischen Dienstleistungen bestimmt sind, auf Kündigung angenommen werden."

dem 2. Oktober 1888 die Königl. Regierung zu Arnsberg dahin entschieden: »der Schlachthof-Verwalter ist Gemeindebeamter, da es sich
bei dieser Stellung weder um mechanische, noch um vorübergehende
Dienstleistungen handelt.« In einem zur Entscheidung gebrachten
Specialfall hat ferner der Regierungs-Präsident zu Stettin die Anstellung des Schlachthof-Inspektors auf Kündigung nicht genehmigt,
und der Regierungs-Präsident von Danzig hat an diejenigen Städte,
in welchen sich ein Schlachthof befindet, ein Rundschreiben erlassen,
welches die Erklärung enthält, es werde sich die Anstellung von
Schlachthof-Thierärzten ohne Gewährung eines Ruhegehaltes auf die
Dauer nicht durchführen lassen.

In einem besonderen Falle, in welchem es sich um die
Kündigung eines Schlachthof-Verwalters handelte, hat der Regierungs-
Präsident von Liegnitz unter dem 9. Februar 1893 dahin verfügt,
dass nach einer Entscheidung des Oberverwaltungs-Gerichts vom
20. November 1891 (Bd. XXII S. 67 ff.) diejenigen Beamten, welche
im städtischen Betriebe angestellt sind, auf Lebenszeit angenommen
werden müssen, wenn mit ihrem Amte die Wahrnehmung obrig-
keitlicher Befugnisse verbunden ist, oder der Betrieb, in dem
sie thätig sind, nicht zu den gewerblichen Betrieben der Stadtgemeinde, d. h. zu denjenigen gehört, welche auf Erzielung einer
Rein-Einnahme für die Stadt gerichtet sind.

Was zunächst die letztere Bedingung anbetrifft, so ist nach
§ 5 des Schlachthaus-Gesetzes vom $\frac{\text{18. März 1868}}{\text{9. März 1881}}$ das Erzielen eines
Ueberschusses von dem Schlachthof-Betriebe überhaupt unzulässig,
und es ist daher der letztere nicht als »gewerblicher« Betrieb der
Stadtgemeinde anzusehen.

Mit dem Amte des Schlachthof-Vorstehers sind aber auch sehr
bedeutende und wichtige obrigkeitliche Befugnisse verbunden, z. B.
das Freigeben des Fleisches zum Verkauf, das Verweisen auf die
Freibank u. s. w. Hiernach ist unzweifelhaft, dass die Anstellung
des Schlachthof-Verwalters auf Lebenszeit erfolgen muss, und dass
die Zufügung einer Kündigungsfrist bei der Anstellung keine recht-
liche Bedeutung hat, vielmehr als nicht geschehen anzusehen ist.
(conf. Ober-Verwalt.-Gerichts-Entscheidung Band XXII, Seite 48 ff.).

Bezüglich eines etwa von einer Behörde gegen einen Beamten
einzuleitenden Disciplinarverfahrens, um denselben auf diese Weise
aus dem Amte zu entfernen, hat das Ober-Verwaltungs-Gericht in

einer neuerlichen Entscheidung den Grundsatz ausgesprochen, dass das Disciplinar-Verfahren nicht dazu bestimmt sei, bei der Wahl oder der Berufung eines Gemeinde-Beamten vorgekommene Missgriffe wieder gut zu machen.

Erscheint es demnach aus dem Vorhergehenden unzweifelhaft, dass der Schlachthof-Verwalter Gemeinde-Beamter und demgemäss auf Lebenszeit anzustellen ist, so folgt hieraus das Inkrafttreten des § 65 (Tit. VI) der Städte-Ordnung.

»Die besoldeten Gemeindebeamten, welche auf Lebenszeit angestellt sind, erhalten, sofern nicht mit dem Beamten ein Anderes verabredet worden ist, bei eintretender Dienstunfähigkeit Pension nach den für die unmittelbaren Staatsbeamten geltenden Grundsätzen u. s. w.« Dieser Paragraph wird des Näheren erläutert durch ein Reskript des Ministers des Innern vom 7. Juni 1888, welches bestimmt, »dass die Vorschriften im § 56, 6 der Städte-Ordnung vom 30. Mai 1853, wonach die eigentlichen Gemeindebeamten auf Lebenszeit anzustellen sind, und ferner die Vorschrift im § 65 Abs. 2 daselbst, wonach die auf Lebenszeit angestellten besoldeten Gemeinde-Beamten bei eintretender Dienstunfähigkeit Pension nach denjenigen Grundsätzen erhalten, welche bei den unmittelbaren Staatsbeamten zur Anwendung kommen, als im öffentlichen Interesse festgestellte, gesetzliche Bestimmungen anzusehen sind, und dass dieselben daher nicht der Aenderung nach der Willkür der Kontrahenten, d. h. der Stadtgemeinde, vertreten durch den Magistrat, und des betreffenden Beamten unterliegen, wie dies auch in dem Erkenntniss des Königl. Ober-Verwaltungs-Gerichts vom 26. September 1885 ausdrücklich anerkannt sei.« Der Minister des Innern hat in demselben Reskript ferner entschieden, »dass der Zwischensatz in dem § 65 Abs. 2 der Städte-Ordnung: »insofern nicht mit dem Beamten ein Anderes verabredet worden ist« nicht die Pensionsberechtigung an sich, sondern vornehmlich die Modalitäten der Pensionsgewährung im Auge habe, und dass es daher im öffentlichen Interesse nicht als statthaft zu erachten sei, dass die Stadtgemeinden die Pensionsberechtigung der auf Lebenszeit angestellten besoldeten Gemeinde-Beamten durch die Bedingungen des Anstellungs-Vertrages auszuschliessen suchen.«

Endlich möge hier noch ein auf den cit. § 56 der Städte-Ordnung bezügliches Urtheil des Reichsgerichts (Civilsenat V) vom 19. September 1892 Platz finden:

»1. Eine Vereinbarung zwischen dem Magistrat und dem anzustellenden Beamten, wonach das Dienstverhältniss ein zeitlich begrenztes ist, ist rechtlich unwirksam.

»2. Zur Umwandlung einer vorübergehenden Dienststellung der Beamten in eine endgültige und demzufolge lebenslängliche genügt eine stillschweigende Willensäusserung durch konkludente Handlungen, insbesondere das jahrelange Fortbestehenlassen des Dienstverhältnisses und die Aufnahme der Dienstbezüge des Beamten in den Stadthaushalts-Etat.«

c. Der Hallenmeister (Schlachtmeister, »Inspektor«, Aufseher). Er bekleidet an kleineren und auch an mittleren Schlachthöfen, also überall da, wo nur ein Thierarzt angestellt ist, nächst diesem den wichtigsten und verantwortungsvollsten Posten, und es muss auf die Wahl dieses Beamten unbedingt mehr Gewicht gelegt werden, als bisher zu geschehen pflegte. Zu seinen Obliegenheiten gehört die Beaufsichtigung des Schlachtens und der angestellten Arbeiter; ferner hat er das von dem Thierarzt für gesund befundene Fleisch mit dem Untersuchungsstempel zu versehen (bei grösseren Instituten pflegt hierfür ein eigener Beamter angestellt zu sein) auch muss er, falls kein besonderer Probenehmer vorhanden ist, oder dies Geschäft nicht durch einen Trichinenschauer besorgt wird, die Fleischproben für die Trichinenschau entnehmen. Auf die Frage, ob er auch gelegentlich als empirischer Fleischbeschauer, in Stellvertretung des Thierarztes fungiren 'kann, kommen wir weiter unten näher zu sprechen. Eine so vielseitige Beschäftigung verlangt natürlich neben vollständiger Unabhängigkeit vom Publikum Energie und Gewandtheit; die Voraussetzung aber, dass der Hallenmeister in geeigneten Fällen den Schlachthof-Thierarzt in sanitätspolizeilicher Hinsicht zu vertreten hat, ist unzweifelhaft für die meisten Behörden die Veranlassung, für Besetzung dieses Postens zur Bedingung zu machen, dass der Anzustellende »gelernter Fleischer« sein soll. Nach unserer Ansicht wäre es richtiger zu sagen: »derselbe darf nicht Fleischer sein«, denn in keinem Gewerbe ist der Korpsgeist ein derartig ausgeprägter als gerade bei den Fleischern, und diese Zusammengehörigkeit macht sich dann um so mehr bemerkbar, wenn der Anzustellende aus derselben Stadt ist. Ferner ist noch zu bedenken, dass ein Fleischergeselle sich aus verschiedenen Gründen zu solchem Posten nicht eignet, also kämen nur Meister in Betracht. Wenn ein solcher aber ein eigenes Geschäft besitzt, so wird er sein freies Gewerbe schwerlich mit dem gerade nicht leichten aber verantwortungsvollen Posten eines Hallenmeisters vertauschen wollen, es würden sich daher nur Leute melden, welche eine solche Stellung als einen Ruheposten betrachten, oder solche, welche in ihrem Geschäft nicht vorwärts kommen. In dem einen wie dem anderen Falle taugen sie nicht zu einem Beamten, dessen Hauptaufgabe es ist, die Befolgung der gegebenen Vorschriften zu überwachen und das Eigenthum der Gemeinde verwalten zu helfen. Ganz unmotivirt ist es aber, wenn man einen Fleischer ohne Weiteres als »sachverständig« in sanitätspolizeilichen Fragen bezeichnet; diese Leute haben hierfür kaum mehr Verständniss wie jeder Laie, da sie aber thatsächlich etwas davon zu verstehen glauben, so ist es mitunter recht schwierig, sie von ihrer falschen Ansicht abzubringen und eines Besseren zu belehren.

Verwendung des Hallenmeisters als empirischer Fleischbeschauer. Diese Frage ist insofern von Wichtigkeit, als, wie wir schon oben andeuteten, an vielen Schlachthöfen der Hallenmeister zu einem empirischen Fleischbeschauer herangebildet ist, um gelegentlich den Thierarzt in der Untersuchung der Thiere vertreten zu können. Die Meinung darüber aber, ob es sich empfiehlt, überhaupt Hallenmeister für andere Zwecke als für Beaufsichtigung, Probenahme u. s. w. zu verwenden, ist sehr verschieden. So glaubt Ostertag,*) dass eine Ausbildung derselben als Empiriker das mancherorts hervortretende Bestreben, alte Wachtmeister u. s. w. als Schlachthof-Verwalter anzustellen, zu unterstützen geeignet wäre, während Sticker**) befürchtet, dass auf diese Weise ein Heer von Pfuschern systematisch herangebildet werden würde. Wir müssen uns in diesem Punkte der Ansicht Schneidemühls***) vollständig anschliessen, dass einem Hallenmeister auch nicht einmal vertretungsweise die Verwaltung eines öffentlichen Schlachthofes überlassen werden dürfe, sondern dass man hiermit stets einen approbirten Thierarzt betrauen müsse, dass es dagegen wohl zulässig und in manchen Fällen nothwendig sei, dass er den Thierarzt bei der Untersuchung der Schlachtthiere unterstütze. Hierzu ist aber unbedingt eine gewisse Vorbildung erforderlich, um die Unterscheidung von gesund und krank kennen lernen zu können, und jeder Schlachthof-Verwalter

---

*) Private Mittheilung.
**) Schmidt-Mülheim's Archiv 1891.
***) l. c.

hat sich ohne Zweifel seinen Hallenmeister soweit herangebildet, dass er sich dessen Hülfe in gewissen Fällen bedienen kann. Es lässt sich aber keineswegs leugnen, dass diese Ausbildung die Gefahr in sich birgt, Empiriker heranzubilden, welche sich geeigneten Falles selbst um die Stelle des Verwalters eines kleinen Schlachthofes bemühen dürften. Aber werden wir dieser Gefahr nicht noch in höherem Masse ausgesetzt sein, wenn die längst erstrebte allgemeine Fleischbeschau ohne Ausnahme auf das ganze Land ausgedehnt ist, eine Gefahr, in welcher man in Baden schon seit lange schwebt? Finden wir doch schon in der thierärztlichen Praxis ein Analogon in den Fahnenschmieden, welche in neuerer Zeit bereits so weit ausgebildet werden, dass sie den Rossarzt in der Untersuchung und Behandlung gewisser Krankheiten unterstützen können. Trotzdem bei diesen ebenfalls die Befürchtung nahe liegt, dass sie später als Kurpfuscher auftreten, bildet die Behörde doch weiter Leute in dieser Weise aus.

Wir können deshalb nur empfehlen, für den Posten eines Hallenmeisters einen als pflichttreu erprobten und einigermassen gewandten älteren Unteroffizier oder Polizeibeamten zu wählen und entweder demselben aufzugeben, schon vor seiner Anstellung sich die für empirische Fleischbeschau erforderlichen Kenntnisse durch einen Kursus an einem unter thierärztlicher Kontrolle stehenden öffentlichen Schlachthofe zu erwerben, oder dem betreffenden Schlachthof-Verwalter die Ausbildung seines Hallenmeisters zu überlassen.

An Gehalt werden durchschnittlich neben freier Wohnung und Feuerung 1 200—1 500 M. gezahlt.

An grösseren Schlachthöfen pflegt für jede Halle ein besonderer Hallenmeister angestellt zu werden, von denen einer gleichzeitig als »Hofinspektor« fungirt; auch sind ihm je nach Bedürfniss eine Anzahl Vieh- und Schlachthof-Aufseher, Wiege- und Futtermeister u. s. w. unterstellt.

d. Die übrigen Beamten. Weitere Beamte sind dann noch der Kassirer und Buchhalter (1 500—1 800 M. Gehalt nebst Wohnung und Feuerung); an mittleren Schlachthöfen sind sie beides in einer Person. An kleineren Instituten, wo nur eine beschränkte Anzahl von Beamten nöthig ist, hat man den Kassirer (Buchhalter) dadurch ersetzt, dass man einem der Trichinenschauer, oder einer der Trichinenschauerinnen, abwechselnd die Kassengeschäfte, wenigstens so weit es sich um den Verkauf von Schlachtzetteln u. s. w. handelt, überträgt und hierfür eine Entschädigung (300—450 M. p. a.) an die Betreffenden vertheilt.

Ist die Anlage eines Kühlhauses vorgesehen, so muss ausser dem Maschinisten (Gehalt neben Wohnung und Feuerung 1 000—1 200 M.) schon an mittleren Schlachthöfen für die Kühlzeit noch ein besonderer Heizer angenommen werden, da die Maschine dann sehr oft auch Nachts arbeiten muss. Man kann sich hierzu einen etwas intelligenteren Tagesarbeiter ausbilden und benutzt denselben während der Wintermonate, in denen mehr geschlachtet wird als im Sommer, als Hallenarbeiter.

In Betreff der Anzahl der Tagesarbeiter sei noch die Bemerkung gestattet, dass zu grosse Sparsamkeit in diesem Punkte stets auf Kosten der Reinlichkeit und Erhaltung des Inventars erfolgt.

Die Trichinenschauer. Wenn in der betreffenden Stadt, welche einen Schlachthof neu erbaut, bis dahin noch keine obligatorische Fleischschau eingeführt war — und es giebt deren eine ganze Menge —, oder wenn die bereits vorhandenen Trichinenschauer von massgebender Seite zum Theil als ungeeignet befunden sind, zum Theil aber sonst als Probenehmer u. s. w. Verwendung finden können, so empfiehlt es sich, statt des männlichen Personals weibliches zu wählen. Von Waldeyer und Virchow ist schon vor Jahren darauf hingewiesen worden, dass sich die Frau ganz besonders zu dieser Art von Beschäftigung vermöge ihrer Fingerfertigkeit und Gewissenhaftigkeit eigne. Wir finden daher auch ausser in Berlin, wo mehrere Abtheilungen von Trichinenschauerinnen eingerichtet sind, eine grössere Anzahl von Städten mit weiblichem Personal, das sich überall so gut bewährt hat, dass die Anstellung von Frauen für die Trichinenschau wohl empfohlen werden kann. — Das Einkommen der Trichinenschauer wird verschieden berechnet; denn während in einigen Städten fixirtes Gehalt, durchschnittlich 1 000 bis 1 500 M. gewährt wird, bezahlt man an den meisten Schlachthöfen für die Untersuchung jedes einzelnen Schweines. Diese Gebühren schwanken zwischen 50 Pf. und 1 M. und werden in bestimmten Zeitabschnitten gleichmässig unter die Theilnehmer vertheilt. Als durchaus verwerflich aber muss man das Vorgehen der Verwaltung des Schlachthofes zu M . . . bezeichnen, welche kürzlich die auf 30 Pf. pro Stück normirten Gebühren für Trichinenschau an den Mindestfordernden zu vergeben versuchte. 50 Pf. sollten unbedingt der niedrigste Satz für die Untersuchung eines Schweines sein. — Durch die Trichinenschau kann man aber auch die Schlachthof-Einnahmen etwas erhöhen bezw. die Ausgaben an Gehältern vermindern, wenn man die Gebühren-Sätze höher ansetzt, als es für Besoldung der Trichinenschauer nothwendig ist, und den Ueberschuss in die Kasse fliessen lässt. Es werden auf diese Weise auch die von auswärts Fleisch zur Untersuchung vorlegenden Schlächter zu einer kleinen Mehrabgabe mit herangezogen, da von diesen nach dem Gesetz (§ 2) an Gebühren nur soviel erhoben werden darf, als zur Deckung der durch die Untersuchung entstehenden Kosten erforderlich ist. An grösseren Schlachthöfen, in denen die Anstellung eines besonderen Probenehmers und vielleicht noch die eines Schauamtsvorstehers nothwendig ist, kann man diese oder einen von ihnen aus dem Ueberschuss der Trichinenschaugebühren besolden.*) Ferner ist von den Trichinenschaugebühren eine bestimmte Summe für Heizung und Beleuchtung des Trichinenschauzimmers, für Unterhaltung der Mikroskope, für Wäsche und andere Utensilien in Anrechnung zu bringen. —

Allgemeine Bestimmungen über Anstellung der Beamten. Sämmtliche Beamte, auch an denjenigen Schlachthöfen, welche nicht Eigenthum der Stadt sind, werden von dem Magistrat angestellt und verpflichtet. In erster Linie gilt dies für den Schlachthof-Thierarzt, und es dürfte hierfür ein Gutachten der Königl. Sächsischen Kommission für das Veterinär-Wesen vom 20. December 1860 interessant sein, in welchem sich folgender Passus findet:

»Hinsichtlich der im § 4 des Ortsgesetzes getroffenen Bestimmung, dass der Schlachthof-Thierarzt von der Innung angestellt, aber vom Rathe bestätigt und verpflichtet, bezw. nach dem Stadtgemeinderaths-Beschlusse vom 23. Okt. d. J. vom Rathe verpflichtet werden soll, kann die ehrerbietigst unterzeichnete Kommission nur darauf hinweisen, dass die gewissenhafte Fleischbeschau sich nur ausführen

---

*) Nach einer früheren Entscheidung des Reichsversicherungs-Amtes (Abtheilung für Invaliden- und Altersversicherung) unterliegen auch die Trichinenschauer der Versicherungspflicht: „denn das Trichinenschauamt sei organisch in die städtische Verwaltung eingegliedert, andererseits erfordert die Thätigkeit des Trichinenschauers nicht höhere Kenntnisse. Aus diesem Grunde stehe der Trichinenschauer in einem versicherungspflichtigen Gehilfenverhältniss zur Gemeinde." Dementgegen hat kürzlich dieselbe Behörde entschieden, dass die Trichinenschauer gemäss § 36 der Reichsgewerbe-Ordnung als selbstständige Gewerbetreibende zu erachten seien und daher der Kranken-, Invaliditäts- und Alters-Versicherung nicht unterliegen, zumal sie nur während einiger Tagesstunden beschäftigt werden und stückweise Bezahlung erhalten.

lässt, wenn der Beschauer unabhängig von den Fleischern lediglich die Interessen der Konsumenten vertreten kann, dass dagegen durch die Abhängigkeit des Beschauers von den Fleischern, deren Interessen denen der Fleischbeschau häufig zuwiderlaufen, die Beurtheilung oft milder und nachgiebiger ausfallen wird, als es den Konsumenten gegenüber wünschenswerth erscheint.

»Die in der Eingabe der Schlächter-Innung von M . . . . angeführten Bedenken, dass der Schlachthof-Thierarzt, wenn unabhängig angestellt, sich als Vorgesetzter der Fleischer aufspielen wird, können allein nicht massgebend sein, da umgekehrt die Konsumenten fürchten müssen, dass der von der Schlächter-Innung angestellte und von ihr abhängige Thierarzt aus Rücksicht auf die Beibehaltung seiner Stelle häufig nicht wagen wird, den Interessen der Fleischer entgegen zu treten.

»Derartige Konflikte sind bei der Fleischbeschau stets zu fürchten und haben in verschiedenen Städten dazu geführt, dass die Anstellung des Schlachthof-Thierarztes dem Belieben der Fleischer-Innung entzogen worden ist«.

In gleichem Sinne ist auch ein Gesuch der Dresdener Fleischer-Innung, ihr die Fleischbeschau zu überlassen, von dem Königl. Sächsischen Ministerium abschläglich beschieden worden, da ein solches Vorgehen mit dem Hauptzweck der Fleischbeschau »Schutz der berechtigten gesundheitlichen und finanziellen Interessen des konsumirenden Publikums« nicht vereinbar sei. Auch die oben (S. 132) schon citirte Verfügung des Reg.-Präsidenten zu Breslau vom 16. März 1892 spricht den Magistraten ausdrücklich die Befugniss zu, die Schlachthof-Beamten, insbesondere den Schlachthof-Thierarzt, anzustellen.

Unfallversicherung der Beamten. Es sei noch mit einigen Worten einer Einrichtung gedacht, welche für das Wohl der Beamten von grosser Bedeutung ist; wir meinen die Unfallversicherung.

Durch das Gesetz vom 6. Juli 1884 wurde bestimmt, dass alle Beamten an Instituten mit Dampfkessel- u. s. w. Anlagen der Versicherung gegen Unfall unterliegen, und es hat sich zu diesem Zweck mit Genehmigung des Bundesrathes eine Genossenschaft konstituirt, welche den Titel »Nahrungsmittel-Industrie-Berufsgenossenschaft« führt und ihren Sitz in Mannheim hat. Die einzelnen unter Nahrungsmittel-Industrie fallenden Berufsklassen werden in Gefahrenklassen eingetheilt, deren Unterabtheilungen die Gefahrenziffern bilden. Der Vieh- und

Schlachthofbetrieb gehört zur Gefahrenklasse »I« und Gefahrenziffer »90«; der Beitrag wird nach diesen Ziffern alljährlich nach Massgabe der durch Auszahlung von Entschädigungen entstandenen Unkosten auf die einzelnen Unternehmer vertheilt.

XI. Gemeindebeschlüsse und Verordnungen.

Nachstehend geben wir je ein Beispiel für folgende Verordnungen:

1. Gemeindebeschluss betr. die Einführung des Schlachtzwanges;
2. Regulativ für die Untersuchung des im Schlachthofe geschlachteten Viehes;
3. Polizei-Verordnung für die Benutzung des städt. Schlachthofes (Schlachthof-, Betriebs- oder Verkehrs-Ordnung).
4. Polizei-Verordnung betr. die Untersuchung der im städt. Schlachthofe geschlachteten und daselbst zur Untersuchung vorgelegten Schweine (und Wildschweine) auf Trichinen (Trichinenschau-Ordnung).
5. Regulativ für die Untersuchung des von ausserhalb eingebrachten frischen Fleisches.
6. Polizei-Verordnung betr. die Zuweisung nicht bankwürdigen Fleisches zur Freibank (Freibank-Ordnung).
7. Polizei-Verordnung betr. den Verkehr mit Rossfleisch und Rossfleischwaren.

Dieselben sind aus einer grossen Anzahl bewährter Verordnungen zusammengestellt und auf Grund eigener Erfahrungen und in der Fachpresse veröffentlichter Notizen ergänzt, sodass alle wichtigen Punkte darin berührt sein dürften. —

1. Gemeindebeschluss betr. die Einführung des Schlachtzwanges.

Auf Grund des § 1 des Gesetzes betr. die Errichtung öffentlicher, ausschliesslich zu benutzender Schlachthäuser vom 18. März 1868 (G.-S. p. 277 ff.) und des Artikels I des Gesetzes zur Abänderung und Ergänzung des Gesetzes vom 18. März, betr. die Errichtung öffentlicher, ausschliesslich zu benutzender Schlachthäuser vom 9. März 1881 (G.-S. p. 273 ff. 1889) wird hiermit für den Gemeindebezirk der Stadt .... durch Gemeindebeschluss Nachstehendes angeordnet.

§ 1.

Innerhalb des Gemeindebezirks der Stadt .... darf das Schlachten sämmtlicher Gattungen von Vieh, mit Einschluss des für Privatzwecke bestimmten und der Pferde, das Entleeren und Reinigen der Eingeweide des Schlachtviehes,*) das Enthäuten desselben, — jedoch mit Ausnahme des Enthäutens der Kälber — sowie das Brühen, nur in dem städtischen Schlachthause vorgenommen werden.

Ausnahmsweise ist das Tödten eines Schlachtthieres ausserhalb des Schlachthofes mit besonderer Genehmigung der Polizei-Verwaltung und bei Gefahr im Verzuge auch ohne solche Genehmigung gestattet, wenn ein Thier durch Beinbruch, Lähmung oder dergleichen zum Gehen unfähig geworden ist. Es muss jedoch in jedem Falle der Polizei-Verwaltung sofort von der erfolgten Tödtung Anzeige erstattet und das getödtete Thier unverzüglich in das Schlachthaus geschafft werden. Nur in letzterem darf die weitere Ausschlachtung stattfinden.**)

§ 2.

Alles in den Schlachthof gelangende lebende Schlachtvieh ist zur Feststellung seines Gesundheitszustandes, sowohl vor als nach dem Schlachten einer Untersuchung durch die dazu vom Magistrat bestellten Sachverständigen zu unterwerfen. Im Falle des § 1 Absatz 2 verbleibt es bezüglich der Untersuchung nach dem Schlachten bei der Regel des vorstehenden Absatzes.

§ 3.

Alles nicht im öffentlichen Schlachthofe ausgeschlachtete frische Fleisch — einschliesslich desjenigen der Pferde und Wildschweine, sowie der zur menschlichen Nahrung verwendeten Eingeweide — darf im Gemeindebezirk der Stadt .... nicht eher feilgeboten werden, als bis es einer Untersuchung durch die dazu vom Magistrat bestellten Sachverständigen unterzogen ist.***)

§ 4.

Frisches Fleisch, welches von auswärts bezogen ist, darf in Gast- und Speisewirthschaften des Gemeindebezirks nicht eher zum Genusse zubereitet werden, als bis es einer gleichen Untersuchung, wie in § 3 vorgeschrieben, unterzogen ist.

---

*) Mancherorts ist auch das Talgschmelzen in diese Bestimmungen miteinbegriffen.

**) In Bremen ist die sehr nachahmenswerthe Bestimmung getroffen, dass ein Thierarzt vor der Tödtung den Transport des lebenden Thieres zum Schlachthofe als unausführbar bescheinigt. Ist es in einem einzelnen Falle nicht möglich, mit der Tödtung bis zum Eintreffen eines Thierarztes zu warten, so ist ein solcher innerhalb der auf die Tödtung folgenden Stunde zu benachrichtigen. Das Oeffnen und Ausschlachten des getödteten Thieres ist nur mit Genehmigung des zugezogenen Thierarztes erlaubt.

In Elbing und Halle muss ein Gutachten des Schlachthof-Direktors bezw. seines Vertreters über die Transportfähigkeit des nothzuschlachtenden Thieres eingeholt werden.

***) Es kann auch die Bestimmung getroffen werden, dass die Gebühren für die Untersuchung nicht in die Schlachthofkasse, sondern in die der Kämmerei fliessen.

§ 5.

Diejenigen Personen, welche in dem Gemeindebezirk der Stadt ....
das Fleischergewerbe oder den Handel mit frischem Fleisch als stehendes
Gewerbe betreiben, müssen das Fleisch, welches nicht in dem städt. Schlachthofe, sondern in einer anderen, innerhalb eines Umkreises von ....
Kilometern *) von der Grenze des Gemeindebezirks gelegenen Schlachtstätte
geschlachtet ist, auf dem Markt oder in den Privatverkaufsstätten von dem
im öffentlichen Schlachthofe geschlachteten gesondert feilbieten und als solches
auf einer an der Verkaufsstelle anzubringenden Tafel bezeichnen. Eine Tafel
mit derselben Aufschrift ist an den Transportmitteln anzubringen. **)

§ 6.

Für die Benutzung des öffentlichen Schlachthauses und der zu demselben
gehörigen Einrichtungen, sowie für die Untersuchung des Schlachtviehes und
des Fleisches (§§ 2—4) werden Gebühren erhoben, für welche der Tarif von
den städtischen Körperschaften auf mindestens ein Jahr festgesetzt und zur
öffentlichen Kenntniss gebracht wird.

§ 7.

Die vorstehenden Anordnungen treten mit Eröffnung des Schlachthofes
in Kraft.

---

*) In Ohlau ist die Entfernung auf 45, in Eisleben, Halle, Spandau und Stolp
sogar bis auf 50 km ausgedehnt, jedoch beschränken sich die meisten Städte auf
eine Ausdehnung von 30 Kilometern. —

Ganz den Verkauf auswärts geschlachteten Fleisches in den Läden zu verbieten,
ist unzulässig (Entscheidung des Strafsenats des Königlichen Kammergerichts vom
2. März 1893). Dagegen kann, wie in Grünberg i. S., durch Ortsstatut bestimmt
werden, dass jedes geschlachtete zur Untersuchung vorgelegte Thier vor der Schlachtung
durch einen Thierarzt untersucht wird, und dass letzterer über die erfolgte Untersuchung
und das Resultat derselben eine Bescheinigung ertheilt.

Von Seiten der zuständigen Minister sind kürzlich die Ober-Prasidenten im Königr.
Preussen um eingehende Aeusserung darüber ersucht, ob sie die Einführung einer allgemeinen obligatorischen Fleischbeschau in ihren Provinzen für wünschenswerth und
durchführbar halten. In dem diesem Rundschreiben beigefügten Muster einer dies-
bezüglichen Polizei-Verordnung wird u. A. bestimmt:

Wer von auswärts frisches Fleisch zu Verkaufszwecken einführt, muss eine Bescheinigung der Orts-Polizeibehörde oder eines Thierarztes darüber bringen, dass das
Stück Vieh zur Zeit des Schlachtens gesund gewesen ist.

In den gewöhnlichen Verkaufsstätten darf nur „bankwürdiges Fleisch" verkauft
werden. „Auswärts geschlachtetes Fleisch" und „nicht bankwürdiges" („minderwerthiges") Fleisch darf nur unter dieser ausdrücklichen Bezeichnung feilgeboten
werden. Nicht bankwürdiges Fleisch darf nur während dreier Tage nach seiner
Minderwerthigkeitserklärung feilgeboten werden; später ist nur noch die Verwerthung
zu gewerblichen Zwecken statthaft.

**) Hartenstein (Arch. f. w. u. pr. Thierheilk. Bd. XVI.) schlägt vor, auf dieser
Tafel noch die Bemerkung hinzuzufügen, dass für die Unschädlichkeit dieses Fleisches
keinerlei Garantie übernommen werden könne.

2. Regulativ für die Untersuchung des im Schlachthofe geschlachteten Viehes.

§ 1.

Die Untersuchung des Viehes, welches im städt. Schlachthofe geschlachtet werden soll, erfolgt vor und nach der Schlachtung durch den Schlachthof-Verwalter oder durch den zu diesem Zweck bestellten Sachverständigen.

§ 2.

Vieh, welches bei der Untersuchung als einer Krankheit verdächtig befunden wird, kann zur weiteren Untersuchung in dazu bestimmten Räumen untergebracht werden.

Vieh, welches sich als krank erweist, und dessen Fleisch zum Genusse für Menschen ungeeignet erscheint, wird von der Schlachtung in den eigentlichen Schlachthallen ausgeschlossen; nöthigenfalls ist es in dem Krankenstalle zu tödten. Von dem Befunde und dem Ausschlusse ist der Polizei-Verwaltung Anzeige zu machen. Bis zur Entfernung ist es in die für dergleichen Vieh eingerichteten Räume einzustellen.

§ 3.

Sobald die Schlachtung vollzogen ist, hat derjenige, welcher geschlachtet hat, davon selbst oder durch seine Leute, für deren Handlungen und Unterlassungen er verantwortlich ist, in dem Dienstzimmer des Schlachthof-Verwalters (oder an der Schlachthofkasse oder dem Hallenmeister) Meldung zu machen.

§ 4.

Bevor das geschlachtete Thier untersucht und, nachdem es für gesund befunden, abgestempelt ist (§ 6), darf es weder zerlegt noch selbst oder Theile desselben aus der Schlachthalle entfernt werden, indessen können Hornvieh und Pferde sowie Schweine einmal durchgespalten werden; bei letzteren müssen die beiden Hälften an dem Rüssel im Zusammenhange bleiben.

Auch müssen die zugehörigen Theile so in unmittelbarer Nähe aufbewahrt werden, dass eine Verwechselung mit anderen ausgeschlossen ist. Eine Ausnahme machen die zu reinigenden Eingeweide (Magen, Därme), welche aber nach erfolgter Reinigung in der Kuttelei sofort wieder zu den übrigen Theilen zurückgeschafft werden müssen.

§ 5.

Die Untersuchung erstreckt sich sowohl auf die Beschaffenheit des Fleisches und des Blutes als auch auf die Beschaffenheit der grossen Körperhöhlen (Maul-, Brust-, Bauch- und Beckenhöhle) und sämmtlicher Eingeweide, vorzugsweise des Herzens, der Lunge, Leber, Nieren und Milz.

Beim Hornvieh ist ausserdem der vierte Magen und bei weiblichen Thieren jeder Viehgattung der Uterus (Gebärmutter) bezüglich etwaiger Krankheitszustände oder Trächtigkeit stets einer besonderen Berücksichtigung zu unterwerfen.

Bei Pferden sind ferner mit specieller Rücksicht auf Rotzkrankheit die Haut, die Kopfhöhlen und eingehend Kehlkopf, Lungen und Lymphdrüsen zu untersuchen.

§ 6.

Die gründliche Untersuchung des geschlachteten Viehes, bei welcher der Besitzer oder seine Leute die erforderliche Hülfe zu leisten haben, darf nicht gehindert werden. Die zur Untersuchung nöthigen Theile des Thieres sind willig und unentgeltlich zu verabfolgen.

Die mit der Untersuchung betrauten Personen sind befugt, die Theile selbst zu entnehmen.

Der Besitzer hat kein Widerspruchsrecht gegen die Art, in welcher die Untersuchung erfolgt.

Fleischer und Fleischergehülfen, welche bei oder auch nach der Schlachtung ein Thier oder Theile desselben krank oder krankheitsverdächtig finden, sind verpflichtet, hiervon dem Schlachthof-Verwalter sofort Anzeige zu machen.

Es ist verboten, vor beendeter Untersuchung kranke Theile willkürlich zu beseitigen.

§ 7.

Das Fleisch und die anderen Theile des Schlachtviehes, welche als gesund und bankwürdig befunden sind, werden in leicht erkennbarer Weise mit dem Stempel oder Untersuchungszeichen des Schlachthofes versehen, und zwar erfolgt die Abstempelung mittelst eines ———————— (Form) Stempels mit der Inschrift ——————————.*)

§ 8.

Die Untersuchung der geschlachteten Schweine auf Trichinen erfolgt nach Massgabe der Polizei-Verordnung betr. die Untersuchung der Schweine auf Trichinen (Trichinenschau-Ordnung).

§ 9.

Fleisch, welches sich als Nahrungsmittel für Menschen ungeeignet erweist, wird sammt allen zugehörigen Theilen von der Schlachthof-Verwaltung so lange in Verwahrung genommen, bis die Polizei-Verwaltung, welcher von dem Befunde Anzeige zu erstatten ist, über die Verwerthung oder Vernichtung**) desselben Anordnung getroffen hat.

Kann über die Verwendbarkeit des Fleisches nicht sofort Bestimmung getroffen werden, so wird es »vorläufig zurückgewiesen und beanstandet« und bis zur endgültigen Entscheidung von Seiten der Schlachthof-Verwaltung in Verwahrung genommen.

---

*) Vergleiche hierüber die Anmerkung zu § 9 des Regulativs für das von ausserhalb zur Untersuchung vorgelegte Fleisch.

**) Nach einer Entscheidung des preussischen Oberverwaltungsgerichts vom 14. Oktober 1893 ist die Polizei-Verwaltung auf Grund des Gesetzes vom 11. März 1850 berechtigt, die Vernichtung gesundheitsschädlichen Fleisches selbst dann zu verfügen, wenn es von einem einer Privatperson (nicht Fleischer) gehörenden Thiere stammt.

Wenn das Fleisch von einem Thiere herrührt, welches an einer übertragbaren Krankheit gelitten hat, so ist es sofort abzusondern.

§ 10.

Der Transport beanstandeten Fleisches sowie der Organe nach dem zur Aufbewahrung bestimmten Raume erfolgt durch den Besitzer oder seine Leute.

Es ist verboten, beanstandete Thiere oder Theile von solchen aus dem Schlacht- oder Aufbewahrungsraum zu entfernen.*)

§ 11.

Darüber, ob Fleisch als Nahrungsmittel ungeeignet und zu vernichten, oder ob es der Freibank zu überweisen ist, entscheidet der Sachverständige des Schlachthofes.

Dem Eigenthümer wird über die erfolgte Beanstandung eine Bescheinigung ertheilt. Ist derselbe mit dem Urtheil des Schlachthof-Sachverständigen nicht einverstanden, so steht ihm das Recht zu, innerhalb 24 Stunden bei der Polizei-Verwaltung die Nachuntersuchung durch einen von dieser zu bestimmenden Sachverständigen zu beantragen. Zu diesem Zweck hat er sein Vorhaben dem Schlachthof-Verwalter zu Protokoll zu geben, welches dieser der Polizei-Verwaltung zur weiteren Veranlassung überreicht. Wird das Urtheil des Schlachthof-Sachverständigen bestätigt, so hat der Besitzer des Fleisches, im entgegengesetzten Falle die Schlachthofkasse die Kosten der Gegenuntersuchung zu tragen. Kann jedoch zwischen beiden Sachverständigen eine Einigung nicht erzielt werden, so bleibt es der Polizei-Verwaltung überlassen, auf Kosten des Fleischers die Entscheidung des Departements-Thierarztes anzurufen.

Bei der Beanstandung von einzelnen Organen wird eine Bescheinigung nicht ertheilt. Es ist Sache des Besitzers, sich von der erfolgten Beanstandung Kenntniss zu verschaffen. Im Uebrigen steht ihm ein gleiches Einspruchsrecht wie bei der Beanstandung von ganzen Thieren zu.**)

§ 12.

Die vorstehenden Bestimmungen finden ebenfalls Anwendung, wenn ein Stück Vieh zwar im Schlachtzwangbezirk, aber nicht im Schlachthause getödtet und nur zur weiteren Ausschlachtung dahin gebracht ist.

§ 13.

Wenn der Aufenthalt eines kranken Stückes Vieh oder die Aufbewahrung des Fleisches von einem Thier, welches an einer übertragbaren Krankheit gelitten hat, die Desinfektion eines Raumes erforderlich macht, worüber allein die Schlachthof-Verwaltung entscheidet, so hat der Eigenthümer oder Besitzer des Viehes oder des Fleisches die Kosten der Desinfektion zu erstatten.

---

*) Vergl. hierüber § 137 des Strafgesetzbuches.

**) Diese Bestimmungen kommen natürlich nur dort zur Anwendung, wo nur ein Sachverständiger die Untersuchung vorzunehmen hat. Des Weiteren vergl. hierüber in dem Kapitel „Verwaltung und Personal", S. 126.

Die Kosten sind fällig und an die Schlachthofkasse zu zahlen, sobald deren Berechnung dem Zahlungspflichtigen mitgetheilt ist. Dieselben können nöthigenfalls im Verwaltungs-Zwangsverfahren eingezogen werden.

§ 14.

Schlachtthiere, welche einmal nach dem Schlachthofe gebracht sind, dürfen von demselben ohne besondere Erlaubniss der Schlachthof-Verwaltung nicht wieder entfernt werden.

§ 15.
Strafbestimmungen.

§ 16.

Dieses Regulativ tritt mit Eröffnung des Schlachthofes in Kraft.

3. *Polizei-Verordnung betr. die Benutzung des Schlachthofes.*
(Schlachthof-, Betriebs- oder Verkehrs-Ordnung.)

a) Betriebszeiten.

§ 1.

[Die Betriebszeiten richten sich nach den örtlichen Verhältnissen, doch ist zu bemerken, dass einer Scheidung in Sommer- und Winterhalbjahr diejenige nach je vier Monaten: November bis Februar, Mai bis August und März, April, September, Oktober vorzuziehen ist.

Schlachtungen an Sonn- und Festtagen sollten principiell untersagt sein. Dagegen empfiehlt es sich, nach Schluss der Betriebsstunden in Ausnahme-Fällen (Schächten der Israeliten) und zwar gegen doppelte Schlachtgebühr das Schlachten zu erlauben.

Im Allgemeinen sollte der tägliche Betrieb nicht über 12 Stunden ausgedehnt werden, weil der Dienst sonst ein zu anstrengender für die Beamten ist.

Das Tödten von Thieren innerhalb der Schlussstunde muss unbedingt untersagt werden, damit genügend Zeit zur weiteren Schlachtung und Reinigung bleibt. Ausnahmen können von der Schlachthof-Verwaltung gestattet werden.]*)

b) Berechtigung zum Eintritt.

§ 2.

Der freie Zutritt zu dem Schlachthofe ist nur denjenigen Personen gestattet, welche in demselben auf das Schlachten bezügliche Geschäfte haben.

Andere Personen bedürfen zum Eintritte der Genehmigung der Schlachthof-Verwaltung.

---

*) In Halle darf beim Vorhandensein der nöthigen Arbeitskräfte, worüber der Schlachthof-Direktor entscheidet, Grossvieh nur bis $1\frac{1}{2}$ Stunde, Schwein bis 1 Stunde und Kleinvieh bis $\frac{3}{4}$ Stunden vor Schluss des Schlachthofes getötet werden.

Die Königl. Bayrische Regierung der Rheinpfalz rügt neuerdings in einem Erlasse die übermässige Ausdehnung der Schlachtzeiten, da in Folge derselben die Untersuchung seitens der Beamten nicht mit der erforderlichen Sorgfalt ausgeführt werden könne.

Kindern unter 14 Jahren ist ohne Ausnahme der Eintritt in die Schlachthallen verboten.

c) Fuhrwerke.

§ 3.

Hunde dürfen in den Schlachhof nur dann eingeführt werden, wenn sie als Zugvieh eingespannt sind.

Sie müssen ohne Verzug an dem dazu bestimmten Ort fest angelegt werden und dürfen in keinem Falle frei umherlaufen.

Auf dem Schlachthofe darf nur im Schritt gefahren werden.

Wagen und Karren sind nach der Anordnung der Beamten aufzustellen und an- und abzufahren.

Das Reinigen und Waschen der Fleischerwagen ist auf dem Schlachthofe nur an den hierzu bestimmten Stellen erlaubt.

Die Wagenpferde der Fleischer können während des Schlachtens, soweit es der Raum gestattet, nach Anordnung der Schlachthof-Verwaltung in die Pferdestallungen unentgeltlich eingestellt werden.

d) Zutrieb der Schlachtthiere.

§ 4.

Das Vieh darf weder mit Hunden noch in sonstiger Weise zum Schlachthofe gehetzt auch nicht geknebelt auf Wagen herangefahren werden.

Gehetztes und geknebeltes Vieh darf in den Schlachthof nicht aufgenommen werden.

Wird Kleinvieh vermittelst Wagen transportirt, so ist dasselbe auf Stroh zu lagern. Das Heraushängen von Körpertheilen und jede sonstige Quälerei ist hierbei zu vermeiden.

§ 5.

Alles in den Schlachthof eingebrachte Vieh muss fest angelegt werden.

Stiere müssen mit verbundenen Augen und gehörig gefesselt bis zur Schlachthalle geführt und von mindestens zwei erwachsenen, d. h. über 16 Jahre alten, Treibern begleitet werden, von welchen der eine das Thier am Kopfe zu leiten, der andere die um die Füsse geschlungenen Fesseln zu halten und hinter dem Thiere herzugehen hat.

§ 6.

Alles zum Schlachten bestimmte Vieh muss, bevor dasselbe in den Schlachthof eingeführt wird, am Eingange des Schlachthofes (bei dem Pförtner) angemeldet werden.

§ 7.

Sofern die Thiere von dem Besitzer nicht selbst gezeichnet sind, muss der Name des Eigenthümers (Schlächters) an der im Stalle angebrachten Tafel unter Angabe der Nummer des Standortes (Bucht) der Thiere verzeichnet werden.

e) Benutzung der Ställe.

§ 8.

Erhitztes, ermüdetes oder aufgeregtes Vieh darf nicht sofort geschlachtet werden.*) Der Schlachthof-Verwalter bestimmt, nach Verlauf welcher Zeit es geschlachtet werden darf.

Dasjenige Schlachtvieh, welches grössere Strecken mit der Bahn transportirt worden ist, darf erst nach erfolgter Nachtruhe und ordentlicher Fütterung im Schlachthofe geschlachtet werden.

Ausnahmen von dieser Regel kann der Verwalter zulassen, wenn aus irgend einem Grunde eine sofortige Abschlachtung eines Thieres nach Ankunft in dem Schlachthofe nöthig ist.

§ 9.

Für die Sicherheit des eingestellten Viehes übernimmt die Schlachthof-Verwaltung keinerlei Gewähr; das Vieh steht vielmehr auf Gefahr der Eigenthümer.

§ 10.

Futter und Streu sowie Fütterungsgeräthe dürfen nicht mitgebracht werden, dieselben werden von der Verwaltung geliefert, und erfolgt die Zahlung dafür an die Schlachthofkasse.

§ 11.

Die Fütterung geschieht durch die Leute des Besitzers oder im Falle der Unterlassung auf seine Kosten durch die Schlachthof-Verwaltung.

f) Schlachtung.

§ 12.

Das zu schlachtende Vieh darf erst dann in den Schlachtraum ein, geführt werden, wenn die Vorbereitungen zum sofortigen Schlachten getroffen die tarifmässigen Gebühren bezahlt sind, und die Quittung über die gezahlten Schlachtgebühren dem Hallenmeister übergeben ist.

Die Reihenfolge unter den Schlachtenden bestimmt der Hallenmeister nach der Reihe der Anmeldungen. Zugleich weist er den zu benutzenden Platz und die zu benutzenden Vorrichtungen in der Schlachthalle an.

§ 13.

Die Schlachtung hat regelrecht, mit Vorsicht und auf die schnellste Weise zu geschehen.

Alle Thiere, welche nicht zur Schächtung nach jüdischem Ritus bestimmt sind, müssen vor der Blutentziehung völlig betäubt werden, wozu bei Grossvieh mindestens zwei Personen thätig sein müssen. Junge Leute unter 18 Jahren und schwächliche Personen dürfen zum Betäuben (Schlagen) von Grossvieh und Schweinen nicht verwendet werden oder sich verwenden lassen.

---

*) Vergl. Anm. S. 33.

§ 14.

Die Tödtung resp. Betäubung des Grossviehes (Rinder, Pferde) erfolgt vermittelst der Schlachtmaske, während die Betäubung der Schweine,*) Kälber, Schafe und Ziegen mit Keulen auszuführen ist.

§ 15.

Das Aufhängen der Kälber, Schafe und Ziegen vor erfolgter Betäubung und Blutentziehung ist verboten.

§ 16.

[Zur Vermeidung unnöthiger Thierquälereien bei der jüdischen Methode des Viehschlachtens (Schächten) sind neuerdings hier und da mehrfache Massregeln getroffen, deren allgemeine Durchführung, soweit es die örtlichen Verhältnisse gestatten, erwünscht erscheint.

Insbesondere ist Folgendes zu beachten:**)

1. Das Niederlegen***) der grösseren Thiere soll hauptsächlich durch Winden oder ähnliche Vorrichtungen bewerkstelligt werden.

Diese Winden sowie die dabei gebrauchten Seile etc. sollen haltbar sein und stets geschmeidig gehalten werden, sodass die Ausführung ohne Verzug erfolgen kann.

2. Während des Niederlegens soll der Kopf des Thieres gehörig unterstützt und geführt werden, damit ein Aufschlagen desselben auf den Fussboden und ein Bruch der Hörner vermieden wird.

3. Bei dem Niederlegen des Thieres soll der Schächter bereits zugegen sein, um unmittelbar darauf die Schächtung vorzunehmen.

Letztere soll sicher und schnell ausgeführt werden.

4. Nicht nur während des Schächtungsaktes, sondern auch für die ganze Dauer der nach dem Halsschnitte eintretenden Muskelkrämpfe soll der Kopf des Thieres festgelegt werden, da andernfalls der bewegliche Kopf des in Muskelkrämpfen liegenden Thieres nicht selten in heftigster Weise auf den Boden aufgeschlagen und namentlich an den Hörnern verletzt wird.

5. Endlich soll die Schächtung nur durch erprobte Schächter ausgeführt werden.]

---

*) Schweine tödtet man sehr leicht und bequem mit dem Bolzenapparat, und zwar entweder mit dem Kleinschmidt'schen Hammer oder dem Kögler'schen Schweinetödter. Für letzteren ist nur eine Person nöthig. Bei starken Bullen und Ochsen wendet man auch sehr zweckmässig die Schussmaske an. (Vergl. S. 50 Anm. 2.) Für grössere Kälber und alte Böcke empfiehlt sich der Schlagbolzenhammer. — An grösseren Schlachthöfen sind besondere „Schläger" zum Betäuben des Viehes, besonders der Schweine, angestellt. Das Recht einer derartigen Bestimmung steht den Behörden nach der Minist.-Verfügung vom 10. Februar 1887 zu.

**) Preussischer Ministerialerlass vom 14. Januar 1889.

***) Vergl. Anm. S. 53. Neuere Apparate zum Niederlegen sind von Holschauer und von Pulvermann (Waldenburg i. Schl.) konstruirt.

§ 17.

Handelt von dem Verbot des Schlachtens unreifer Kälber. *)

§ 18.

Das Aufblasen von Kälbern, Schafen und Ziegen ist verboten.

§ 19.

Alles geschlachtete Vieh muss nach vollendeter Ausblutung sofort und ohne Unterbrechung verarbeitet werden.

Die Eingeweide dürfen in den Schlachträumen und in dem Brühhause nicht geöffnet und ihres Inhaltes entleert, sondern müssen zu dem Zweck in die hierfür reservirten Lokalitäten (Dunghaus) gebracht werden.

Das beim Schlachten abfliessende Blut muss in den hierzu bestimmten, im Schlachthofe vorräthig gehaltenen Gefässen aufgefangen werden, sodass eine Verunreinigung des Fussbodens thunlichst vermieden wird.

Häute müssen aus gleichem Grunde an Ort und Stelle, wo die Abhäutung eines Thieres erfolgt ist, ordnungsmässig zusammengeschlagen und aufgerollt werden.

Der Inhalt der Gedärme sowie das Blut der geschlachteten Thiere, dürfen aus dem Schlachthause nicht mit fortgenommen werden. Eine Ausnahme für das Blut kann zu Gunsten der Wurstbereitung stattfinden, wenn es in vollständig dichten und sauberen Behältern fortgebracht wird. Ausgeschlossen hiervon ist das Blut der mittelst Halsschnitt (Schächten) getödteten Thiere. **)

§ 20.

In das Innere der Schlachthallen darf mit Handkarren nicht eingefahren werden. Nach beendeter Verarbeitung dürfen Häute, Eingeweide, Fett und Füsse, sowie das etwaige zur Wurstbereitung verabfolgte Blut und andere Abfälle in den Räumen des Schlachthofes nicht verbleiben.

§ 21.

Ungeborene Thiere und unbrauchbare Fleischtheile jeder Art, z. B. kranke Lungen, Lebern, die entleerten Gebärmütter der Kühe und dergl. müssen, bevor sie in die hierzu bestimmten Behälter (Beanstandungskasten) gelangen, von den betr. Schlächtern gehörig zerkleinert werden.

Das Abhäuten der ungeborenen Frucht kann zugegeben werden, wenn nicht ausdrückliche Vorschriften in Betreff ansteckender Krankheiten das Vernichten derselben erfordern.

---

*) Man findet hierüber die allerverschiedensten Bestimmungen, und zwar kommen drei Punkte in Betracht: Alter (Zähne und Beschaffenheit des Zahnfleisches), Gewicht und die Beschaffenheit des Nabels. Als Mindestforderung für das Alter können acht Tage gelten (vergl. hierüber Berl. Thierärztl. Wochenschrift 1892 p. 367 ff.), vorausgesetzt, dass der Nährzustand „nicht besonders schlecht" und der Nabel vernarbt ist. Für das Minimal-Gewicht können 40 kg (lebend) als Durchschnitt angenommen werden.

**) Das beim Halsschnitt abfliessende Blut ist ekelerregend wegen der Verunreinigung durch den gleichzeitig bei Verletzung des Schlundes meistens ausströmenden Mageninhalt. (Verbot der Regierung v. M.-Franken (1893), solches Blut zur Wurstbereitung zu benutzen.)

g) Allgemeine Vorschriften.

§ 22.

Jeder, der das Schlachthaus benutzt, hat bei seinen Arbeiten die grösste Reinlichkeit zu beobachten, insbesondere jeden Unrath, Fleischabfälle, Haare und dergl. sofort in die bestimmten Aufbewahrungsorte zu schaffen, auch den Boden, die Tische und die Wände sowie das benutzte Handwerkszeug des Schlachthauses von Blut u. s. w. zu reinigen. Das Bemalen und Beschmutzen der Wände ist streng untersagt.

§ 23.

Untersagt ist jede Behinderung eines Dritten in der Benutzung des Schlachthauses, alles Lärmen und Streiten, Singen und Pfeifen innerhalb der Gebäude oder auf dem Hofe und jede Verunreinigung, sofern sie nicht durch das Schlachten selbst bedingt wird, insbesondere das Fortwerfen von Papierstücken und dergl. in den Schlachträumen und auf dem Hofe.

§ 24.

Es ist ferner untersagt, in den Schlachträumen und Ställen sowie auf dem Hofe Cigarren oder Tabakspfeifen, sie mögen brennen oder nicht, im Munde oder in der Hand zu halten. Desgleichen ist das Mitbringen und der Genuss geistiger Getränke in grösseren Quantitäten verboten.

§ 25.

Das Anzünden und Auslöschen der Gasflammen, die Handhabung der Ventilations-Vorrichtungen sowie die Benutzung der Dampf- und Wasserleitungen zu den Brühkesseln u. s. w. darf nur unter Aufsicht und nach Anordnung der Beamten des Schlachthofes geschehen und ist jedem Unbefugten verboten.

Die vorhandenen Wasserhähne dürfen nur zum Bezuge des erforderlichen Trink- und Reinigungswassers geöffnet und müssen alsbald nach erreichtem Bedarf wiederum geschlossen werden.

Bei Benutzung der zur Schlachtung nöthigen Maschinen und Geräthe des Schlachthofes ist möglichste Schonung zur strengsten Pflicht gemacht.

Für Beschädigungen ist Ersatz zu leisten.

Die zum Schlachthofe gehörigen Geräthschaften dürfen von demselben nicht fortgenommen, auch aus derjenigen Halle, für welche sie bestimmt sind, nicht entfernt werden.

§ 26.

Das Betreten der Ställe, der Stallböden und der Futterräume bei Dunkelheit mit offenem Licht ist untersagt.

§ 27.

Der Transport des Fleisches aus dem Schlachthofe nach der Stadt darf nur mittelst zugedeckter Wagen oder Karren erfolgen.

Sind die Wagen oder Karren nicht mit festen Verschlussdeckeln versehen, so muss das Fleisch mit reinen Tüchern bedeckt werden.*)

---

*) In Krefeld besteht seit 1892 eine Polizei-Verordnung, welche bestimmt, dass Personen, die Fleischtheile aus dem Schlachthofe in die Transport-Wagen oder aus diesen in die Läden u. s. w. tragen, mit einer den Kopf und Nacken bedeckenden Kapuze versehen sein müssen.

§ 28.

Für die Sicherheit des aufbewahrten Fleisches übernimmt die Schlachthof-Verwaltung keinerlei Gewähr.

§ 29.

Jeder Fleischermeister, Geselle, Lehrling und Hilfsarbeiter sowie Jeder, der die Anstalten des Schlachthofes benutzt, hat den Anordnungen des Schlachthof-Verwalters und des Aufsichtspersonals unbedingt Folge zu leisten.

Für das ordnungsmässige Verhalten seines Hilfspersonals ist der betreffende Geschäftsinhaber oder Auftraggeber mit verantwortlich.

Der Schlachthof-Verwalter ist befugt, solche Personen, welche sich diesen Anordnungen nicht fügen wollen, aus dem Schlachthofe entfernen zu lassen.

Es steht aber den Betheiligten innerhalb 24 Stunden Beschwerde bei der Polizei-Verwaltung zu.

§ 30.

Beschwerden über das Schlachthof-Personal sind bei dem Schlachthof-Verwalter anzubringen bezw. zu Protokoll zu geben.

§ 31.

Strafbestimmungen.*)

§ 32.

Diese Verordnung tritt mit Eröffnung des Schlachthofes in Kraft.

---

4. Polizei-Verordnung betr. die Untersuchung der im städtischen Schlachthofe geschlachteten und daselbst zur Untersuchung geschlachtet vorgelegten Schweine (und Wildschweine) auf Trichinen (Trichinenschau-Ordnung).

Auf Grund der §§ 5, 6 und 15 des Gesetzes über die Polizei-Verwaltung vom 11. März 1850 und mit Bezugnahme auf § 8 des Regulativs für die Untersuchung des im Schlachthofe geschlachteten und § 1 des von ausserhalb eingeführten frischen Fleisches wird mit Zustimmung des Magistrats folgende Polizei-Verordnung erlassen:

§ 1.

Die Untersuchung der geschlachteten Schweine auf Trichinen findet unmittelbar nach der Schlachtung statt.

Sobald die Schlachtung vollzogen ist, hat derjenige, welcher geschlachtet hat, sofort oder spätestens innerhalb einer Stunde, selbst oder durch seine Leute (für deren Handlungen und Unterlassungen er verantwortlich ist) davon dem Probenehmer (Hallenmeister) Anzeige zu machen.

§ 2.

Die geschlachteten Schweine dürfen, bevor sie nach Massgabe dieser Ordnung der Untersuchung unterworfen und freigegeben sind, aus der Schlachthalle nicht fortgeschafft, auch nicht in Stücke zerlegt werden.

---

*) In Barmen ist der Schlachthof-Direktor nach § 13 der Betriebs-Ordnung ermächtigt, Ordnungsstrafen von 1—5 M. zu verhängen. Wir meinen, eine derartige Befugniss müsse allein der Polizei-Behörde eingeräumt werden.

Auch dürfen vor erfolgter Abstempelung keine Theile aus denselben entfernt werden.

Zulässig jedoch ist es, das Schwein insoweit zu zerlegen, dass dabei die zwei Hälften am Rüssel unzertrennt verbunden bleiben. Desgleichen dürfen die Eingeweide sofort herausgenommen werden, dieselben müssen jedoch in unmittelbarer Nähe des Schweines derart, dass keine Verwechselung möglich ist, aufbewahrt werden.

Erst nach erfolgter Abstempelung erhält der Besitzer des Schweines das Verfügungsrecht über dasselbe.

§ 3.

Nach vollendeter Schlachtung entnimmt der mit der Probenahme beauftragte Beamte (Hallenmeister, Probenehmer) die für die Untersuchung erforderlichen Proben aus dem Schweine und zwar je ein Stückchen aus:

1. den Zwerchfellpfeilern,
2. dem Zwerchfell,
3. den Zungenmuskeln,
4. den Kehlkopfmuskeln,*)

verpackt die Proben in eines der Probekästchen der Trichinenschau-Stelle, versieht das Schwein und die wichtigsten Theile desselben (sog. Geschlinge) mit der Nummer des betreffenden Kästchens und füllt in seinem Buche (Buch des Probenehmers, Formular A) die Rubriken 1—3 aus. Die Probekästchen bringt er in das Trichinen-Schauamt.

§ 4.

In dem Schauamt übergiebt der Probenehmer dem mit der Führung der Bücher und Vertheilung der Proben beauftragten Beamten (Schauamts-Vorsteher, welcher ev. von dem Schlachthof-Verwalter bestimmt wird,) die Proben nebst seinem Buche, dieser füllt die Rubriken 1—7 in dem Register des Schauamtes (Formular B) nach dem Buche des Probenehmers aus und übergiebt die Proben einem Trichinenschauer zur mikroskopischen Untersuchung.

Der Trichinenschauer, welcher sich an die Anordnungen des Schauamts-Vorstehers zu halten hat, schneidet dann aus jedem der ihm übergebenen 4 Stückchen 6 Proben und untersucht dieselben mit aller Sorgfalt und Gewissenhaftigkeit. **)

§ 5.

Ergiebt die Untersuchung keine Trichinen oder andere mikroskopisch nachweisbare krankhafte Veränderungen resp. Parasiten (Finnen, Strahlenpilze,

---

*) In manchen Trichinenschau-Ordnungen sind noch weitere Körpertheile für die Entnahme von Proben vorgeschrieben, wie Kamm-, Bauch- und Zwischenrippenmuskeln. Auch wird oft statt der meist üblichen 24 Präparate die Anfertigung von 30—36 verlangt.

**) Es kann auch bestimmt werden, dass die Präparate jedes Schweines von einem zweiten Trichinenschauer untersucht werden, um sicher zu sein, dass nichts übersehen ist.

Als höchste Tageszahl der von einem Beschauer zu untersuchenden Schweine werden 18—20 angenommen; mehr als 20 sollten jedenfalls unzulässig sein. Für die Untersuchung jedes Schweines werden 15—20 Minuten gerechnet.

Kalkkonkremente u. s. w.), so hat der Trichinenschauer dies dem Schauamts-Vorsteher mitzutheilen, welcher die Eintragung in dem Schauamts-Register durch Ausfüllung der Spalten 8—10 ergänzt und in der Rubrik 5 des Probenehmer-Buches durch Unterschrift seines Namens das betr. Schwein als »trichinenfrei« bezeichnet. Der Probenehmer versieht auf Grund dieser Unterschrift jede Schweinehälfte mit dem Stempel (Rippenstempel) an folgenden Stellen: Kopf, Schulter, Rücken, Bauch, Schenkelinnenflächen und Brustfell an der 3., 7. und 10. Rippe.

§ 6.

Findet der Trichinenschauer bei der Untersuchung das Fleisch trichinenhaltig,*) so hat er dem Schlachthof-Verwalter unter Vorlage der für Trichinen gehaltenen Objekte und der noch im Probekästchen vorhandenen Fleischtheilchen Anzeige zu erstatten.

Hat der Schlachthof-Verwalter das Vorhandensein von Trichinen festgestellt, so wird, nachdem das Schwein mit dem Stempel »trichinenhaltig« versehen ist, die Entfernung desselben aus der Schlachthalle angeordnet und dasselbe der Polizeibehörde zur weiteren Verfügung überwiesen, während verneinenden Falls nach § 7 zu verfahren ist.

Nimmt die Untersuchung längere Zeit in Anspruch, so hat der Probenehmer währenddessen das Schwein mit einem Zettel »Vorläufig zurückgewiesen und beanstandet« zu versehen.

§ 7.

Jede Untersuchung ist bei der Trichinenschau-Stelle an demselben Tage zu Ende zu führen, an welchem die Proben von dem Schwein entnommen worden sind.

Die Proben verbleiben zur Verfügung der Verwaltung.**)

§ 8.

Von dem Auffinden von Trichinen, Finnen, Strahlenpilzen u. s. w. hat der Schauamts-Vorsteher dem Verwalter in jedem Fall Anzeige zu machen.

Alle mikroskopischen Präparate, in denen das Vorhandensein von Trichinen endgültig festgestellt ist, sind wohl verkittet bei der Trichinenschau-Stelle zwei Monate lang aufzubewahren und alsdann unschädlich zu beseitigen.

§ 9.

Der Schlachthof-Verwalter ist verpflichtet, die Dienstthätigkeit der Trichinenschauer ständig zu überwachen und namentlich die von denselben hergestellten Präparate möglichst häufig einer mikroskopischen Nachprüfung zu unterwerfen.

---

*) In einzelnen Orten erhalten die Trichinenschauer beim Auffinden von Trichinen Prämien, und zwar entweder aus Schlachthof- oder Versicherungsmitteln wie in Grünberg (10 M.), Lauenburg i. P. (20 M.) u. s. w. oder aus einem durch Beiträge seitens der Betheiligten gebildeten Fonds wie in Myslowitz (Beitrag pro Monat 50 Pf., Prämie 5 M. für jeden Fund).

**) In Berlin wurden 1891/92 .aus den Proben von 560 000 Schweinen 4300 M. erlöst, welche für gemeinnützige Zwecke Verwendung finden.

Weder der Schauamts-Vorsteher noch die Probenehmer dürfen den Trichinenschauern irgend welche Mittheilung über die Herkunft der in Untersuchung befindlichen Fleischproben machen.

Auch ist den Schauamts-Vorstehern, Trichinenschauern und Probenehmern streng untersagt, selbstständig Fleischuntersuchungen vorzunehmen.

§ 10.

Schauamts-Vorsteher, Trichinenschauer und Probenehmer haben vor ihrer Anstellung nach einem bei dem Schlachthof-Verwalter zu absolvirenden Kursus ihre Befähigung für das betreffende Amt durch Ablegung einer Prüfung vor dem Königlichen Kreisthierarzt nachzuweisen.

§ 11.

Für die mikroskopische Untersuchung der von ausserhalb geschlachtet eingebrachten Schweine gelten dieselben Bestimmungen, wie für die im Schlachthof geschlachteten.

§ 12.

Wer den Bestimmungen dieser Verordnung zuwiderhandelt, wird, soweit eine solche Zuwiderhandlung nicht nach den allgemeinen Gesetzen mit einer höhern Strafe zu ahnden ist, mit einer polizeilichen Geldstrafe bis zu 9 M. bestraft.

§ 13.

Diese Polizei-Verordnung tritt mit Eröffnung des Schlachthofes in Kraft.

A.

Buch des Probenehmers.

1.	2.	3.	4.	5.	6.
Laufende No. u. Datum.	Name des Besitzers des Schweines.	Bezeichnung d. Schweines durch den Probenehm.	Name des beauftragten Trichinen-schauers.	Name des Schauamts-Vorstehers.	Be-merkungen.

B.

Register des Fleischschau-Amtes über Trichinenschau.

1.	2.		3.	4.	5.	6.	7.	8.	9.	10.
Laufende No.	Tag u. Stunde der		Name des Besitzers des Schweines.	Bezeichn. des Schweines durch den Probe-nehmer.	Stunde der Probe-nahme.	Name des Probe-nehm.	Name des beauftragt. Trichinen-schauers.	Name des Schau-amts-Vor-stehers.	Trichinenfrei.	Bemerkungen.
	ange-ordnet.	be-endigt.								
	Untersuchung.									

5. *Regulativ* (bezw. Polizei-Verordnung)
für die Untersuchung des von ausserhalb eingebrachten
frischen Fleisches.

§ 1.

Die Untersuchung des von ausserhalb eingebrachten frischen Fleisches*)
erfolgt auf dem städt. Schlachthofe (oder in den zu diesem Zweck errichteten
Untersuchungsstationen) durch den (oder die) hierzu von der Ortsbehörde
bestellten Sachverständigen.

Die Untersuchung auf Trichinen geschieht nach der hierfür besonders
erlassenen Trichinenschau-Ordnung.

§ 2.

Die Untersuchung erstreckt sich auf Rinder, Pferde, Esel, Maulesel,
Schweine (Ferkel) mit Einschluss der Wildschweine,**) Kälber,***) Schafe,
Ziegen (Lämmer), und zwar müssen Rinder und Pferde mindestens in ganzen
Vierteln, Schweine in ganzen Seiten-Hälften und die übrigen Thiere in unzer-
theiltem Zustande vorgelegt werden. Werden mehrere Schweine zu gleicher
Zeit eingebracht, so sind die zugehörigen Hälften als zusammengehörig
(durch Einschnitte u. s. w.) zu kennzeichnen.

§ 3.

Die zugehörige Lunge, Leber und Kopf (mit Zunge) müssen in jedem
Falle bei der Untersuchung des Fleisches vorgelegt werden, desgl. die Nieren

---

*) Frisches Fleisch im Sinne des § 2 des Gesetzes vom $\frac{18.\ \text{März }1868}{9.\ \text{März }1881}$ ist nicht
bloss frisch ausgeschlachtetes, sondern auch in frischem Zustande befindliches Fleisch,
im Gegensatz zu gedörrtem, eingepökeltem, geräuchertem oder durch sonstige Präser-
vationen gegen rasches Verderben geschütztem Fleisch (Urtheil vom 6. Februar 1888
des Schöffengerichts und der Strafkammer in Elberfeld).

Nach einer Entscheidung des Königl. Preussischen Kammergerichts vom
20. April 1893 ist unter „frischem Fleisch" auch oberflächlich gesalzenes zu
verstehen, denn durch diese Behandlung werde nur die äussere Oberfläche beein-
flusst, dagegen das Innere unberührt und vollständig frisch gelassen. Die Folgen der
Salzung könnten durch Einlegen in Wasser leicht wieder beseitigt werden.

Nach einer Verfügung des Regierungspräsidenten zu Minden kann nicht bestimmt
werden, dass auch das an Privatpersonen auf vorherige Bestellung zu liefernde Fleisch
einer Untersuchung durch den Sachverständigen unterliegt.

**) Die Untersuchung von Wildschweinen ist angeordnet im Königr. Sachsen
(Minist.-Verf. v. 22. Febr. 1892), in der ganzen Provinz Brandenburg, in den Reg.-
Bezirken Hannover und Arnsberg, im Herzogthum Braunschweig und in den Städten
Düsseldorf, Frankfurt a. M., Frankfurt a. O. und Stolp.

***) Bei Bestimmungen über das Alter von Kälbern ist zu berücksichtigen, dass
dieselben ausgeschlachtet (ohne Fell und Kopf) ca. $^2/_5$ des lebenden Gewichts ver-
lieren. Vergl. hierüber die Anmerkung zu § 17 der Polizei-Verordnung betr. die Benutzung des Schlachthofes. (S. 151).

und die Milz, letztere (Nieren und Milz) dürfen jedoch aus ihrem natürlichen Zusammenhange mit dem Fleische nicht gelöst werden.*)

*) Es empfiehlt sich, einzelne Braten, Schinken, Keulen, Filets etc. sowie Hackfleisch (nach einer Polizei-Verordnung in Schmalkalden daselbst nur im Sommer verboten) gänzlich von der Einfuhr auszuschliessen.

An vielen Orten hat man die Einfuhr von ausgeschlachtetem Fleisch durch verschiedene Vorbedingungen zu erschweren versucht, indem man ausführte, die Untersuchung des geschlachtet vorgelegten Fleisches könne nicht mit derselben Sicherheit erfolgen, als wenn von dem Sachverständigen das betreffende Thier bereits lebend auf seinen Gesundheitszustand untersucht sei. Wenn der Richtigkeit solcher Behauptung auch nicht widersprochen werden kann, vielmehr in die Städte thatsächlich viel von kranken Thieren stammendes Fleisch eingeführt wird, so darf die Zufuhr nicht gänzlich aufgehoben werden, da sonst die Stadtschlächter ohne Konkurrenz und die Konsumenten ihrer Willkür hinsichtlich der Fleischpreise ausgesetzt wären. Alle bisher vorgeschlagenen Verfahren, die Untersuchung zu einer möglichst sicheren zu gestalten, haben entweder nicht den gehofften Erfolg gehabt, oder sich als undurchführbar erwiesen, weil durch sie die Gewerbetreibenden zu sehr geschädigt wurden. Es gehört u. A. hierher die Bestimmung, das sog. Geschlinge (Lunge, Leber, Herz) im Zusammenhang mit dem Fleisch zu lassen (vergleiche hierüber Ostertag, Handbuch d. Fleischbeschau 1892. S. 82 ff.). Es lässt sich diese Massregel, die für die Untersuchung allerdings nicht zu unterschätzende Vortheile gewährt, ohne Schaden für kleine Schlachtthiere, Kälber, Schafe und leichte Schweine, zumal im Winter, durchführen, im Sommer jedoch würden den betreffenden Schlächter so schwere Verluste treffen, dass er den Markthandel nothgedrungen aufgeben müsste, denn das Fleisch selbst sowohl wie die betreffenden Organe werden auf dem Transport, besonders zu Wagen, derartig zugerichtet, dass ihr Werth nur ein sehr zweifelhafter sein dürfte. Durch die Forderung, Milz und Nieren im Zusammenhang mit dem Fleisch zu lassen, und unter allen Umständen die zugehörige Leber und Lunge vorzulegen, ist für die Untersuchnng schon viel erreicht. Ist erst die obligatorische Fleischschau auch auf das platte Land ausgedehnt, dann wird auch der Einfuhr des ausgeschlachteten Fleisches weniger Schwierigkeit bereitet werden, obwohl die städtischen Behörden von einer nochmaligen Untersuchung des bereits auf dem Lande untersuchten Fleisches, schon in Rücksicht auf pekuniäre Vortheile, welche ihnen durch die Untersuchungsgebühren erwachsen, kaum absehen dürften.

In einigen Städten (Elbing, Halle) besteht die Bestimmung, das sog. Geschlinge (Lunge, Leber, Herz) und die Milz im Zusammenhang mit dem Fleisch zu lassen und ist ohne Schwierigkeiten auch bei Grossvieh durchgeführt. Befinden sich diese Theile nicht sämmtlich an dem zur Untersuchung vorgelegten Fleische, so muss durch Bescheinigung oder Stempel nachgewiesen werden, dass das Fleisch bereits durch einen Sachverständigen untersucht ist.

Undurchführbar ist jedoch die Forderung, welche der Magistrat in D. beabsichtigte, nämlich, dass sämmtliche Eingeweide in natürlichem Zusammenhange mit dem Fleische bei den von ausserhalb zur Untersuchung vorgelegten Rindern sein sollten; denn die Reinigung der Eingeweide im Zusammenhang mit dem Fleische ist unmöglich, ungereinigt aber dürfen dieselben aus den verschiedensten naheliegenden Gründen nicht bleiben.

§ 4.

Durch Bescheinigung der Ortspolizeibehörde, eines approbirten Thierarztes oder eines geprüften und angestellten Fleischbeschauers oder durch Stempel eines unter öffentlicher Kontrolle stehenden Schlachthofes ist nachzuweisen*), dass das zur Untersuchung vorgelegte Fleisch von einem Thiere herrührt, welches vor der Schlachtung einer Besichtigung unterzogen und hierbei mit erkennbaren Krankheitszeichen nicht behaftet befunden ist.**)

§ 5.

Es ist verboten, vor erfolgter Untersuchung durch den Sachverständigen irgend welche kranken Theile selbstständig zu beseitigen.

§ 6.

Die Zahlung der Gebühren für die Untersuchung hat im Voraus zu erfolgen. Wird dieselbe aus irgend einem Grunde verweigert, so hat die Schlachthof-Verwaltung das Recht, von dem Fleisch soviel zurückzubehalten, wie zur Deckung der Gebühren nothwendig erscheint. Der nach dem Verkauf dieses Fleisches nach Abzug der Gebühren bleibende Ueberschuss wird dem Besitzer gegen Quittung ausgehändigt.

§ 7.

Das in den Schlachthof (in die Untersuchungsstation) einmal eingeführte frische Fleisch darf, bevor es nach Massgabe dieses Regulativs der Untersuchung unterworfen und freigegeben (abgestempelt) ist, aus dem Untersuchungsraum nicht wieder entfernt werden.

§ 8.

In welchem Umfange das zur Untersuchung vorgelegte Fleisch einer solchen zu unterziehen ist, wird ausschliesslich der Entscheidung des untersuchenden Schlachthof-Thierarztes oder seines Stellvertreters überlassen.

Der Besitzer hat kein Widerspruchsrecht gegen die Art, in welcher die Untersuchung ausgeführt wird.

Der Besitzer des Fleisches oder die Leute desselben haben bei der Untersuchung die erforderliche Hülfe zu leisten.

---

*) Vergl. Anm. S. 143.

**) Statt dessen kann auch bestimmt werden, dass der Verkäufer dem Käufer eine von der Ortspolizeibehörde zu beglaubigende Bescheinigung ausstellt, dass er das Thier lebend und ohne wahrnehmbare Anzeichen einer Krankheit verkauft hat; denn in Bezirken ohne Fleisch- resp. Trichinenschau dürfte eine auf Grund eigener Untersuchung auszustellende Bescheinigung einer Polizei-Person oder gar eines Thierarztes nicht so leicht zu beschaffen sein.

Nach dem Urtheil des Reichsgerichts vom 27. Januar 1888 kann in einem Regulativ die Einfuhr frischen Fleisches von dem Nachweis einer bereits ausserhalb des Einführungsortes stattgefundenen Untersuchung abhängig gemacht werden.

§ 9.

Findet der thierärztliche Sachverständige oder sein Stellvertreter das zu untersuchende Fleisch gesund, so wird es mit dem Untersuchungsstempel*) für das von auswärts eingebrachte frische Fleisch versehen und dem Besitzer zur freien Verfügung überlassen.

§§ 10—13

decken sich mit den §§ 9—12 des Regulativs für die Untersuchung des im Schlachthofe geschlachteten Fleisches.

§ 14.

Nach erfolgter Abstempelung ist das untersuchte Fleisch sofort aus dem Untersuchungsraum zu entfernen, widrigenfalls dasselbe auf Kosten des Eigenthümers weggeschafft werden kann.

Die Schlachthof-Verwaltung übernimmt weder in diesem Falle noch sonst Gewähr irgend einer Art für die Sicherheit des in den Schlachthof eingebrachten Fleisches. Die Beaufsichtigung desselben ist ausschliesslich Sache des Eigenthümers.

§ 15.
Strafbestimmungen.

§ 16.

Dieses Regulativ tritt mit Eröffnung des Schlachthofes in Kraft.

6. *Polizei-Verordnung betreffend die Zuweisung nichtbankwürdigen Fleisches zur Freibank. (Freibank-Ordnung.)*

Auf Grund der §§ 5 und 6 des Gesetzes über die Polizei-Verwaltung vom 11. März 1850 und der §§ 143 und 144 des Gesetzes über die allgemeine Landes-Verwaltung wird bez. der Zuweisung und Zulassung nichtbankwürdigen Fleisches — d. h. verdorbenen Fleisches im Sinne des Gesetzes betreffend den Verkehr mit Nahrungsmitteln, Genussmitteln und Gebrauchsgegenständen vom 14. Mai 1879 — auf die Freibank mit Zustimmung des Magistrats und mit Genehmigung des Königlichen Regierungs-Präsidenten zu ──────────── vom ──────────── für den Gemeindebezirk der Stadt ──────────── verordnet.

§ 1.

Auf dem städtischen Schlachthofe ist durch Gemeindebeschluss der städtischen Körperschaften vom ──────────── eine Verkaufsstelle zum Verkauf nichtbankwürdigen (minderwerthigen) Fleisches eingerichtet. Die Verkaufsstelle steht unter polizeilicher Aufsicht, wird mit der Aufschrift »Freibank« versehen und darf nur zum Verkaufe nichtbankwürdigen Fleisches,

---

*) Es empfiehlt sich, für diesen Stempel eine andere Form, vielleicht vier- oder dreieckig, im Gegensatz zu dem Schlachthofstempel, oder eine andere Stempelfarbe, vielleicht roth, im Gegensatz zu blau für das im Schlachthof geschlachtete Fleisch zu wählen.

welches entweder im Schlachthofe ausgeschlachtet, oder von auswärts eingeführt und bei der Untersuchung als »nichtbankwürdig« befunden ist,
benutzt werden.

§ 2.

Gesundheitsschädliches Fleisch darf nicht verkauft werden.

Als nichtbankwürdiges Fleisch wird insbesondere anzusehen sein, resp.
nach stattgehabter Untersuchung zum Verkauf der Freibank überwiesen
werden:

a) Fleisch von zu alten oder abgemagerten, aber sonst gesunden, desgl.
von zu jungen, noch unreifen Thieren.

b) Fleisch von unangenehmem Geruch oder auffälliger Farbe ohne
gesundheitsschädlich zu sein, so auch von alten Zuchtebern und
Zuchtböcken.

c) Fleisch von lungenseuchenkranken Thieren. Inwieweit das Fleisch
der mit Tuberkulose behafteten Thiere dem Verkehr (ev. gekocht) frei-
zugeben oder zu vernichten ist, unterliegt den landespolizeilichen Bestimmungen. (Ministerial-Erlass vom 26. März 1892.)

d) Fleisch von Thieren, die in geringem Grade finnig sind, nach zu-
voriger Abkochung.

e) Fleisch von Thieren, welche in geringem Grade oder in einzelnen
Organen mit nicht auf Menschen übertragbaren Parasiten, z. B. Leber-
egeln, Magen- und Blasenwürmern behaftet sind, wenn durch die
Parasiten das Wohlbefinden und der Ernährungszustand der Thiere
gestört ist.

f) Fleisch von Thieren, welche infolge von Erstickungsgefahr, Ver-
stopfung, Knochenbrüchen, örtlichen Krankheiten, Geburtshindernissen
nothgeschlachtet sind, wenn die Nothschlachtung innerhalb 24 Stunden
nach Beginn des Leidens erfolgte.*)

---

*) Schneidemühl (l. c.) empfiehlt folgende Bestimmungen zur Aufnahme in
die Freibank-Ordnung: „Nothgeschlachtetes Vieh darf nur zum Freibank-Verkauf
gelangen, sofern die Besitzer glaubhaft nachweisen, dass die nothgeschlachteten Thiere
bereits vor der Erkrankung in ihrem Besitzthum standen.

„Eingeführtes Fleisch, welches sich als minderwerthig, nichtbankwürdig erweist,
ist vom Freibank-Verkaufe in der Regel ausgeschlossen.

„Die Benutzung der Freibank steht den Landwirthen und sonstigen Viehbesitzern
der Umgegend unter der Voraussetzung frei, dass die zu schlachtenden Thiere nicht
schon vor der Schlachtung wegen äusserlich erkennbarer Krankheiten oder wegen
übergrosser Magerkeit als nichtbankwürdig oder minderwerthig erklärt, sondern als
anscheinend gesund befunden worden sind, und die Minderwerthigkeit bezw. Nichtbankwürdigkeit sich erst bei der nach der Schlachtung vorgenommenen Untersuchung
herausgestellt hat. Im entgegengesetzten Falle müssen die Thiere nach ihrem Ursprungs-
orte zurückverwiesen werden.“ — „Durch die Bestimmungen dieses Paragraphen soll

§ 3.

Die Entscheidung, ob Fleisch nichtbankwürdig und auf die Freibank zu verweisen ist, erfolgt durch den Schlachthof-Thierarzt. Glaubt der Besitzer des Fleisches, sich bei dem Ausspruch des Schlachthof-Thierarztes nicht beruhigen zu können, so steht ihm frei, innerhalb 12 Stunden die Entscheidung der Polizei-Verwaltung anzurufen. Entstehen durch eine zweite Untersuchung Kosten, so hat der Besitzer des Fleisches dieselben zu tragen, wenn der Ausspruch des Schlachthof-Thierarztes bestätigt wird.

§ 4.

Das für die Freibank bestimmte Fleisch wird als »nichtbankwürdig« gestempelt und darf nur in Quantitäten von 250 g bis 3 kg an Konsumenten verkauft werden. Fleischer, Wurstmacher, Händler, Gastwirthe, überhaupt solche Personen, welche aus dem Verkaufe von Fleisch ein Gewerbe machen, dürfen weder persönlich noch durch dritte Fleisch von der Freibank kaufen.

§ 5.

Der Verkauf erfolgt durch den Besitzer des Fleisches unter Aufsicht der Schlachthof-Beamten und muss Tags zuvor durch die Lokalblätter, oder eines derselben, bekannt gemacht werden.

§ 6.

Der von dem Verkäufer bestimmte Preis für das Fleisch, der Name des Verkäufers, die Ursache der Beanstandung, die Gattung und das Geschlecht des Thieres, von dem das Fleisch stammt, wird mittelst einer im Verkaufs-Lokal anzubringenden Tafel bekannt gegeben. *)

---

verhütet werden, dass die Freibank von auswärtigen Fleischern dazu benutzt wird, um nothgeschlachtete Thiere oder das Fleisch kranker Thiere in Städten mit Freibankeinrichtung in zu grossen Mengen einzuführen, solange noch keine allgemeine Fleischbeschau im Deutschen Reiche vorhanden ist." —

*) Diese Verordnung, welche sich sehr gut bewährt hat, ist in Stolp schon seit drei Jahren in Kraft. Der Verkauf ist daselbst, soweit es sich um Thiere aus der Versicherungskasse handelt, einem Pächter (Fleischer) übertragen.

In vielen Freibank-Ordnungen ist bestimmt, dass der Preis für das nichtbankwürdige Fleisch entweder von den Schlachthof-Beamten allein oder unter ihrer Mitwirkung festgesetzt wird. Goltz bemerkt hierzu in seinem „Erläuterungs-Bericht zu dem Orts-Statut betr. die Einrichtung einer Freibank" folgendes:

„Man hat gegen die Festsetzung des Preises unter Mitwirkung der Schlachthof-Beamten eingewandt, dass das dem allgemeinen Herkommen widerspricht, weil im Handel der Preis einer Waare allein durch Angebot und Nachfrage bestimmt zu werden pflegt. Dies Bedenken halten wir nicht für stichhaltig, weil es sich beim Freibank-Fleisch in den meisten Fällen um dasjenige solcher Thiere handelt, die mit redhibitorischen Fehlern behaftet sind, sodass der augenblickliche Besitzer an der Preisstellung meistentheils gar kein Interesse hat, weil er sich durch den Verkäufer des Thieres wird schadlos halten lassen. Ausserdem ist aber auch das Publikum beim Kaufe des minderwerthigen Fleisches vor Uebervortheilungen zu schützen, weil es sich

§ 7.

Nichtbankwürdiges Fleisch, welches durch Verkauf auf der Freibank innerhalb dreier Tage nicht verwerthet wird, fällt der Vernichtung anheim oder wird zu gewerblichen Zwecken ausgenutzt.*)

§ 8.

Nach beendigtem Verkauf hat der Verkäufer für die gründliche Reinigung des Lokals und der Utensilien Sorge zu tragen, widrigenfalls die Reinigung auf seine Kosten erfolgt.

§ 9.

Für die Benutzung des Freibank-Lokals sind an Gebühren pro Tag zu entrichten:

   für ein Stück Grossvieh 1 M.
   für ein Schwein 75 Pf.
   für ein Stück Kleinvieh 50 Pf.
   für Fleischstücke pro kg 5 Pf.

Für die Benutzung des Koch-Apparats sind an Gebühren zu entrichten:

   für ein Rind 5 M.
   für ein Schwein 3 M.
   für ein Stück Kleinvieh 1,50 M.

§ 10.
Strafbestimmungen.

§ 11.

Diese Polizei-Verordnung tritt mit dem Tage der Publikation in Kraft.

---

in der Regel um verborgene Fehler desselben handelt, die sich der Beurtheilung des Käufers entziehen. Es wird sich deswegen empfehlen, den Thierärzten des Schlachthofes bei der Preisbestimmung des Freibank-Fleisches eine massgebende Stellung einzuräumen.

„Nirgends hat es sich bewährt, den Verkauf des minderwerthigen Fleisches dem betreffenden Besitzer, dem Fleischer zu überlassen, welcher das der Freibank überwiesene Thier geschlachtet hat. Einmal hat dieser Fleischer, wie bereits bemerkt, selten Interesse an der Verwerthung des Fleisches, und zweitens befürchtet jeder Fleischer, durch öffentlichen Verkauf solcher minderwerthigen Waare sein Geschäft zu schädigen. Daher dürfte es zweckmässig sein, dass von der Behörde ein besonderer Verkäufer für die Freibank bestellt wird."

Nach einer kürzlich gefällten Entscheidung des Kammergerichts (Strafsenat) ist es unzulässig, für Freibank-Fleisch die Preisgrenze vorzuschreiben sowie die Bekanntmachung des Preises im Verkaufs-Lokal zu fordern. Erstere Bestimmung stehe mit § 72 der Gewerbe-Ordnung im Widerspruch, da nach dieser nur von den Bäckern die Bekanntmachung des Preises verlangt werden dürfe.

*) Vergl. Anmerk. S. 143.

Polizei-Verordnung) betr. den Verkehr mit Rossfleisch und Rossfleischwaaren.*

§ 1.

Das Schlachten eines Pferdes, Maulthiers oder Esels zum Feilbieten oder Verkaufen des Fleisches, wie zur Verarbeitung des Fleisches zu Wurst, oder sonstigen Fleischwaaren oder zum eigenen Gebrauch des Fleisches darf nur auf dem städtischen Schlachthofe stattfinden.**)

§ 2.

Fleisch von Pferden, Eseln etc. (§ 1) sowie die aus solchem Fleisch hergestellte Wurst und sonstigen Fleischwaaren dürfen nur an Stellen feilgeboten werden, welche bei der Behörde vorher angemeldet sind. An solchen Verkaufsstellen dürfen andere Fleischwaaren weder aufbewahrt oder gelagert, noch in irgend einer Weise in den Verkehr gebracht werden.***)

Jede Verkaufsstelle dieser Art, einerlei ob dieselbe im Hause oder auf dem Markt eingerichtet ist, muss mit einer sichtbaren Tafel versehen sein, welche die deutliche Aufschrift »Rossfleisch-Verkauf« oder »Rossfleischwaaren-Verkauf« von mindestens 15 cm Buchstabenhöhe zeigt.

Ebenso müssen für den Verkauf von Pferdewurst etc. im Umherziehen die Behälter, in welchen sich die feilgebotenen Waaren befinden, mit der deutlichen und unabnehmbaren Aufschrift »Rossfleischwaaren« etc. versehen sein.

§ 3.

Die im § 1 bezeichneten Thiere sind unmittelbar vor dem Schlachten unbedingt von dem Schlachthof-Thierarzt auf ihren Gesundheitszustand zu untersuchen. Finden sich bei der Untersuchung des lebenden Thieres Erscheinungen, welche von vornherein das Fleisch desselben als ungeeignet zur menschlichen Nahrung erscheinen lassen, so darf die Schlachtung nicht vorgenommen werden. Das bei der Untersuchung nach der Schlachtung zur Nahrung für Menschen und Thiere geeignet befundene Fleisch wird mit dem amtlichen Stempel des Schlachthofes versehen, das ungeeignet befundene wird verworfen.

§ 4.

Jeder Rossschlächter hat ein von der Polizei-Behörde abzustempelndes Schlachtbuch zu führen, welches nach dem beifolgenden Schema eingerichtet

---

*) In den Provinzen Sachsen und Brandenburg ist das Rossschlächterei-Wesen und der Verkehr mit Rossfleisch und Rossfleischwaaren durch Verordnungen der zuständigen Ober-Präsidenten geregelt.

**) Die Einfuhr von Pferdefleisch und Pferdefleischwaaren gänzlich zu verbieten, widerspricht dem Schlachthaus-Gesetz und der Gewerbe-Ordnung. Gesetzlich zulässig sind nur Kontroll- u. s. w. Massregeln über die Einfuhr und den Verkauf.

***) Dieses Verbot findet sich leider bis jetzt noch in allen Polizei-Verordnungen über den Verkehr mit Rossfleisch u. s. w., es ist aber in hohem Grade geeignet, den theilweise noch bestehenden Widerwillen gegen den Genuss von Pferdefleisch zu mehren, während man, wie es auch im Bestreben der Thierschutz-Vereine liegt, denselben mit allen Mitteln bekämpfen sollte. Hierher gehört auch in erster Linie die Aufhebung dieser Bestimmung, wenigstens mit der Modifikation, dass nur das gleichzeitige Feilbieten von Rindfleisch verboten, das der übrigen Thiere aber gestattet sei.

sein muss. Die ersten vier Rubriken müssen vom Rossschlächter ausgefüllt werden, sobald er das Thier zum Schlachthof bringt.

Zur Ausfüllung der vierten Rubrik genügt die Aufführung des Namens derjenigen Person, von der das Pferd u. s. w. erworben worden ist. Die ünfte Rubrik wird von dem Schlachthof-Thierarzt ausgefüllt (vergl. § 3).

Demselben darf das zum Schlachten bestimmte Thier jedoch nicht früher als höchstens 24 Stunden vor dem Schlachten zur Untersuchung vorgestellt werden. Die sechste Rubrik ist vom Rossschlächter spätestens 24 Stunden nach dem Schlachten auszufüllen.

§ 5.

Die Schlachtbücher verbleiben auf dem Schlachthofe und können dem Rossschlächter auf kurze Zeit, längstens auf 24 Stunden ausgeantwortet werden.

§ 6.

Die gewerbsmässige Verarbeitung des Fleisches der in der Rossschlächterei geschlachteten und zur menschlichen Nahrung geeignet befundenen Pferde etc. zu Wurst und anderen Fleischwaaren etc. (§ 2) darf nur in den Geschäfts- und Arbeitsräumen der Rossschlächter stattfinden.

§ 7.

Zur Herstellung von Rossfleischwurst darf ausser dem Fleisch von Pferden, Maulthieren oder Eseln, Fleisch von anderen Thieren nicht benutzt werden, nur der Zusatz von Schweinefett oder Talg ist gestattet.

§ 8.

Die Verkaufsstellen von Rossfleisch und von Rossfleischwaaren sowie die Arbeitsräume der Rossschlächter unterliegen der Kontrolle durch die Polizei- bezw. Veterinär-Beamten.

§ 9.

Strafbestimmungen.

Das Fleisch von Pferden, Eseln etc., die vorstehenden Bestimmungen zuwider geschlachtet sind, sowie die aus solchem Fleisch gefertigten Fleisch- waaren, die entgegen denselben feilgeboten, verkauft, sonst in den Verkehr gebracht oder transportirt werden, verfallen der Einziehung und werden auf dem Schlachthofe vernichtet.

§ 10.

Diese Verordnung tritt mit der Publikation in Kraft.

Schema des Schlachtbuches.

1.	2.	3.	4.	5.	6.
Laufende No.	Beschreibung des Pferdes, Esels oder Maulthieres nach Alter, Grösse, Farbe u. besonderen Kennzeichen.	Tag des Erwerbes.	Name des Veräusserers und Vermerk über dessen Legitimation.	Attest des polizeilichen Thierarztes über den Gesundheits- zustand des Thieres.	Tag des Schlachtens oder des anderweitigen Verkaufs.

XII. Verwerthung und Vernichtung beanstandeten Fleisches.

(Freibank, Koch- und Trockenapparate, Abdecker.)

———

Die Begriffe „verdorben" „nicht bankwürdig" „minderwerthig". Das Fleisch der geschlachteten Thiere wird gemäss der Untersuchung durch den Sachverständigen in drei Kategorien geschieden:

1. in solches, welches vollständig gesund (»bankwürdig«) ist und mit einem Stempel, der es als solches bezeichnet, versehen frei in den Handel gelangen kann;

2. in solches, »welches, ohne gesundheitsschädlich zu sein
   a) objektiv Veränderungen seiner Substanz zeigt, oder
   b) von Thieren stammt, welche mit einer erheblichen äusseren oder inneren Krankheit behaftet waren,« (Ostertag), »nicht bankwürdig« (»nicht ladenrein«) oder »verdorben im Sinne des Nahrungsmittel-Gesetzes (vom 14. Mai 1879);«[*]

3. in solches, welches gänzlich für den menschlichen Genuss ungeeignet (gesundheitsschädlich) ist und der Vernichtung oder technischen Ausnutzung anheimfällt. (»Verdorben im Sinne des § 367,7 des Strafgesetz-Buches«.)

Während es aber nach dem Strafgesetz-Buch sowohl wie nach dem Nahrungsmittel-Gesetz (§ 12) streng verboten ist, Nahrungsmittel, »deren Genuss die menschliche Gesundheit zu beschädigen geeignet ist«, zu verkaufen etc., bleibt der Verkauf »verdorbener« Esswaaren erlaubt, sofern der Käufer über Beschaffenheit und Herkunft der Waare belehrt wird (Deklaration); denn das Nahrungsmittel-Gesetz »hat den Zweck, das Publikum vor Benachtheiligung dadurch zu schützen, dass es denjenigen, welcher verdorbene, nachgemachte oder verfälschte Nahrungs- oder Genussmittel feilhält oder verkauft, nöthigt,

———

[*] Fälschlich wird das „Freibankfleisch" gemeinhin als „minderwerthig" bezeichnet, obwohl es seiner chemischen Zusammensetzung nach oft keineswegs eine derartige Eigenschaft besitzt, vielmehr in Rücksicht auf seinen Nährwerth oft jeder vollwerthigen Waare gleichkommt. „Minderwerthig" im wahren Sinne des Wortes ist dagegen Fleisch von schlecht genährten, zu jungen oder zu alten Thieren und von Zuchtthieren.

den Kaufliebhabern die Möglichkeit zu gewähren, von der, wenn
auch nicht absolut unbrauchbaren oder gesundheitsgefährlichen, so
doch , minderwerthigen Beschaffenheit der Waare Kenntniss zu
nehmen.« *)

Allgemeines über die Freibank. Das Institut der Freibank ist keineswegs neueren Datums, denn wir finden schon in der
Mitte des 13. Jahrhunderts Bestimmungen, nach welchen das gute,
tadellose Fleisch an einem besser gelegenen Orte (des Marktes), in
den meist gedeckten und vor Wetter geschützten Fleischbänken
(Fleischscharren), das schlechtere (zu diesem wurde auch vielfach das
von auswärts wohnenden Schlächtern eingebrachte gerechnet)**) und
kranke abseits von diesem auf »Bänken im Freien« verkauft
werden musste. Allein erst in den letzten Jahren ist mit weiterer
Ausbreitung der obligatorischen Fleischbeschau und Errichtung
öffentlicher Schlachthöfe die Frage über die Zweckmässigkeit einer
derartigen Institution Gegenstand lebhafter Erörterungen von Seiten
der verschiedenen Interessenten geworden. Denn während der eine
Theil, das konsumirende Publikum, mit Recht verlangt, für sein
Geld nur gesundes, tadelloses Fleisch und nicht solches von kranken
Thieren zu bekommen, will der andere, der producirende Landwirth,
sich möglichst vor Schaden, der ihm durch Beanstandung seines
Schlachtviehs erwächst, bewahren. In der Mitte zwischen beiden
stehen die Händler und Fleischer, sehr oft dadurch interessirt, dass
ein vorsichtiger Producent ihnen das Schlachtvieh ohne Gewähr verkauft, sie also den Schaden selbst zu tragen haben. Aus wirthschaftlichen und national-ökonomischen Gründen aber ist es dringend
nothwendig, dass jede Behörde, welche die Errichtung eines öffentlichen Schlachthofes beschlossen hat, von vornherein auch die Einrichtung einer Freibank oder einer dieser ähnlichen Institution einer
eingehenden Würdigung und Prüfung***) unterzieht, da nur durch
solche Einrichtungen der Sachverständige des Schlachthofes allen
Interessenten gerecht werden kann. Denn ist er in der Beurtheilung
des von kranken Thieren stammenden Fleisches zu milde und erklärt er es für bankwürdig, selbst wenn es nicht vollständig Eigen-

---

*) Erkenntniss des Reichsgerichts vom 3. Januar 1882.
  **) Vergl. Anmerk. S. 143, Abs. 5.
  ***) Vergl. hierüber O s t e r t a g, Handb. der Fleischbeschau, und S c h n e i d e m ü h l
1. c., ferner die Anmerkungen zu der Freibank-Ordnung.

schaften eines solchen trägt, dann wird der Werth der Fleischbeschau ein zweifelhafter, ist er aber zu strenge, dann entzieht er einerseits dem Konsum grosse Mengen relativ noch brauchbaren Fleisches, das für einen billigen Preis der ärmeren Bevölkerung zu Gute gekommen wäre, zumal da mehr Menschen durch mangelhafte Ernährung als durch Genuss kranken Fleisches gesundheitlich beeinträchtigt werden, andererseits schädigt er direkt die Producenten, welche durch Verkauf des Fleisches auf der Freibank immer noch ca. $^1/_3$ des ursprünglichen Werthes retten können, und indirekt das Nationalvermögen. Diesem aber »darf von dem durch Schlachtthiere repräsentirten Kapital nicht mehr durch Konfiskation entzogen werden, als unbedingt zum Schutze der menschlichen Gesundheit nothwendig ist.«

Auf der XIX. Plenarsitzung des deutschen Landwirthschaftsraths[*]) begründete der Referent, Generalsekretär Dr. Müller, seine Anträge, die Reichsregierung um Beseitigung von etwa bestehenden gesetzlichen Hindernissen für die allgemeine Errichtung von Freibänken und die Stadt-Verwaltungen um Errichtung von Freibänken zu ersuchen und in jeder Weise die Einrichtung solcher Institute in landwirthschaftlichen Kreisen zu fördern, folgendermassen:

»1. Durch die steigenden Anforderungen, welche im Interesse der öffentlichen Gesundheitspflege und des Schutzes des konsumirenden Publikums auf dem Gebiete des Fleischmarktes erhoben werden, erwachsen den producirenden Landwirthen empfindliche und stets zunehmende Opfer.

»2. Die Centralisirung des Schlächtereigewerbes in öffentlichen Schlachthof-Anlagen, die dadurch bedingte und ermöglichte Ausdehnung der obligatorischen Fleischbeschau, sowie die mit steigender Entwickelung der thierärztlichen Wissenschaft sich verschärfende Kontrolle über den Verkehr mit Fleisch führt in immer wachsendem Umfange zu Beanstandungen und Verwerfungen von Thieren und einzelner Theile von solchen, die in ihrer Gesammtheit sehr erhebliche Verluste für den Producenten und Einbusse am Nationalvermögen darstellen.

»3. Wenn auch die Landwirthschaft das berechtigte Interesse der öffentlichen Gesundheitspflege behufs Erlangung eines genügenden

---

[*]) Sonderabdruck aus dem Verhandlungsbericht der XIX. Plenarversammlung des deutschen Landwirthschaftsraths. Februar 1891.

Schutzes des konsumirenden Publikums vor gesundheitsschädlicher Wirkung der in den Verkehr gebrachten Genussmittel voll anerkennt, so muss sie doch angesichts der grossen Verluste, die ihr erwachsen, fordern, dass ihr Opfer nur soweit zugemuthet werden, als zur Erreichung jenes Schutzes unbedingt erforderlich ist.

»4. Die Möglichkeit, die dem Landwirth als Producenten und der Volkswirthschaft im Ganzen erwachsenden Verluste auf ein Mindestmass einzuschränken, ohne die Interessen des konsumirenden Theiles der Bevölkerung zu gefährden, ist in der Errichtung von Freibänken gegeben.

»5. Freibänke sind als ein Korrelat der Centralisirung des Schlächtergewerbes in Schlachthöfen und der obligatorischen Fleischbeschau zu bezeichnen. Sie sind gleichzeitig eine Vorbedingung für die allgemeine Durchführung von Schlachtvieh-Versicherungen.

»6. Das Institut der Freibänke hat sich überall dort, wo dasselbe schon längere Zeit besteht, auf das Beste bewährt und wird von Konsumenten und Producenten als eine den beiderseitigen Interessen dienende Einrichtung anerkannt.

»7. Die Freibänke entsprechen den Anforderungen der öffentlichen Gesundheitspflege und des konsumirenden Publikums, weil sie

    a) den Vertrieb gesundheitsschädlichen Fleisches vollständig ausschliessen;

    b) demjenigen Konsumenten, der Werth darauf legt, nur Fleisch von völlig gesunden und vollkräftigen Thieren zu kaufen, die Sicherheit bietet, solche Waare zu erhalten;

    c) eine Verwerthung auch solchen Fleisches möglich macht, welches minderwerthig ist oder von kranken Thieren herrührt, ohne gesundheitsschädlich zu sein, und welches daher zum Genusse zuzulassen ist.

»Sie entsprechen auch den Anforderungen der Producenten und dem volkswirthschaftlichen Interesse, weil sie

    a) solche Thiere zu einer, wenn auch beschränkten Verwerthung bringen, die ohne Freibank-Einrichtung der Vernichtung anheimfallen würden;

    b) dadurch die Gesammtverluste der Producenten und den Verlust an Nationalvermögen auf ein Mindestmass einschränken;

    c) dem Fleischer und Händler die Möglichkeit benehmen, auf Grund erfolgter Beanstandungen und Verwerfungen unberechtigt hohe Ersatzansprüche an den Producenten zu erheben, wie das jetzt vielfach üblich ist.

»8. Die Einrichtung von Freibänken ist deshalb überall da erforderlich, wo Schlachthöfe bereits bestehen oder solche errichtet werden sollen. Hindernisse, die aus etwa bestehenden Landesgesetzen oder Verordnungen der allgemeinen Errichtung von Freibänken entgegenstehen, sollten möglichst bald beseitigt werden.«

Und mit Recht sagt daher Schneidemühl:*)

»Der Hauptwerth der Freibank-Einrichtung besteht demnach darin, dass Jeder, der nur Fleisch von gesunden Thieren kaufen, geniessen und mit dem üblichen Marktpreis bezahlen will, auch nur solches und kein anderes in den öffentlichen Fleischerläden der Stadt erhält, sowie dass derjenige, welcher auch Fleisch von kranken Thieren geniessen will, wenn dasselbe nach Ansicht der Sachverständigen nur gesund, von guter Beschaffenheit und nicht zu theuer ist, solches Fleisch auf der Freibank erhalten kann.«

In richtiger Würdigung dieser Thatsachen ist deshalb auch von verschiedenen Regierungen die Errichtung von Freibänken empfohlen worden, so im Grossherzogthum Hessen (Ministerial-Verfügung vom 22. Februar 1892), im Herzogthum Gotha (Ministerial-Verfügung vom 22. December 1891), von der Provinzial-Regierung von Schlesien und der Regierung von Posen. Verfügt ist die Errichtung von Freibänken in sämmtlichen öffentlichen Schlachthöfen der Reichslande (1883) und im Reg.-Bez. Bromberg (19. Juni 1893).

Die Einwendungen gegen die Freibank. Natürlich fehlt es an einer grossen Reihe von Einwendungen gegen die Freibank und Gegnern solcher Einrichtungen nicht.

In erster Linie sind es die Fleischer, welche in gleicher Weise wie überhaupt gegen jede ihr Gewerbe betreffende Massregel, so auch gegen die Freibank mit allen Kräften eifern. Auf dem XIII. Fleischer-Verbandstage sprach man sich ausdrücklich gegen dieselbe und überhaupt gegen jeglichen Verkauf minderwerthigen Fleisches aus, und nicht weniger geschah dies auf dem XV. Verbandstage in Metz und dem XVI. in Dresden, wo die Freibank als ein »Lieblingsprojekt der Thierärzte« hingestellt wurde, »für welches, um es zu unterhalten, für Waare gesorgt werden müsse.« Es ist aber ganz natürlich,

---

*) l. c.

dass sie sich so sehr gegen die Freibank sträuben, »denn«, sagt Dr. Müller, »es erwächst ihnen da, wo eine Freibank unter behördlicher Aufsicht besteht, eine Konkurrenz, die sie nicht gern haben wollen. Nicht als ob sie gegen »Freibankfleisch« etwas einzuwenden hätten und den Konsumenten etwa schützen wollten vor dem Genuss minderwerthiger Waare. Im Gegentheil, sie erheben den Anspruch, dass sie diese Waare — aber natürlich wie jede andere gute Waare — verwerthen dürfen. Das Interesse der Konsumenten leitet sie sicher nicht bei ihrem Widerstande, sondern sie verhalten sich lediglich abwehrend gegen eine Konkurrenz, die ihnen in der Freibank erwachsen würde.«

Andere wiederum befürchten, die Unzufriedenheit und ,der Socialismus unter der ärmeren Bevölkerung werde genährt, indem diese sagt, »für uns Arme ist krankes Fleisch gut genug, wir müssen es kaufen, da wir den Preis für gesundes nicht erschwingen können.« — Dieser Einwand bedarf einer Entgegnung wohl nicht!

Ferner führen die Gegner der Freibank aus, die Fleischbeschau habe nur das sanitäre Wohl im Auge ohne Rücksicht auf volkswirthschaftschaftliche oder national-ökonomische Interessen. Bei einer Freibank aber trete man diesen Principien strikte entgegen, denn es wird krankes Fleisch verkauft, gleichviel ob man sagt, es ist der menschlichen Gesundheit unschädlich oder nicht. Wer möchte das mit absoluter Bestimmtheit behaupten wollen? Die Thierversuche können vielleicht für die Thiere Unschädlichkeit beweisen, muss daraus eine solche für den Menschen nothwendigerweise gefolgert werden?

Dass diese Bedenken hinfällig sind, dafür spricht längst die praktische Erfahrung; ist man aber im geringsten Grade ängstlich, dass der Genuss solchen, der Freibank überwiesenen Fleisches in rohem Zustande schädlich sei, dann kann von dem Sachverständigen stets der Verkauf nur gekochten Fleisches angeordnet werden, und wir besitzen jetzt solche vorzüglichen Vorrichtungen, Fleisch absolut keimfrei zu machen, dass Bedenken in jeder Hinsicht ausgeschlossen sind.

Endlich glaubt man vielfach, es werde sich selbst in kleineren Städten nicht vermeiden lassen, dass Freibankfleisch auf Umwegen in die Speisewirthschaften, zu Wurstmachern u. s. w. gelange. Bei einer genauen und gewissenhaften Kontrolle, — und diese ist in jeder nicht zu grossen Stadt unschwer durchzuführen, — können derartige Unterschleife, wenn sie wirklich vorkommen, nicht lange verborgen bleiben, da die betreffenden Käufer niemals selbst kommen, sondern durch andere ankaufen lassen, von deren Verschwiegenheit — und auf diese ist meistens schlecht zu rechnen — sie alsdann abhängig sind.

Von anderen Einwendungen gegen die Errichtung von Freibänken seien noch erwähnt, es werde die Viehzucht geschädigt und auf die Fleischpreise gedrückt. Die eine Behauptung wie die andere ist vollständig gehaltlos und durch die gegentheilige Erfahrung längst widerlegt.

Dagegen muss man den Einwurf als gerechtfertigt anerkennen, es sei unstatthaft, auf der Freibank auch anderes Fleisch, welches nicht zu Beanstandung Veranlassung gegeben hat, zu verkaufen, wie es in einigen Städten (München, Leipzig) geschieht. Es widerspricht dies ohne Zweifel der eigentlichen Bestimmung der Freibank. —

Die Arten der Freibank. Wir kommen nun zu den verschiedenen Arten der Freibank;*) dieselbe kann bestehen in

1. Verkauf von rohem (und gegebenenfalls gekochtem) Fleisch auf dem Schlächthofe unter Aufsicht der Polizei-Behörde oder der Schlachthof-Beamten.

2. Verkauf nur von gekochtem Fleisch unter Aufsicht auf dem Schlachthofe.

3. Abstempelung des rohen, nichtbankwürdigen Fleisches mit besonderem, die »Nichtbankwürdigkeit« kennzeichnendem Stempel und Rückgabe an den Fleischer zum freien Verkauf.

4. Rückgabe des gekochten Fleisches an den Fleischer ebenfalls zum freien Verkauf in seinem Laden.

Vorrichtungen zum Kochen kranken Fleisches. Während man bis vor Kurzem auf der Freibank nur rohes Fleisch verkaufte, ist in den letzten Jahren dem Verkauf gekochten Fleisches an vielen Orten der Vorzug gegeben, und in einem Rundschreiben**)

---

*) Die unter 1. aufgeführte ausgedehnteste Art der Freibank ist in der Liste der Städte mit Schlachthöfen (S. 21—29) durch †, die übrigen (2—4) sind mit †† bezeichnet.

**) Cirkular-Erlass vom 30. December 1891 an die Magistrate. „Die Hauptaufgabe der öffentlichen Schlachthäuser, neben der Gesundheitspflege auch das volkswirthschaftliche Interesse zu wahren, scheint vielfach nicht genügend beachtet zu werden. Während in einzelnen Schlachthäusern unter sehr zahlreichen Schlachtthieren kaum Beanstandungen vorgenommen sind, ist in anderen mit der Beanstandung von Fleisch in umfangreicherer Weise vorgegangen. Dass die bei den Schlachtthieren auftretenden

machte vor einiger Zeit die Kgl. Regierung zu Bromberg die Städte
des Bezirkes darauf aufmerksam, dass sich eine möglichst gute Verwerthung beanstandeten Fleisches durch besondere Präparation, Kochen
u. s. w. sehr gut erreichen lasse, ohne dabei den Nährwerth zu
beeinträchtigen.

Für eine derartige Sterilisation oder Desinfektion sind in den
letzten Jahren eine ganze Reihe sinnreich konstruirter Apparate aufgestellt, welche weiter unten Besprechung finden sollen, zunächst
seien die einfachsten Vorrichtungen zum Kochen erwähnt. Es kann
dies geschehen:

Krankheiten dieses ungleiche Verhältniss bedingen, ist nicht wahrscheinlich, denn das
allgemeine procentuale Verhältniss der kranken zu den gesunden Schlachtthieren steht
dem entgegen; vielmehr scheint dieser Umstand in erster Linie auf die Auffassung des
jeweiligen Leiters des Schlachthauses zurückzuführen zu sein.

„Eine weitere Ursache der umfangreicheren Beanstandung von Fleisch ist darin
zu suchen, dass dasselbe nur in vollwerthiges und gesundheitsschädliches unterschieden
wird. Die Erfahrung hat aber gelehrt, dass diese beiden Deklarationen nicht aus-
reichen, um den oben genannten Aufgaben Rechnung zu tragen. Es kann eine dritte
Deklaration nicht entbehrt werden, welche dasjenige Fleisch umfasst, dessen Herkunft
nicht tadelfrei ist oder dem durch besondere Präparation die gesundheitsschädlichen
Eigenschaften genommen sind, ohne den Nährwerth zu beeinträchtigen. Es ist dieses
das sog. minderwerthige Fleisch, dessen Verkauf in einigen Schlachthäusern unter
polizeilicher Aufsicht (Freibank) geschieht. Ich erkenne an, dass dieses Verfahren
wenn es auch nicht völlig einwandsfrei ist, doch einen Ausweg schafft, um das volkswirthschaftliche Interesse neben dem hygienischen zu wahren. Wie die Anlage II
ergiebt, sind die mit dem Dr. Rohrbeck'schen Apparate angestellten Sterilisations-
versuche mit Fleisch auf dem Central-Schlachthofe zu Berlin sehr günstig ausgefallen.
Mittelst dieses Apparats ist es möglich, Fleischtheile selbst in grösseren Stücken derart auch im Innern zu erhitzen, dass nicht nur alle thierischen Parasiten, sondern
auch alle Infektionskeime organischer Natur zerstört werden, ohne dass der Nährwerth oder der Geschmack des Fleisches leidet, und ohne dass ein Verlust (selbst der
Brühe) eintritt. Ein grosser Theil desjenigen Fleisches, welches demnach nur
bedingungsweise zum Konsum zugelassen werden kann, oder welches ohne besondere
Präparation gesundheitsschädlich wirkt (Parasiten z. B.), wird durch die Behandlung
mit dem Rohrbeck'schen Apparate der menschlichen Nahrung erhalten.

„Auch dem gesundheitsschädlichen Fleische kann durch die Behandlung mit dem
Rohrbeck'schen Apparate die gesundheitsschädliche Eigenschaft genommen werden,
sodass dasselbe unbedingt zu technischen Zwecken oder Dungmitteln verwerthet
werden kann.

„Ich ersuche demnach den Magistrat ergebenst, neben der Fürsorge für die
Gesundheit auch die Ausbeute der fleischlichen Nahrungsmittel zu fördern und solche
Einrichtungen zu treffen, welche beiden Bedingungen Rechnung tragen. Die Benutzung
des Rohrbeck'schen Apparates in Verbindung mit einer Freibank dürfte dem Zwecke
am meisten entsprechen."

In einem gewöhnlichen eingemauerten Kessel. Dieses Verfahren hat den grossen Uebelstand, dass man eine so hohe Temperatur wie sie, wenigstens für grössere Fleischstücke, nothwendig ist, um alle darin enthaltenen Schädlichkeitskeime und Parasiten zu tödten, nicht oder erst nach langem Kochen erreicht. Durch letzteres aber wird der Betrieb nicht unerheblich gestört, auch gehen besonders zu viel werthvolle Extractivstoffe verloren. Eine bessere Verwerthung erzielt man durch Benutzung eines doppelwandigen, mittelst Dampf zu erhitzenden Kessels, welcher gewöhnlich als »Talgschmelze« Verwendung findet. Allein auch bei diesem Verfahren erleidet das Fleisch eine immer noch sehr bedeutende Einbusse an Nährstoffen, während gleichzeitig eine Temperatur, welche nöthig ist, um das Fleisch keimfrei zu machen, gewöhnlich nicht erreicht wird.

Diese Uebelstände fallen bei dem *Becker-Ullmann'schen Kochapparate* fort, welcher bekanntlich in grossen Instituten, in denen es sich um die Speisung zahlreicher Personen handelt, vielfach zur Anwendung kommt. Er besteht aus grossen Kochgefässen (Kochtöpfen), welche in hölzernen, doppelwandigen Holzkästen sich befinden und aussen gleich einem Kochherd eine Bekleidung von Kacheln tragen. Der Verschluss jedes Kochtopfes erfolgt mittelst eines doppelwandigen Deckels, während durch ein im Boden befindliches Rohr der Dampf eintritt und beliebig regulirt werden kann. Es kann eine Temperatur von 92° C erzielt werden. Bei geringem Verlust von Extractivstoffen wird das Fleisch selbst besonders weich und saftig, während andererseits eine vollständige Vernichtung aller etwa in demselben enthaltenen Schädlichkeitskeime absolut sicher ist.

In erhöhtem Masse bieten sich diese Vortheile bei Apparaten, welche neuerdings für diese Zwecke konstruirt sind, und von denen die einen dazu dienen, Fleisch durch Kochen für den menschlichen Genuss geeignet zu machen, während in den anderen solches Fleisch, welches unter jeder Bedingung vom Genuss ausgeschlossen werden soll, für technische Zwecke ausgenutzt werden kann. Apparate der ersten Art sind folgende:

1. *Der Rohrbeck'sche Patent-Fleisch-Desinfektor.* (Fig. 28.) Derselbe besteht aus einem doppelwandigen Kessel, welcher so eingerichtet ist, dass man sowohl in den Kesselraum selbst, wie in den Mantel Dampf hineinleiten und auf diese Weise den Innenraum erhitzen und als Trockenkammer benutzen kann.

Der Apparat zeichnet sich ferner durch eine Kühlvorrichtung[*]) aus, welche den Zweck hat, durch Kondensation möglichst gesättigten Dampf und durch diesen einen sicheren Verlauf des Kochens zu erzielen, indem bei fortgesetzter Abkühlung Luftleere in den zu desinficirenden Gegenständen entsteht, welche dann von dem neu eindringenden Dampf ausgefüllt wird, und dieser vernichtet in demselben befindliche Ansteckungsstoffe und Keime. Aus den angestellten Versuchen

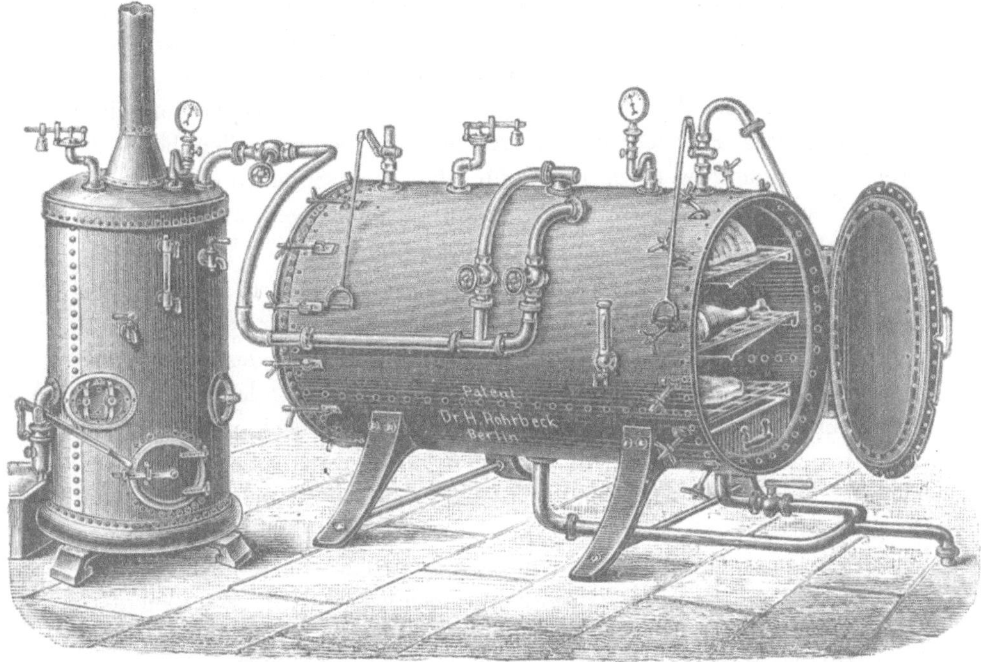

Fig. 28.

hat sich ergeben, dass das Fleisch »ausserordentlich saftreich, von angenehmem Geschmack und Geruch und die (in Blechgefässen aufzufangende) Brühe sehr koncentrirt war.« Da sogar in der Mitte des Fleisches eine Temperatur von 100 ^{0} C. erreicht wird, so ist genügende Sicherheit für vollständige Sterilität, auch der dickeren Stücke, vorhanden.

Der Rohrbeck'sche Apparat, welcher einer eingehenden Prüfung durch Sachverständige vielfach unterworfen ist, befindet sich in

---

[*]) Vergl. hierüber: Duncker, „Ueber das Eindringen des Wasserdampfes in Desinfektionsobjekte“ 1892 und Sander und Clarenbach im Gesundheitsingenieur 1893. No. 20.

Berlin, Lübeck, Neisse, Halle, Eisenach und anderen Schlachthöfen zur vollsten Zufriedenheit der betreffenden Behörden in Thätigkeit. Auch ist die Anschaffung desselben von der Kgl. Regierung zu Bromberg officiell empfohlen und seitens des Kgl. Sächsischen Ministerium des Innern sind durch Verordnung vom 17. Dec. 1892 besondere Vorschriften für den Gebrauch dieses Apparates angegeben.

Nach den in Lübeck angestellten Ermittelungen verzinst sich das Anlage-Kapital eines solchen Apparates, dessen Preis, je nach der Grösse 2000—6000 M. beträgt, auf 5 %, wenn an Kochgebühren für ein Rind 4 M. und ein Schwein 2 M. gerechnet werden.

Dieser Fleischdesinfektor kann aber auch so gebaut werden, dass er gleichzeitig zur technischen Ausnutzung solchen Fleisches Verwendung findet, welches nicht für den menschlichen Genuss geeignet ist, sondern nur Fett, Leim und Düngermaterial liefern soll (Valorisator).*)

2. *Henneberg's Fleischdämpfer.* (Fig. 29 u. 30.) Mittelst gesättigten Dampfes wird in demselben eine Temperatur von ca. 120° C. bei $^3/_4$ Atm. Spannung erzielt, und zwar ist vermieden, dass sowohl der gewöhnlich nicht sehr reine Kesseldampf direkt mit dem Fleisch in Berührung kommt, als auch das Kondenswasser sich mit den dem Fleisch entzogenen und im Uebrigen noch werthvollen Extractivstoffen vermischt und dadurch für weitere Kesselspeisung unbrauchbar ist.

Der Apparat besteht aus dem eigentlichen Kochgefässe a, welches oben mit einem Deckel b dampfdicht verschlossen wird. Zum leichten Hochheben des Deckels ist derselbe durch Kette, Rolle und Gegengewicht, welch letzteres in der Säule f läuft, ausbalancirt. Der Boden des Kochgefässes a ist doppelwandig ausgeführt und der entstandene Zwischenraum c mit einer direkten Dampfzuleitung d sowie mit der Kondensationsableitung e versehen. Die übrige Ausrüstung besteht in dem Sicherheitsventil g und dem Manometer h, den herausnehmbaren Drahtkörben i, dem Lufthahn k und dem Ablasshahn l.

---

*) Eine derartige Kombination, welche auch der später erwähnte Budenberg'sche Apparat gestattet, erscheint jedoch nicht nur aus ästhetischen, sondern auch aus sanitären und betriebstechnischen Gründen durchaus unrathsam, eine Ansicht, die auch von Ostertag, (Zeitschr. f. Fleisch- und Milchhygiene IV. Jahrg. S. 109) vertreten wird.

Der Betrieb dieses Apparates gestaltet sich wie folgt:

Zunächst wird der Kochkessel a mit reinem Wasser gefüllt, soweit bis der Boden ganz bedeckt ist und alsdann das für die Fleischbrühe erforderliche Gewürz zugesetzt. Darauf wird das mit Salz und Gewürz bestreute Fleisch gleichmässig auf die Drahtkörbe i vertheilt, der Deckel b dicht verschlossen und nun durch Oeffnen des Dampfventils d das Wasser des Fleischkessels zum Sieden gebracht. Die sich entwickelnden Dämpfe steigen auf und umspülen das Fleisch, während gleichzeitig die im Kochkessel enthaltene Luft durch Hahn k entweicht. Sobald Dampf durch den Hahn k ausströmt, wird derselbe geschlossen, worauf in kurzer Zeit im Kochkessel Druck entsteht, welcher an dem Manometer h abgelesen, und dessen oberste Grenze ($3/4$ Atm.) durch das Sicherheitsventil g normirt wird. Das Fleisch steht also nun unter Einwirkung reinen Wasserdampfes von $3/4$ Atm. Spannung entsprechend einer Temperatur von 118—120^0C. und wird bei dieser Temperatur in verhältnissmässig kurzer Zeit völlig durchgekocht. Der aus dem Fleisch abtropfende Saft sammelt sich am Boden des Kochkessels und bildet, vermischt mit dem eingefüllten Wasser, eine koncentrirte, schmackhafte Fleischbrühe.

Nach beendetem Kochprocess wird das Dampfventil d geschlossen, und, nachdem der Druck im Kochkessel a auf 0 zurückgegangen ist, zunächst Lufthahn k und dann Deckel b geöffnet. Das Fleisch wird darauf entweder einzeln aus den Drahtkörben entnommen, oder es werden auch die Körbe selbst mitsammt der Fleischfüllung aus dem Apparat herausgehoben. Zu diesem Zweck sind die Körbe mit passenden Handgriffen ausgerüstet. Die Brühe wird in der allgemein gebräuchlichen Weise mittelst Kelle ausgeschöpft. Ein Abzapfen derselben durch Hahn b ist nicht zu empfehlen, weil sich hierbei das Fett nicht gleichmässig auf die einzelnen Portionen vertheilen würde.

Die Anschaffungskosten richten sich nach der Grösse des Apparates und schwanken zwischen 1100 und 1550 M. —

Aufstellung gefunden hat der Fleischdämpfer auf den Schlachthöfen in Kattowitz, Spandau und Zwickau, woselbst er sich nach den vorliegenden Berichten überall gut bewährt hat. Beschlossen ist die Anschaffung desselben in Stolp.

Eine in gleicher Weise doppelte Verwendung wie der Rohrbeck'sche Apparat, nämlich zum Kochen des Fleisches und zum Vernichten, gestattet der von ***W. Budenberg-Dortmund*** kon-

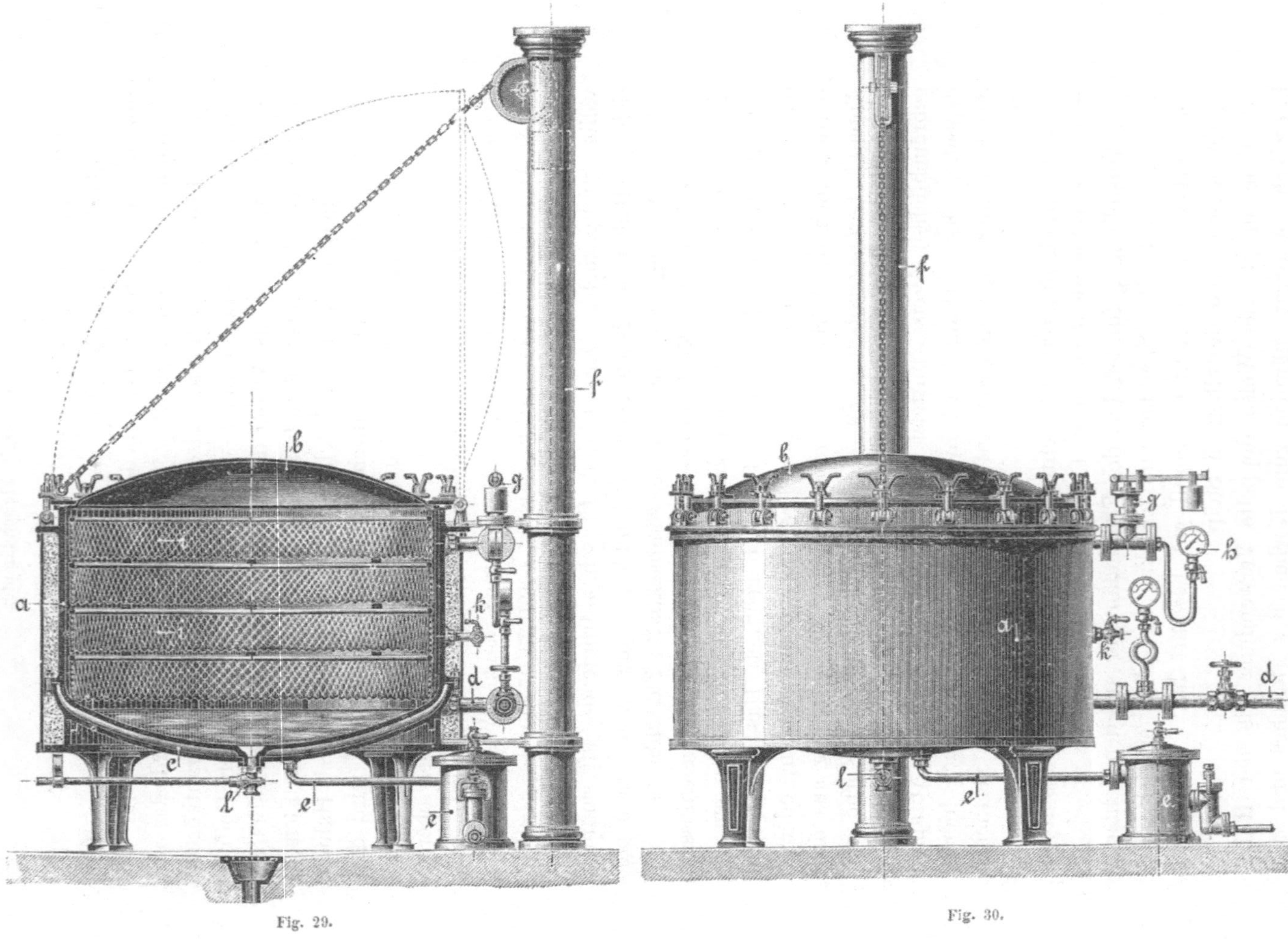

Fig. 29.   Fig. 30.

struirte Desinfektor, welcher auf dem Schlachthofe in Dortmund seit einiger Zeit in Thätigkeit ist.   Nach einer Mittheilung von Schlacht-hof-Inspektor Clausnitzer-Dortmund*) geschieht die Füllung des Apparates in derselben Weise wie bei den bereits bekannten.   Soll die betreffende Einlage zur technischen Ausnutzung gelangen, dann wird zuerst mit $^1/_2$ Atm., alsdann mit $2\,^1/_2$ Atm. ca. 3—4 Stunden gearbeitet, worauf die Entleerung von Leimwasser und Fett gesondert stattfindet.   Der übrige Inhalt ist trocken und zerfällt leicht.   Der Ge-wichtsverlust schwankt zwischen 45 und 50 %.

Bei der Fleischdämpfung wird nur mit $^1/_2$ Atm. Ueberdruck gearbeitet.   »Hierbei blieb das Fleisch saftig und von angenehmem Geruch.   In das Innere der Fleischstücke eingefügte Thermometer zeigten eine Temperatur von 100—102 ° C.«

In Betreff der Rentabilität bemerkt Clausnitzer, dass die

Einnahmen (Fett, Knochen u. s. w.)   197,02 M.
Ausgaben . . . .   125,90 »
betrugen, somit ein Ueberschuss von   71,12 M.

verblieb.

Der Preis für den in Dortmund aufgestellten Apparat (drei Ein-sätze mit Raum für 400 kg) beträgt 2600 M.

Auf dem Schlachthofe in Guben sind zwei von den Wasser-werken in Frankfurt a. O. gelieferte Dampfsterilisatoren in Gebrauch, von welchen der eine zur Dämpfung des noch zum Genuss geeigneten Fleisches, der andere zur Vernichtung des gänzlich vom Konsum ausgeschlossenen Verwendung findet.

Inwieweit der *Seiffert'sche* Dampf- Schmelz- und Kochapparat (W. Boese jr., Breslau) für Schlachthofzwecke geeignet ist, lässt sich noch nicht sagen, da Erfahrungen hierüber, soweit bekannt, bis jetzt nicht vorliegen.

Nach den von P. Falk in Magdeburg angestellten Ermittelungen betragen die Gewichtsverluste des Fleisches durch Dampfsterilisation bei Rindern 53,75—64,4 % (im Mittel 60 %), bei Schweinen 37,54—51,05 % (im Mittel 46,04 %). —

Verfahren mit dem gänzlich vom Konsum aus-geschlossenen Fleisch.   Wird Fleisch gänzlich vom Konsum ausgeschlossen, so soll es technisch ausgenutzt oder unschädlich beseitigt werden, jedenfalls aber muss durch irgend ein Verfahren

---

*) Zeitschr. f. Fleisch- u. Milchhygiene Jahrg. IV. S. 107.

vermieden werden, dass etwa darin enthaltene Krankheitsstoffe sich weiter verbreiten können, oder gar das Fleisch auf Umwegen, sei es auch unter dem Namen »Hundefutter«, in den Handel kommt. Es wird in dieser Hinsicht an vielen Schlachthöfen sehr sorglos verfahren, indem z. B. beanstandete Organe einfach in die Dunggrube geworfen werden.

Im Königreich Sachsen ist diesem Unwesen durch die Ministerial-Verfügung vom 16. Januar 1890 gesteuert, indem diese das Fortwerfen und Vergraben tuberkulöser Theile auf Düngerhaufen u. s. w. verbietet. Wie wenig Sicherheit aber das Ausliefern von Kadavern u. dgl. an den Abdecker bietet, hat sich in den letzten Jahren an einer grossen Reihe von Fällen erwiesen.

Das für den Konsum ungeeignete Fleisch und die Fleischabfälle sucht man schon seit einer Reihe von Jahren auf chemischem, bzw. chemisch-thermischem Wege auszunutzen und zwar in der Weise, dass alle mittelst eines Walzwerkes zerkleinerten Knochen und Weichtheile in eiserne, mit dem Dampfkessel in Verbindung stehende, 2—3 m hohe und ca. 1 m im Durchschnitt messende runde Eisencylinder, sog. Digestoren, gebracht werden. Nachdem die Gefässe dicht verschlossen sind, lässt man Dampf von 3 Atm. Spannung eine Zeit lang (im Durchschnitt 5—6 Stunden) einwirken. Hierdurch werden die fett- und leimhaltigen Substanzen völlig gelöst, und beim Schluss des Verfahrens wird die Leimlösung in einen Klärbottich und nach erfolgter Klärung in ein Kondensationsgefäss geleitet; das Fett lässt man in eine Klärpfanne ab, woselbst es, durch verschiedene chemische und mechanische Mittel gereinigt, zu Maschinen-Schmiermaterial und Seifensiedereifetten präparirt wird. Der Inhalt der Digestoren, welcher nach Entfernung der Fett- und Leimlösung aus zum Theil chemisch zersetzten Fleisch- und Knochenmassen besteht, wird mit dem koagulirten Blute auf einer Mischmaschine zerkleinert, im Trockenraum getrocknet und schliesslich auf dem Mahl- und Siebewerk völlig zu Pulver verarbeitet.

Das so gewonnene Pulver bildet, mit Chemikalien gemischt, ein werthvolles Düngemittel.

Abgesehen davon, dass im Allgemeinen dieses Verfahren recht umständlich und wegen Verbreitung schlechter Dünste beim Ablassen des Fettes und Leimwassers auch belästigend für die Nachbarschaft ist, besonders wenn, wie in Abdeckereien, schon in Fäulniss übergegangene Kadaver zur Verarbeitung gelangen, kommt noch besonders der Kostenpunkt in Betracht, weil die mit 30°/₀ Feuchtigkeit behafteten Weichtheile einer umständlichen und kostspieligen Trocknung bedürfen. Diese Nachtheile hat man in den neuerdings konstruirten und schon vielfach in Thätigkeit befindlichen Apparaten zu vermeiden gesucht.

Es sind dies folgende:

1. Der Kafill-*)Desinfektor von Rietschel & Henneberg (Berlin). Derselbe ist in etwas einfacherer Form zuerst (1884) von dem Director des Antwerpener Schlachthofes de la Croix konstruirt und vom Ingenieur Henneberg (Berlin) verbessert.

Der Apparat besteht, wie die Abbildungen (siehe Tafel, Fig. 33 und 34) erkennen lassen, aus drei einzelnen Gefässen A, B und C, welche unter sich durch Rohrleitungen verbunden sind.

Der mit Dampfmantel versehene (d. h. doppelwandig gebaute) Cylinder A, der eigentliche Desinfektor oder Sterilisator, oben durch abnehmbaren Deckel dampfdicht geschlossen, dient zur Aufnahme der Kadaver und Thiertheile. Cylinder B ist ein Recipient, in welchem sich das aus den Kadavern extrahirte Fett sowie das Leimwasser sammelt, während Cylinder C als Kondensator für die aus den vorgenannten Gefässen abziehenden Dämpfe und Gase dient.

Durch die Rohre b und c steht der Sterilisator A in Verbindung mit dem Betriebsdampfkessel, und zwar wird durch b der Dampfmantel geheizt, während Rohrleitung c durch zwei mittelst der Ventile e und d verschliessbare Abzweige nach dem Innern des Sterilisators führt.

Das in dem Sterilisator unterhalb des Siebbodens a sich sammelnde Leimwasser und Fett wird durch Dampfdruck nach Oeffnen des Ventiles h zu dem Recipienten B hinübergedrückt, ebenso kann durch das Ventil f der Dampf aus dem Desinfektor direkt nach dem Recipienten geleitet werden. Ein Zurückströmen des Dampfes von dem Sterilisator nach dem Dampfkessel hin wird durch ein passend angebrachtes Rückschlagventil verhindert.

Zur Vermeidung zu hoher Dampfspannung in dem Desinfektor ist das Sicherheitsventil g vorgesehen, überdies aber ist der ganze Apparat in besonders schwerer Kesselschmiedearbeit auf das Solideste

---

*) Kafill, in Süddeutschland in Kafiller, Kafeller oder Kafäller noch als Bezeichnung für den Abdecker gebräuchlich, ist nach Moscherosch auf das rothwälsche Wort Caveller, Caväller, Kafaller = Schinder zurückzuführen und abzuleiten von dem talmudischen Kefal קְפַל = abziehen, oder nach anderen von dem hebräischen Chaval, Cheval חָבַל, welches vernichten, verderben bedeutet.

hergestellt und einer Druckprobe von 10 Atm. unterworfen. Also selbst bei Betrieb durch hochgespannten Dampf ist jede Gefahr ausgeschlossen. In gleich sicherer Weise ist bei der Fabrikation Rücksicht auf derart dichte Nietungen und Verbindungen genommen, dass selbst das unter hohem Druck stehende flüssige Fett, welches bekanntlich die feinsten Undichtigkeiten leicht durchdringt, sicher abgeschlossen bleibt. Es vertheuern diese Arbeiten naturgemäss den Apparat, sie sind jedoch bei der scharfen Betriebs-Beanspruchung unerlässlich und gewährleisten allein die völlige Geruchlosigkeit.

Die Einrichtung des Recipienten B besteht im Wesentlichen aus einer Wasserbrause, einem Eintauchrohr, einem Entleerungshahn k, dem Zapfhahn l, einer Dampfbrause und den beiden, sowohl am oberen cylindrischen Theil, als an dem konischen Boden angebrachten Wasserstandsgläsern. Durch das Rohr p ist der Recipient mit dem Kondensator C verbunden. Derselbe ist am Boden mit einem leicht zu lösenden Reinigungsdeckel versehen und seitlich mit einem Wasserstandsglas ausgerüstet. Im Innern enthält der Kondensator die durch Rohr v gespeiste Wasserbrause. Die Begrenzung des Wasserstandes erfolgt durch das Ueberlaufrohr r, die Entleerung durch Hahn s. Von dem oberen Theil des Kondensators führt ein Ausblaserohr u die abziehenden Gase unter den Rost der Dampfkesselanlage bezw. zu einem besonders hierfür anzulegenden Verbrennungsofen. Das Ventil t dient dazu, bei etwaigem Minderdruck im Recipienten, Luft von aussen her direkt einströmen zu lassen, also ein Zurücktreten des Wassers von C nach B hin zu verhindern.

Zu erwähnen ist noch, dass der Desinfektor A dicht über dem Siebboden a ein leicht zu öffnendes Mannloch hat, durch welches die fertig sterilisirten Stoffe entnommen werden. Ebenso ist durch eine, den oberen Theil des Apparates A umgebende, schmiedeeiserne mit Treppe versehene Gallerie für Zugänglichkeit der über Manneshöhe gelegenen Ventile und Deckelschrauben gesorgt. Der schwere Deckel des Desinfektors A ist in einem kräftigen Krahn x aufgehängt und kann nach Lösen seiner Dichtungsschrauben leicht bei Seite gedreht werden, wodurch die obere Oeffnung für die Beschickung des Apparates völlig frei wird.

Das Einfüllen der Kadaver geschieht mittelst eines besonderen auf Rollen laufenden Füllkastens, welcher durch die kleine Konsolwinde y zu der erforderlichen Höhe gefördert wird.

Die Sterilisation geht nun in der Weise vor sich, dass in

Additional material from *Bau, Einrichtung und Betrieb von öffentlichen Schlachthöfen,*

ISBN 978-3-662-39246-1, is available at http://extras.springer.com

Cylinder A das zu vernichtende Fleisch u. dergl. hineingethan, unter Druck von 4—5 Atm. (Temp. 150—160° C.) gesetzt, und das sich bildende Leimwasser und Fett in den B-Cylinder gedrückt wird, während in dem C-Cylinder die Verdichtung der gewonnenen Stoffe erfolgt. Dadurch, dass die entstehenden übelriechenden Gase und Dämpfe direkt in die Kesselfeuerung geleitet werden, ist eine Belästigung durch dieselben völlig ausgeschlossen, während die gewonnenen flüssigen Produkte durch Hähne abgelassen, die festen Bestandtheile aber getrocknet und pulverisirt ein gesuchtes Düngemittel liefern, das reich an Phosphor und Stickstoff und frei von jeglichen Schädlichkeitskeimen ist.

Die Kadavertheile von Thieren, welche an ansteckenden Krankheiten gelitten haben, werden ausserdem noch mit Karbolsäure übergossen, wenn sie in den Sammel-Cylinder (A) kommen. Das Kondenswasser wird direkt in die Kläranlage oder sonstige Abzugskanäle geleitet.

Dieser Apparat befindet sich in Thätigkeit in Britz b. Berlin und Spandau, und Liebe*) sagt über die Rentabilität desselben Folgendes:

»Nach Bayersdörfer wurden in Karlsruhe pro 100 kg Einsatz 4 kg Fett und 25 kg Dungpulver gewonnen. Bei dem Betriebe in Spandau, wo ein wesentlich abweichendes Material zur Verarbeitung gelangte, betrug die Ausbeute an Fett 4,25 und an Dungpulver 12,7% des Einsatzes. Als mittlere und nach unten abgerundete Werthe, welche der Rentabilitätsberechnung zu Grunde gelegt werden können, mögen hieraus 5% Fett und 18% Dungpulver angenommen werden.

»Legen wir nun einen Apparat von der Grösse wie in Spandau oder Karlsruhe, also mit 1200 kg Fassungsvermögen zu Grunde und setzen denselben wöchentlich zweimal, also pro anno rund 100 mal in Betrieb, so gestaltet sich die Produktion wie folgt:

Einsatz 100 × 1200 = 120 000 kg

Ausbeute an Fett 5% von 120 000 kg . . . . 6 000 kg

Ausbeute an Dungpulver 18% von 120 000 kg . 21 600 -

»Die in Spandau erzielten Verkaufswerthe betrugen:

Für Fett . . . . . M. 40,00 und

- Dungpulver . . . - 13,00 pro 100 kg

---

*) Zeitschr. für Fleisch- und Milchhygiene 1893 S. 156.

»Demnach beträgt der Werth der Produktion:

An Fett 6000 kg à 0,40 M.   = 2400,00
- Dungpulver 21 600 kg à 0,13 M. = 2808,00

Summa M. 5208,00

»Demgegenüber stehen folgende Unkosten:

1. Kohlenverbrauch pro Tag rund 200 kg, p. a.

200 × 100 = 20 000 kg à M. 0,02 = M. 400

2. Arbeitslohn pro Tag M. 4 .also im Jahre   - 400
3. Unterhaltungskosten, Reparaturen   - 200
4. 5% Zinsen des Anlagekapitals von rund

13 000 M.   - 650

5. 10% Amortisation von rund 13 000 M.   - 1300   2950,00

M. 2258,00

(NB. Ad 1—3 sind maximale Sätze.)

»Hiernach bleibt also ein Reingewinn von M. 2258. Dieser Betrag erfährt eine wesentliche Erhöhung, wenn der Apparat häufiger in Betrieb genommen wird, wie nachstehende Berechnung unter Zugrundelegung von 200 Betriebstagen p. a. zeigen soll.

»In diesem Falle beträgt das Quantum des verarbeiteten Rohmaterials

200 × 1200 =   240 000 kg   240 000 kg

Die Ausbeute an Fett 5% von   240 000 - =   12 000 -
Die Ausbeute an Dungpulver 18% von 240 000 - =   43 200 -

Bei den oben berechneten Materialpreisen stellt sich der Werth
des Fettes auf 120,00 × 40   = M. 4800
des Dungpulvers auf 432,00 × 13 =   - 5616

M. 10 416

»Die Unkosten dagegen sind:

1. Kohlenverbrauch pro Tag 200 kg, p. a. 200

× 200 = 40,000 à M. 0,02   = M. 800

2. Arbeitslohn pro Tag M. 4 p. a.   = - 800
3. Unterhaltungskosten, Reparaturen   = - 300
4. 5% Zinsen des Anlagekapitals von 13 000 M. = - 650
5. 10% Amortisation von 13 000 M.   = - 1300   3850

Reingewinn = M. 6566

»Durch Verdoppelung des Betriebes hat sich demgemäss der Reingewinn annähernd verdreifacht. Man sieht hieraus, von welcher Bedeutung für die Rentabilität es ist, die Grösse des Apparates genau den lokalen Verhältnissen anzupassen, d. h. den Apparat so zu wählen, dass derselbe bei genügend zahlreichen Betriebstagen vollständig ausgenützt werden kann. Um dies zu ermöglichen ist neuerdings die Firma Rietschel & Henneberg dazu übergegangen, den Kafill-Desinfektor in verschiedenen Grössen, nämlich von 10, 15, 24, 40 und 60 Centnern Fassung zu bauen. Der Apparat von 10 und 15 Centnern Fassung ist besonders für kleinere und mittlere Schlachthof-Anlagen zu empfehlen. Durch diese weitgehende Berücksichtigung der praktischen Bedürfnisse dürfte die Einführung des so ausserordentlich wichtigen und leistungsfähigen Apparates eine wesentliche Förderung erfahren.« Henneberg rechnet 25—30% des Gewichtes eines Kadavers als Gewinn an Dungpulver und nimmt als Preis pro 50 kg 7—8 M. an.

Das Dungpulver als Viehfutter zu verwenden, dürfte nach den von Liebe angestellten Ermittelungen (Impfungen) ohne Gefahr und sogar zu empfehlen sein, weil es einen seiner chemischen Zusammensetzung entsprechenden ziemlich hohen Nährwerth besitzt.

Aus den Versuchen geht, wie oben gezeigt, ferner hervor, dass der Apparat bei einer möglichst hohen Ausnutzung der Rohstoffe wenig Betriebsunkosten erfordert, sodass trotz der ziemlich hohen Anschaffungskosten eine Rentabilität desselben keineswegs in Frage gestellt ist.

Wie Verfasser sich vor Kurzem in Britz (b. Berlin) zu überzeugen Gelegenheit hatte, arbeitet der daselbst aufgestellte Kafill-Desinfektor durchaus exakt und zur vollsten Zufriedenheit des Besitzers.

2. *System Podewils für geruchlose Verarbeitung von Thierkadavern und Schlachthausabfällen* (Podewils'sche Fäkal-Extrakt-Fabriken in München (Fig. 31 und 32).

Der erste Apparat dieses Systems gelangte 1882 in Augsburg zur Aufstellung. Er besteht aus einer liegenden, um ihre Längsachse rotirbaren, starken Trommel, welche aus einem inneren Cylinder, einem äusseren Heizmantel und Stirndeckeln besteht. Die Dampfzu- und Ableitung führt durch die hohlen Zapfen; die Füllung und Entleerung geschieht durch ein luftdicht verschliessbares Mannloch.

Der Verarbeitungsprocess erfolgt wie nachstehend geschildert: Die Kadaver werden auf einem fahrbaren Secirtisch in grosse Stücke zertheilt und direkt in den Apparat eingeworfen oder durch eine Füllrinne eingefüllt. Nach Verschluss des Mannlochs werden die eingebrachten Kadavertheile durch direkten Kesseldampf (bis 160° C.)

unter Druck von 5—6 Atm. gedämpft und desinficirt, und nach
3—4 stündigem Dämpfen leitet man die entstandene fetthaltige
Fleischbrühe durch das gebogene, nach unten drehbare Rohr in den
Fettabscheider. Bei der darauf folgenden Trocknung tritt Dampf
in den äusseren Heizmantel, die Trommel wird in Rotation gesetzt,

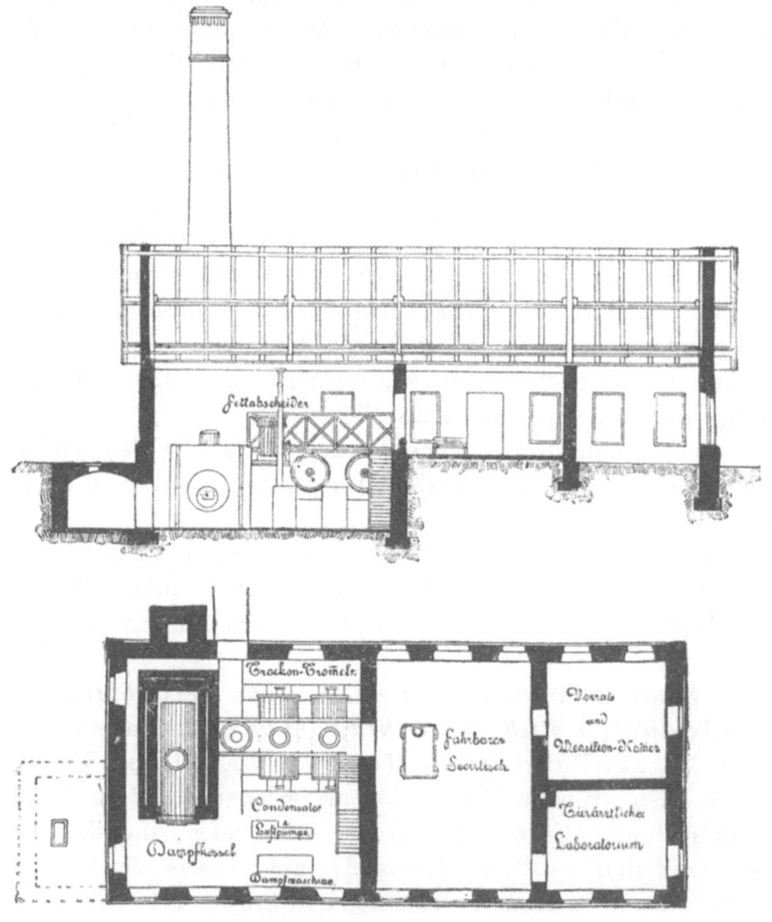

Fig. 31.

und eine im Innern freibewegliche Walze zerdrückt und mahlt das
nun weiche Material, während alle freiwerdenden Dämpfe abgesaugt
und kondensirt, die unkondensirbaren Gase aber, wie beim Kafill-
Desinfektor, unter die Kesselfeuerung geführt und verbrannt werden.
Nach 7—10 stündiger Trocknung sind alle Kadavertheile, einschliesslich Knochen, Haut und Hörner, zu Pulver zermahlen, und nach

Oeffnen des Mannlochs fällt das trockene Dungpulver von selbst in den unten stehenden Sack.

Im Fettabscheider hat sich inzwischen das specifisch leichtere Fett von der leimigen Fleischbrühe gesondert. Das erstere wird in ein Fass abgelassen, dagegen die Leimbrühe bei der nächsten Charge in die Trommel zurückgeleitet und mitverarbeitet.

Nach Angaben der Polizei-Verwaltung in Hamburg wurden für das im Apparat gewonnene Fett 20—21 M. pro Ctr. und für den Dünger 5,50—6,00 M. pro Ctr. erzielt.

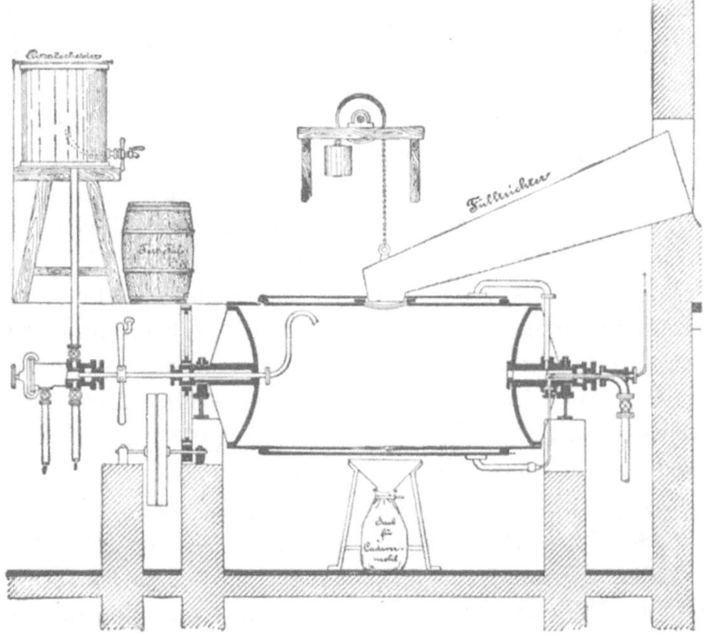

Fig. 32.

Als besondere Vorzüge dieses Verfahrens wird von dem Erfinder Folgendes hervorgehoben:

»Die Kadaver bleiben bis zur gänzlichen Verarbeitung im Innern des Apparates unter Luftabschluss, wodurch schlechte Gerüche und Belästigungen verhindert werden.

»Die Mahlung erfolgt gleichzeitig mit der Trocknung, also im günstigsten Stadium, in welchem alle Fleisch- und Knochentheile sich noch im Zustande der grössten Weichheit befinden.«

[Diese Leistung dürfte aber wohl nur durch entsprechenden Mehraufwand einer grösseren Wärme- d. h. Kohlenmenge erfolgen].

»Die entstehenden beiden Produkte: Kadavermehl und Fett sind sofort verkaufsfähig.

»Da der Apparat die anfallenden Kadaver und Fleischtheile in einigen Tagen per Woche aufarbeitet, so kann man die Trommel an den übrigen Tagen dadurch vortheilhaft ausnützen, dass man Blut oder andere thierische Abfälle aus Schlachthäusern damit trocknet oder ihn eventuell als Talgschmelze verwendet.«

Der Apparat wird in fünf Grössen angefertigt für Verarbeitung von 600—2000 kg; der kleinste derselben kostet 5500 M.

Anlagen dieses Systems finden sich in Augsburg, München, Hamburg und Barmen (im Bau).

3. *Die Rübenkampsche Trocken-Methode* (H. Eickers-hoff-Dortmund) besteht im Wesentlichen aus einer Trockenkammer und einem mit Abtheilungen versehenen Behälter (Wagen), welcher mit dem zu verarbeitenden Material beladen in die Trockenkammer geschoben wird. Das Fleisch wird entweder an Haken in den einzelnen Abtheilungen aufgehängt oder auf perforirte Bleche gelegt, unter welchen sich Auffangschalen befinden für das Fett, das in einem Sammelraum unter dem Wagen zusammenfliesst und von dort abgelassen werden kann. In die Trockenkammer münden eine Anzahl Röhren und Kanäle, welche derselben erhitzte Luft zuführen, auch durchstreichen die Heizgase vor ihrem Abzug durch den Kamin die Boden- und Seitenkanäle der Kammer.

Die bei dem Trockenprocess entstehenden Gase und Dünste werden in die Feuerung gesogen und dort verbrannt. Je nachdem es sich um ein vollständiges Trocknen von Fleisch oder Fleischtheilen, Blut u. s. w. für Düngerzwecke handelt oder um Gewinnung von Freibankfleisch, wird der Inhalt im Trockenapparat mit Dampf unter Druck oder heisser Luft unter Druck, nachher mit mehr oder weniger trockener Wärme behandelt. Als Vortheile des Verfahrens werden angegeben: billiger Betrieb, einfache Bedienung, rasche Aufeinander-folge der Processe bei Vermeidung unangenehmer Gerüche. —

4. *Die Verbrennungsöfen von Gorini, Venini, Fr. Siemens, Schaller und Keidel.* Handelt es sich nur darum, Fleisch oder einzelne Organe zu vernichten, ohne Rücksicht auf etwa noch zu verwerthende Bestandtheile, so empfiehlt sich für kleinere Schlachthöfe das Verbrennen in der Kesselfeuerung, (wenn-gleich letztere durch Verbiegen der Roststäbe nicht unwesentlich

darunter leidet), während man für grössere Institute zu diesem Zweck eigene Vorrichtungen konstruirt hat. *)

Einer der ältesten Oefen dieser Art ist der des Italieners *Gorini* und zwar mit den Verbesserungen von *Venini* (und der Portativmachung von *Rey* zur Verwendung an beliebigen Orten). **)

Zur vollständigen Verbrennung, bei welcher von ca. 100 kg Kadaver ca. 4—5 kg weisse Asche zurückbleiben, sind ca. $^5/_4$ Stunden erforderlich. Dieselbe geht ohne Rauch und Geruch vor sich und erfordert nur sehr wenig Heizmaterial.

Auch der von *Fr. Siemens* (Dresden) konstruirte Leichenverbrennungsofen ist für Vernichtung von thierischen Kadavern und Abfällen in erhitzter Luft geeignet. Die Verbrennung, welche nur mit geringen Kosten verknüpft ist, erfolgt ebenfalls rauch- und geruchlos. Die erhaltene Asche ist als Düngemittel verwendbar.

Auf dem Principe, die heissen Rauchgase der Kesselfeuerung sich nutzbar zu machen, beruht die von Hofbaurath *Schaller* in Gotha***) konstruirte Fleischverbrennungs-Vorrichtung. Ueber dem sog. Fuchs (d. i. der Kanal, durch welchen die von dem Dampfkessel kommenden Rauchgase nach dem Schornstein gelangen) ist eine kleine Heizkammer angebracht, welche mittelst gusseiserner Klappen direkt mit dem darunterliegenden Rauchkanal so in Verbindung gebracht werden kann, dass die heissen Rauchgase im Bedarfsfalle bei entsprechender Klappenstellung die Heizkammer passiren müssen, bei welcher Gelegenheit die in derselben hängenden Kadaver und Fleischtheile unschädlich gemacht bezw. verbrannt werden. Die Anlage kann nicht nur über, sondern auch neben dem Fuchs erfolgen.

In Gotha wird der Apparat nur in denjenigen Fällen angewandt, wo es sich um die Vernichtung von Kadavern seuchekranker Thiere handelt, da der Zug im Schornstein resp. in den Dampfkesseln bei Benutzung des Apparates etwas beeinträchtigt wird.

Bei Neuanlage betragen die Kosetn für diese Vorrichtung 450 M.

---

*) Nach Ostertag (Handb. d. Fleischbeschau 1892) werden, wie Weyl angiebt, in England thierische Kadaver in den Tryer'schen Destruktoren vernichtet.

**) Vergl. hierüber: Küchenmeister, Vierteljahresschrift für gerichtliche Medicin 1887.

***) Nach einer freundlichen Mittheilung des Herrn Hofbaurath Schaller in Gotha.

Während bei diesem Apparat eine Verbrennung durch die Rauchgase vorgesehen ist, geschieht in dem *Keidel'schen* Verbrennungsofen (H. Kori-Berlin) dieselbe direkt durch Feuer und zwar in der Weise, dass durch die Rauchgase zunächst die zu verbrennenden Theile in einem Sammelbehälter ausgetrocknet und für den eigentlichen Verbrennungsprocess geeignet gemacht werden und dann allmählich in die Feuerung behufs weiterer Verbrennung hinabsinken. Der Vortheil des Apparates soll darin beruhen, dass grössere Mengen inficirter Stoffe schnell und ohne jede Belästigung für die Umgebung vollständig vernichtet werden können, während gleichzeitig die Möglichkeit geboten ist, bei geringen Quantitäten dieselben durch vorläufiges Einwerfen in den Sammelbehälter unschädlich machen und dort aufspeichern zu können, bis soviel Material zusammengekommen ist, dass eine Verbrennung lohnt. Nach Mittheilungen der genannten Firma fasst der im Schlachthof zu Nürnberg in Betrieb befindliche Verbrennungsofen 15 Ctr. Fleischtheile, zu deren Verbrennung 7 Ctr. gute Kohle erforderlich sind. Zur vollständigen Vernichtung des Fleisches waren 7 Stunden nöthig.

Mögen alle diese Verbrennungsverfahren noch so fein erdacht und in hygienischer Hinsicht empfehlenswerth sein, für Schlachthofzwecke wird man doch denjenigen Apparaten stets den Vorzug geben, welche gleichzeitig eine technische Ausnutzung des zu vernichtenden Materials bezwecken. Es muss aber unbedingt der Einwurf, eine derartige Vorrichtung gehöre auf die Abdeckerei und nicht auf den Schlachthof, als unberechtigt zurückgewiesen werden.

Der Begriff „unrein" und die Ansprüche des Abdeckers. Da durch alle diese Vorkehrungen aber der Abdecker,[*] sofern in der betreffenden Stadt die noch immer zu Recht bestehenden Privilegien nicht abgelöst sind, arg geschädigt wird, so ist es dringend nothwendig, dass jede Behörde, welche den Bau eines öffentlichen Schlachthofes beschlossen hat, sich von vorne herein über die Frage: »Soll der Abdecker alles zu vernichtende Material bekommen, oder soll es im Interesse des gewerbetreibenden Publikums auf dem Schlachthof nach Möglichkeit ausgenutzt werden?« entscheidet. Denn nach dem Publikandum vom 29. April 1772 steht dem Abdecker »das abgestandene und beim Schlachten unrein befundene Vieh (Schafe

---

[*] Vergleiche über Abdecker und Abdeckereien die Abhandlung von Wehmer, deutsche Vierteljahresschrift für öffentliche Gesundheitspflege 1887.

ausgenommen) zu.« Während aber das an die kurmärkische Kriegs- und
Domänenkammer ergangene Ministerialreskript vom 11. Mai 1789*)
den Begriff »abgestanden« dahin definirt, dass darunter »alles zum
ferneren Gebrauch für Menschen untüchtige Vieh« zu verstehen sei,
findet sich für den Begriff »unrein« nirgend eine nähere Erklärung.
Es unterliegt aber wohl kaum einem Zweifel, dass hierunter der
Gesetzgeber alles dasjenige Fleisch verstanden wissen wollte, welches
»verdorben« im Sinne des § 367, 7 des Strafgesetzbuches also »gesundheitsschädlich« ist.   Auch Dieckerhoff**) spricht sich in
einem Gutachten dahin aus, dass »ein zum Schlachten bestimmtes
Stück Vieh sich nur dann als »unrein« betrachten lässt, wenn dessen
Schlachtfleisch die Menschen nach dem Genuss mit einer Krankheit
behaften kann«, und in diesem Sinne führt auch das Erkenntniss
des Königl. Amtsgerichts zu Eberswalde vom 11. Juli 1890 aus,
dass, wie in der Bekanntmachung der Kurmärkischen Kriegs- und
Domänenkammer als Merkmal des »abgestandenen« und deshalb
dem Scharfrichter verfallenen Viehes die Untauglichkeit zum menschlichen Gebrauch gilt, auch das gleiche Merkmal für die Bestimmung
des Begriffes: »beim Schlachten unrein befunden« massgebend sein
muss.   Man könne daher dasjenige Thier als »unrein« bezeichnen,
dessen Fleisch zum menschlichen Gebrauch nicht tauglich ist, welches
wegen seiner kranken Beschaffenheit nicht genossen werden könne,
bezw. weil gesundheitsgefährdend, nicht gegessen werden darf.
Keinesfalls aber würde auch dasjenige Fleisch als »unrein« zu betrachten sein, welches der Freibank überwiesen wird, also »verdorben
im Sinne des Nahrungsmittelgesetzes« ist.   Denn es wird — und
zwar ohne Schaden für die menschliche Gesundheit — genossen,
und es ist dabei ganz gleichgiltig, ob bei dem Verkauf noch eine
gewisse Form — die Deklaration — beobachtet wird oder nicht.
Der Abdecker hat demnach nur auf dasjenige Fleisch ein Anrecht,
welches dem Genuss für Menschen vollständig entzogen wird.

Nach einem Publikandum vom 26. Juli 1785 ist aber ferner
von dem Begriff »unrein« ausgenommen, das Fleisch der mit Perl-
sucht (Franzosenkrankheit) behafteten Thiere, denn das Publikandum
bestimmt ausdrücklich, »dass es dem Schlächter, wenn er übrigens
dergleichen kleine meistens traubenförmige Geschwülste in der Brust

---

*) Vergl. Rönne, Das Medicinal-Wesen, Breslau 1844.

**) Berliner Thierärztliche Wochenschrift 1890, S. 300.

u. s. w. antrifft, keineswegs weiter erlaubt ist, das geschlachtete Stück Rindvieh für unrein und dass es mit den Franzosen behaftet sei, zu erklären,« sondern er musste es nach Entfernung der kranken Theile dem Willen des Eigenthümers oder Verkäufers zum Hausgebrauch überlassen. Dieser Ansicht schliesst sich aber das Erkenntniss des Landgerichts zu Stolp (22. Februar 1892) keineswegs an. In den Entscheidungsgründen heisst es:

»..... In den Verordnungen der Königl. Regierung zu Cöslin vom 14. November 1821 und 13. Mai 1862 wird in Erinnerung gebracht, dass in Gemässheit des Publikandums vom 29. April 1772 das ausser der Viehseuche abgestandene desgl. zum ferneren Gebrauch für Menschen untüchtig gewordene, also auch deshalb getödtete, imgleichem das beim Schlachten unrein gefundene Vieh, Schafe ausgenommen, dem Scharfrichter anzusagen ist.

»Es kann dahingestellt bleiben, welche dieser Erklärungen den Begriff »abgestanden« richtig erläutert. Das Schwergewicht ist auf die Worte »beim Schlachten unrein befundenes Vieh« zu legen. Darunter ist Vieh zu verstehen, dessen Fleisch der menschlichen Gesundheit schädlich oder sehr gefährlich und deshalb für ungeniessbar zu erachten ist. Hierauf kommt auch die Deklaration vom 11. Mai 1789 hinaus.

»..... Es kann aber dem Amtsgericht nicht darin beigestimmt werden, dass durch das Publikandum vom 26. Juli 1785 das Publikandum von 1772 abgeändert worden ist, und perlsüchtige Rinder dem Abdecker entzogen sind. Jenes Publikandum von 1785 ist überhaupt nicht ein Gesetz, d. h. eine allgemeine Anordnung, sondern eine Belehrung und Anweisung, die sich ausdrücklich auf das bewährte Gutachten des Ober-Kollegii Sanitatis gründet, die also auch bei Aenderung der thierarzneiwissenschaftlichen Anschauungen ihre Grundlage verliert. Aber davon abgesehen, verbietet das Publikandum von 1785 lediglich dem Schlächter das Stück Rindvieh für unrein zu erklären, wenn es nur die im Publikandum mitgetheilten Erscheinungen zeigt.

Dem Thierarzt hat das Publikandum weder verboten, noch verbieten wollen, im einzelnen Fall ein Stück Rindvieh wegen Tuberkelkrankheit als zum menschlichen Genuss ungeeignet d. h. unrein zu erklären.« —

Ist es demnach als erwiesen zu betrachten, dass dem Abdecker ein Anrecht auf alles als »gesundheitsschädlich« zu bezeichnende

Fleisch zusteht,*) so bleibt denjenigen Kommunen, welche die Privilegien der Abdeckerei noch nicht abgelöst haben und nicht ablösen wollen, nichts weiter übrig, als sich mit dem Abdecker in irgend einer Weise zu einigen, wie es bereits in einer Reihe von Städten geschehen ist, dass entweder der Abdecker alles auf dem Schlachthofe für den menschlichen Genuss ungeeignete Fleisch zur gewerblichen Ausnutzung bekommt und für jedes Stück eine gewisse Summe, z. B. für Grossvieh 1 M., für Kleinvieh 0,50 M. an die Schlachthofkasse zahlt oder ausser dem beanstandeten Material noch eine Entschädigung für das Abholen erhält. Jedenfalls ist der grösseren Sicherheit wegen ersteres Verfahren vorzuziehen.

In einigen Städten hat man auch versucht, auf gerichtlichem Wege die Angelegenheit zum Austrag zu bringen, und es dürfte vielleicht das oben schon citirte Erkenntniss des Landgerichts zu Stolp nicht ohne Interesse sein, in welchem der auf die Schadloshaltung des Abdeckers bezügliche Passus folgendermassen lautet:

»Auf Grund des Sachverständigen-Urtheils ist das in Rede stehende Rind als »unrein« behandelt und es hätte danach dem Kläger (Abdecker) angesagt werden müssen. Da dies nicht geschehen, so kann der Kläger Schadloshaltung verlangen. Für diese Schadloshaltung sind noch heute die im Publikandum vom 29. April 1772 ad 3 angeführten Bestimmungen in Kraft. .... Zuzugeben ist, dass diese Schadloshaltung nach den heutigen Preisverhältnissen sehr gering ist, aber solange das Publikandum von 1772 in Kraft ist, bleibt auch der Richter an die darin enthaltenen Bestimmungen gebunden; weder die Bestimmungen des A. L.-R. über Schadenersatz (Th. 1 Tit. 6) noch § 260 C.-P.-O. geben dem Richter die Befugniss, sich über den klaren Wortlaut des Publikandums hinwegzusetzen (Einl. z. A. L.-R. §§ 46 ff. 54). Daraus, dass der Staat die Abdeckerei-Berechtigung des gemeinen Wohles wegen verliehen hat, und dass die geringe Schadloshaltung dazu anreizen mag, das Gebot des Publikandums zu überschreiten, mag der Gesetzgeber Anlass zu anderer Regelung entnehmen; bis dahin bleibt das Publikandum bestehen, und daran ändert auch der Umstand nichts, dass die Gerichte in einzelnen Fällen die Bestimmungen in Ziff. 3 des Publi-

---

*) Vergl. hierüber Erkenntniss des preussischen Oberverwaltungsgerichts vom 8. Oktober 1891 (III. 740), wonach dem Abdecker auch das Fleisch trichinöser Schweine zukommt.

kandums ausser Acht gelassen haben. . . . . . Somit stehen dem Kläger nur 6 M. (für ein Rind) zu.« —

Diesem Urtheil gemäss beansprucht der Abdecker, soweit es ihm bekannt wird, für jedes vom Konsum ausgeschlossene Rind (Schweine sind garnicht in Betracht gekommen) 6 M., sodass in jedem Fall dem Besitzer des Thieres nach Abzug dieser Summe noch ein kleiner Ueberschuss bleibt, während andererseits die Schlachthof-Verwaltung die Gewissheit hat, dass mit dem Fleisch kein Missbrauch getrieben wird, da die Verwerthung bezw. Vernichtung auf dem Schlachthofe selbst stattfindet und nicht, wie es bei vielen Abdeckereien vorgekommen ist, beanstandetes Fleisch, sei es auch unter der Bezeichnung »Hundefutter« oder zu Würsten u. dergl. verarbeitet, nachträglich in den Handel kommt.

Ausser dieser Gefahr bringen aber die meisten Abdeckereien alten Stils noch andere Uebelstände und Unannehmlichkeiten mit sich, und mit Recht nennt sie Bollinger »polizeiwidrige Anstalten« und Dammann »Schlupfwinkel der Viehseuchen«, denn bei den meist unzuverlässigen und hygienisch unzulässigen Methoden technischer Ausnutzung werden sie zu Brut- und Züchtungsstätten für Milliarden von Mikroorganismen und Ungeziefer aller Art, welche für die Nachbarschaft eine furchtbare Plage bilden, besonders da sich zu diesen Uebelständen noch ein weiterer, der oft geradezu unerträgliche Geruch gesellt, und so in gleicher Weise Luft, Wasser und Boden verpestet werden. Bei zweckmässiger Ausnutzung, wie sie uns die Anwendung der oben beschriebenen Apparate bietet, fallen alle diese Uebelstände fort, und in richtiger Würdigung dieser Vortheile ist auch neuerdings von der Berliner Stadtverwaltung beschlossen, den im Jahre 1895 ablaufenden Kontrakt mit dem Pächter der fiskalischen Abdeckerei nicht zu erneuern, sondern mit einem Kostenaufwand von 170 000 M. auf dem städtischen Schlachthofe eine eigene Anstalt für gewerbsmässige Ausnutzung von Kadavern zu errichten, ein Beispiel, dem hoffentlich recht viel andere Städte bald folgen werden.

In diesem Sinne hat auch die Konferenz deutscher Schlachthof-Direktoren (Berlin, Mai 1893) ihre Ansicht in dem Satze zusammengefasst: »Es erscheint als wünschenswerth, dass auf allen Schlachthöfen oder in Verbindung damit entsprechende Einrichtungen getroffen werden, die es ermöglichen, alle Konfiskate, die einen technischen Werth haben, im Interesse des Eigenthümers und so auszunutzen, dass eine andere Verwendung absolut sicher ausgeschlossen ist.«

XIII. Schlachtvieh-Versicherungen.

Allgemeines über Vieh-Versicherungen. Von grosser volkswirthschaftlicher Bedeutung ist in den letzten Decennien das Versicherungswesen geworden, welches, im Anfang vorigen Jahrhunderts aus unbedeutenden Anfängen emporsprossend, jetzt zu einer Ausbreitung und Vollkommenheit gediehen ist, wie es jemals wohl kaum geahnt wurde, und welches nicht nur aus allen Berufsklassen seine Mitglieder herangezogen, sondern sich auch der verschiedensten Interessen des alltäglichen Lebens bemächtigt hat. Alle diese Versicherungen aber haben den gemeinsamen Zweck, den Ersatz irgend einer Sache, welche für den Eigenthümer von Werth ist und welche ihm durch Zu- oder Unfall entrissen oder beschädigt werden kann, zu sichern, und zwar kann entweder ein Versicherer allein die Gefahr und Vergütung des Schadens, der die versicherte Sache durch diese Gefahr trifft, übernehmen, nachdem er im Voraus ein Entgelt von dem Versicherten erhalten hat, oder es kann die Gefahr von einer Mehrheit in gleicher Weise bedrohter Personen gemeinsam getragen werden. In jedem Falle aber soll der Versicherungsvertrag einen Schadenersatz, nicht jedoch eine Bereicherung bezwecken.

Zwar sind schon vor einer Reihe von Jahren Versicherungs-Gesellschaften entstanden, welche den Besitzern Gelegenheit boten, sich vor Verlust ihres Viehes, durch Unfall oder Krankheit, zu bewahren, weniger aber oder garnicht Versicherungen abschlossen, welche sich auf Ersatz von Schlachtvieh, das sich aus irgend einem Grunde für den menschlichen Genuss ungeeignet erwies, erstreckten. Solche Gesellschaften oder Vereine sind erst in neuester Zeit entstanden, in der die Fleischbeschau an Bedeutung und Ausdehnung so zugenommen hat, dass eine Schlachtvieh-Versicherung für jeden Landwirth, Viehhändler und Fleischer fast eine Lebensfrage geworden ist.

So lange nun der Staat, von welchem gerade in den letzten Jahren so viele segensreiche Versicherungen ins Leben gerufen sind, nicht selbst in ähnlicher Weise eingreift, wie es bei den seuchekranken, resp. seucheverdächtigen Thieren bereits geschieht, müssen die Interessenten sich selbst nach Möglichkeit zu schützen suchen und zwar in erster Linie dort, wo obligatorische Fleischbeschau eingeführt ist.

Die Nothwendigkeit einer Vieh-Versicherung ergiebt sich aber aus folgenden Gesichtspunkten:

1. Die Viehpreise sind in den Orten mit obligatorischer Fleischbeschau, aber ohne Versicherung höher als in anderen Orten, da die Zufuhr von Vieh gering ist, weil Händler oder Producenten sich nicht vor ev. Verlust schützen können und Plätze ohne Fleischbeschau resp. mit Versicherung vorziehen.

2. Mit Erhöhung der Viehpreise steigt natürlich auch der Preis des wichtigsten Nahrungsmittels, des Fleisches, weil es dem Schlächter nur unter grösseren Opfern möglich ist, das für den Konsum nöthige Vieh weiterher zu beschaffen, was ihm oft auch dann nur gelingt, wenn er allen Entschädigungsansprüchen im Falle einer Beanstandung entsagt.

3. Der Druck, welchen der Schlachtzwang ausübt, wird gemildert, und das Bestreben der Gewerbetreibenden, die Bestimmungen der Fleischbeschau zu umgehen, tritt mehr in den Hintergrund.

Ohne Zweifel aber ist es der Landwirth, welcher an der Versicherung das meiste Interesse hat, denn er ist durch Zahlung der Versicherungsgebühr allen weiteren Verpflichtungen überhoben, während er im anderen Falle nach dem preussischen Landrecht »für alle erheblichen und zugleich verborgenen Mängel Gewähr zu leisten« hat, und es wird stets, wenn nicht beim Verkauf ausdrücklich die sich aber nur auf unbekannte Mängel beziehende Gewährleistung ausgeschlossen ist, auf den Verkäufer zurückgegriffen werden. Daher sollte man meinen, dass gerade die Landwirthschaft mit aller Macht auf allgemeine Einführung von Schlachtvieh-Versicherungen staatlicherseits dringen müsste, wodurch freilich die einfachste und denkbar beste Lösung der Frage herbeigeführt würde.*) Und in der That ist hierzu bereits insofern die Initiative ergriffen, als der Deutsche Landwirthschaftsrath die Frage, wie man sich vor Verlusten durch Tuberkulose schützen könne, dahin beantworten zu können glaubt, dass die freiwillige Versicherung zur Bekämpfung der Tuberkulose nie dienen könne, sondern dass eine, alle Interessenten befriedigende Lösung nur dann zu erwarten sei, wenn der Schadenersatz aus der Landeskasse erfolge, und auf der XXI. Plenar-Ver-

---

*) Auf dem XV. und XVI. Fleischer-Verbandstage in Metz bezw. Dresden wurde ebenfalls beschlossen, an die Reichsregierung die Bitte um eine allgemeine staatliche Versicherung für sämmtliches Schlachtvieh zu richten.

sammlung des Deutschen Landwirthschaftsraths wurde folgende Erklärung abgegeben, der im Wesentlichen der Deutsche Veterinärrath in seiner VII. Plenar-Versammlung beitrat:

I. Der Deutsche Landwirthschaftsrath erklärt:

»1. eine möglichst vollständige Organisation des Vieh-Versicherungswesens ist besonders im Interesse der kleinen Viehbesitzer dringend geboten;

»2. soweit sie die Versicherung von Pferden und Schweinen betrifft, kann ihre weitere Ausbildung, abgesehen von den Seuchenkrankheiten, der freien Vereinsthätigkeit überlassen werden;

»3. die Herbeiführung einer möglichsten Verallgemeinerung der Versicherung der Rindviehbestände liegt im öffentlichen Interesse und bedarf der allseitigen Mitwirkung; zu diesem Zwecke ist

a) in erster Linie die Bildung von räumlich möglichst eng begrenzten Versicherungsvereinen allgemein anzustreben,

b) dieselbe durch gesetzliche Massnahmen zu unterstützen,

c) diesen Vereinen durch Zusammenfassung zu staatlichen oder provinciellen Verbänden auf gesetzlicher Grundlage die zu ihrem Fortbestand und zu ihrer gedeihlichen Entwickelung erforderliche Sicherheit zu gewähren,

d) wo und in wieweit die Bildung räumlich begrenzter Versicherungsvereine unter gleichzeitiger Zusammenfassung von Verbänden nicht erreichbar ist, die Entwickelung grösserer Versicherungsgesellschaften zu fördern.

»4. Unter allen Entschädigungsursachen ist bei der Rindvieh-Versicherung die Tuberkulose als die hauptsächlichste anzusehen. Das verschiedene Mass ihrer Verbreitung, die von der Gesundheitspolizei gestellten Anforderungen und die Möglichkeit, die Kenntniss ihres Auftretens im Einzelfalle zur Ergreifung von Massnahmen behufs ihrer Einschränkung zu benutzen, lassen es, zugleich im Interesse einer erspriesslichen Entwickelung der Versicherung des Rindviehs gegen die Verluste aus sonstigen Ursachen, geboten erscheinen, die Entschädigung der Verluste aus der Tuberkulose zum Gegenstande einer besonderen Versicherung zu machen; zu diesem Zweck empfiehlt es sich,

a) im Wege der Reichsgesetzgebung den Grundsatz der allgemeinen Entschädigungspflicht festzustellen,

b) durch Landes- und bezw. Provincialgesetzgebung die Art der

Entschädigung und der Aufbringung der hieraus erwachsenden Kosten zu regeln,

c) zur Aufbringung der Kosten der Entschädigung, als im öffentlichen Interesse liegend, Beiträge aus öffentlichen Mitteln zu gewähren.

»5. Es liegt im Interesse einer gedeihlichen Entwickelung der Vieh-Versicherung, dass dieselbe einer staatlichen Aufsicht unterstellt, und eine regelmässige Mitwirkung von Vertretern der Versicherten bei der Verwaltung organisirt werde.«

II. Der Deutsche Landwirthschaftsrath beschliesst:

»Erhebungen über die Entschädigungsursachen bei der Vieh-Versicherung zu veranstalten, um für alle Zweige der Vieh-Versicherung möglichst sichere statistische Unterlagen zu beschaffen.«

Auch die im Mai 1893 in Berlin tagende Konferenz, bestehend aus Vertretern des Deutschen Landwirthschaftsraths, Schlachthof-Direktoren, Fleischern und Viehkommissionären sprach sich in Uebereinstimmung mit den Beschlüssen des Deutschen Landwirthschaftsraths dahin aus, dass für die Tuberkulose im Wege der Reichsgesetzgebung der Grundsatz der allgemeinen Entschädigungspflicht festgestellt, und durch Landes- bezw. Provincialgesetzgebung die Art der Entschädigung und der Aufbringung der hieraus erwachsenden Kosten geregelt werde. —

In Bayern hat man sich dadurch zu helfen gesucht, dass von dem landwirthschaftlichen Kreiskomitee der Oberpfalz die Bildung lokaler Vieh-Versicherungsvereine empfohlen wurde; es seien dabei Ortsverbände grösseren Vereinigungen im Kreis oder Distrikt vorzuziehen. Aermeren Gemeinden solle eine Beihilfe aus Staatsmitteln, besonders nach schweren Verlusten gewährt werden. Auch würde eine genügend grosse Anzahl von Ortsvereinen sich zweckmässig zu einem Rück-Versicherungsverbande vereinen. Eine derartige unter Staatsaufsicht stehende Organisation des Viehversicherungswesens (ohne Zwang) ist jetzt für ganz Bayern geplant.

Die badische Zwangs-Viehversicherung. In Baden, woselbst in nachahmenswerther Weise, wie kaum in einem anderen Staate, die obligatorische Fleischbeschau geregelt und konsequent durchgeführt ist, hat der Staat durch das Gesetz vom 29. Juni 1890, betreffend die Versicherung der Rindviehbestände,*) es den Ge-

---

*) Man vergleiche hierüber die sehr interessante Abhandlung „Die badische Zwangs-Rindviehversicherung“ von Landrichter K. Schneider. Deutsche landwirthschaftliche Presse 1892. No. 99, 100, 101.

meinden anheimgestellt, Orts-. und Verbands-Versicherungen, welche sich aber, einmal gegründet, innerhalb sieben Jahren nicht auflösen dürfen, unter Beihilfe der Staatskasse zu errichten. Man führte dabei aus, »dass staatlicher Zwang zu genossenschaftlicher Versicherung und staatliche Fürsorge sich zur Förderung der Landwirthschaft empfehle; denn es bedeute bei ihr das Eingehen eines Stückes Vieh eine unter kleineren Verhältnissen besonders empfindliche Schwächung des Betriebskapitals, dieses so ausserordentlich wichtigen Faktors der ländlichen Wirthschaft, dessen Ausgleichung meist Nothsache und dringlich sei und desshalb zu Notheinkäufen und Nothdarlehen mit Wuchergefahr vielfach Veranlassung gebe.« Nach diesem Gesetz muss jedes Stück Rindvieh versichert werden, sobald eine Gemeinde die Errichtung einer Orts-Versicherungsanstalt beschlossen hat. Diese muss alsdann jeden Schaden allein tragen. Vereinen sich jedoch mehrere Ortschaften zu einem Verbande, so trifft die Orts-Versicherung nur $^1/_4$ des Verlustes, während die übrigen $^3/_4$ auf die Verbandsortschaften vertheilt werden. Auch kommt in diesem Falle eine für unsere Zwecke wichtige Bestimmung zur Geltung, nämlich, dass alsdann Ersatz für solches Fleisch gewährt wird, welches zu polizeilicher Beanstandung Veranlassung giebt, und mit Recht bemerkt Ministerialrath Buchenberger: »Die Schlachtvieh-Versicherung ist ein in seiner Wirkung besonders bedeutungsvoller Bestandtheil der ganzen Versicherungsveranstaltung, unmittelbar, weil sie Deckung für Verluste gewährt, für welche die seitherigen Ortsvereine regelmässig nicht aufkommen, mittelbar, weil dieselbe auf die Zahl der aus Anlass polizeilicher Fleischbeschlagnahme zahlreich erhobenen, meist unerquicklichen und kostspieligen Rechtsstreite einen wohlthätig mindernden Einfluss ausüben wird.«

Bis zum 1. Januar 1893 hatten sich in 65 Ortschaften Viehversicherungsanstalten gebildet, welche nunmehr zu einem Versicherungs-Verband vereinigt sind.

Im Königreich Sachsen endlich liegt dem Vernehmen nach bereits der Entwurf zu einem Gesetze vor, welches die aus der Beanstandung tuberkulöser Thiere — und um diese handelt es sich in den meisten Fällen — entstehenden Verluste aus der Staatskasse bezweckt.

Kommunale Vieh-Versicherungen. Auch von Seiten einiger Kommunen, welche im Besitze öffentlicher Schlachthöfe sind, hat man dem schlachtenden Publikum Gelegenheit geboten, das Vieh gegen Beanstandung zu versichern. So ist bereits 1890 vom Rath der Stadt Leipzig ein Ortsstatut erlassen, nach welchem alle auf dem städtischen Viehhof zu Markt gebrachten Rinder und Schweine von dem Verkäufer bei der städtischen Schlachtvieh-Versicherungsanstalt versichert werden müssen,*) sofern sie ihrem Alter, Nähr- und Gesundheitszustande nach überhaupt versicherungsfähig sind. Ausgeschlossen sind ausserdem solche Thiere, welche nicht im Viehhof zum Verkauf gestanden haben.

In Kolberg, wo bereits mit Eröffnung des Schlachthofes die Versicherung in Kraft trat, ist ebenfalls durch Ortsstatut festgesetzt, dass mit der Schlachtgebühr für Schweine eine Versicherungsprämie von 25 Pf. per Stück zu entrichten ist, und erhält der Besitzer bei Beanstandungen alsdann eine Entschädigung von 86 Pf. per kg (nach Gewicht des ausgeschlachteten Thieres).

Ohne Zweifel haben diese Institutionen sehr viel für sich, und es ist nur bedauerlich, dass in Leipzig die zuerst angenommenen Prämien nicht für die grossen Verluste ausreichten, sondern eine Erhöhung der Prämien eintreten musste, wodurch, wie aus der Tabelle ersichtlich, dieselben allerdings höher als in irgend einer anderen Versicherung sind.

Gewerbsmässige Vieh-Versicherungen. Es giebt aber auch eine ganze Reihe von öffentlichen (gewerbsmässigen) Versicherungsinstituten mit Agenten in den einzelnen Städten, welche neben der allgemeinen Vieh-Versicherung auch Versicherung gegen den durch Beanstandung von Schlachtvieh entstandenen Verlust abschliessen, wie u. a. der »Central-Vieh-Versicherungsverein in Berlin«, die »Deutsche Vieh-Versicherungsgesellschaft zu Stargard i. P.«, die »Hanseatische Vieh-Versicherungsbank in Hamburg», die »National-Vieh-Versicherungsgesellschaft in Kassel« (die letzten beiden Gesellschaften versichern nur gegen Verlust durch Tuberkulose) u. a. m., ferner ein ganzes Heer**) von Gesellschaften, welche sich ausschliesslich

---

*) Im preussischen Staate besteht, wie Goltz auf der Konferenz von Schlachthof-Direktoren in Berlin (siehe oben) hervorhob, kein Gesetz, welches die Kommunen ermächtigt, ein Ortsstatut zur obligatorischen Einführung einer Schlachtvieh-Versicherung zu erlassen. Auch im Königreich Sachsen dürfte ein derartiges Gesetz nicht vorhanden sein, vielmehr ist von Seiten des Gerichts (in erster Instanz) gelegentlich eines Processes den städtischen Körperschaften der Stadt Leipzig die Berechtigung nicht zuerkannt, die Viehversicherung im städtischen Vieh- und Schlachthofe durch Ortsstatut regeln zu dürfen.

**) 1883 gab es bereits sechs Trichinen-Versicherungsanstalten.

mit der Versicherung von Schweinen auf Trichinen und Finnen befassen, wie die »Norddeutsche Schweine-Versicherungsgesellschaft«, die »Deutsche Trichinen-Versicherungsanstalt in Jauer«, ferner Gesellschaften in Ostrau, Köln, Köthen, Schweidnitz, Kassel, Glogau u. a. m. Wenn nun auch im Allgemeinen nichts gegen diese Gesellschaften einzuwenden ist, einige derselben sich sogar durch Solidität und koulante Regulirung der Schäden auszeichnen, so steht dennoch der grösseren Aufnahme dieser Gesellschaften bei dem schlachtenden Publikum der Umstand entgegen, dass die Prämien verhältnissmässig hoch und der Abschluss der Versicherung wie die Regulirung des Schadens umständlich und mit Weitläufigkeiten verknüpft sind. Was die Prämien betrifft, so sei als Beispiel der »Central-Vieh-Versicherungsverein in Berlin« herangezogen. Es betragen erstere bei demselben

für Grossvieh, bis 300 M. Werth, 8 M., für jede angefangenen 50 M. Mehrwerth 0,50 M. mehr.

Für Jungrinder (zweijährig), bis 150 M. Werth, 4 M., Kälber 1 M., Schafe 75 Pf., Schweine, bis 120 M. Werth, 1 M., bis 150 M. 1,50 M., für jede angefangenen 50 M. Mehrwerth 0,50 M. Hierzu kommen Porto u. s. w. und die Gebühren, welche der aufnehmende und untersuchende Thierarzt beansprucht, und die für Grossvieh auf mindestens 1 M., Schweine 40—50 Pf. und Kleinvieh 10—20 Pf. zu veranschlagen sind. Es machen sich diese ziemlich hohen Sätze ganz besonders bei Schweinen fühlbar, wie z. B. bei der Stargarder Versicherung, bei der die Kosten für ein mittleres Schwein sich durchschnittlich auf 2,25—2,50 M. belaufen, während, wie aus der umstehenden Tabelle über Prämiensätze ersichtlich, in Vereinen, Genossenschaften u. s. w. die Sätze für Schweine höchstens 1 M. betragen. Auch kommt hierzu, dass Privat-Vereinigungen bei Weitem billiger arbeiten können als Gesellschaften, welche die Versicherung gewerbsmässig betreiben, da für jene die Verwaltungsunkosten nur sehr gering sind, weil ausser dem untersuchenden Thierarzt und dem Kassirer alle übrigen Aemter »Ehrenämter« sind, bei letzteren jedoch zahlreiche Agenten und andere Beamte ihren Nutzen auf Kosten des Versichernden ziehen. Es hat sich diese Erkenntniss gerade in den letzten Jahren immer mehr Bahn gebrochen und wir sehen fast überall da, wo obligatorische Fleischbeschau eingeführt, resp. ein Schlachthof erbaut ist, solche Versicherungsvereine entstehen, welche entweder aus einer bereits unter den Fleischern bestehenden

Prämien-Tabelle
verschiedener Viehversicherungs-Vereinigungen.

Name und Ort der Versicherungs-Gesellschaft	Grossvieh	Schweine	Kleinvieh	Art der Entschädigung	Bemerkungen.
Dessau (landw. Versicherungs-Anstalt auf Gegenseitigkeit)	Kuh 5 M. Bulle } 4 M Ochse }	1 M.	25 Pf.	Erstattung des vollen Kaufpreises und der Schlachtgebühren	Die ganzen Eingeweide, nicht der einzelne Theil davon, werden ersetzt.
Dresden (Fleischer-Innung)	Bulle } 3M. Ochse } Kuh } 6M. Kalbin }	—	—	Erstattung des vollen Kaufpreises	beanstandete Organe werden ebenfalls entschädigt.
Göttingen (Schlachtvieh-Versicherungs-Verein)	Ochse } 4 M. Bulle } Kuh 5 M.	1 M.	—	Erstattung des vollen Kaufpreises und der Schlachtgebühren	—
Greifswald (gemeinsame Versicherungskasse von landw. Vereinen)	3 M.	0,75 M.	gr. K. 0,50 kl. K. 0,20	Erstattung des vollen Kaufpreises inkl. Schlachtgebühren	bei theilweise gestattetem Verkauf Entschädigung nach Gewicht der kranken Theile (ausgeschlossen innere Organe und Extremitäten.)
Halle (Schlachtvieh-Versicherg. d. landw. Bauern-Vereins Eingetr. Genossenschaft mit beschr. Haftpflicht)	3 M. für Nichtmitgl. 6 M.	50 Pf. f. Nichtmitgl. 75 Pf.	25 Pf. f. Nichtmitgl. 30 Pf.	Erstattung der Versicherungs-Summe und der Schlachtgebühren	Entschädigt werden nicht einzelne Organe, sondern nur die ganzen Eingeweide, Fleisch von Rindern von 5 kg, von Schweinen von 1 kg ab.
Kassel (Schlachtvieh-Versicherg. Eingetr. Genossenschaft mit unbeschr. Haftpflicht)	Ochse $^3/_4\%$ Bulle, Kuh 1% des Kaufpreises	—	—	Nach dem jeweiligen Marktpreis je nach Qualität abzüglich 5 %	—
Kolberg (für Schweine städt. Versicherungskasse, für Rinder Versicherungskasse der Fleischerinnung)	3 M.	50 Pf.	—	Für Schweine 86 Pf. p. kg (ausgeschlachtet), für Rinder voller Kaufpreis u. Schlachtgebühr abzüglich 5 %	—
Lauenburg i. P. (Versicherungskasse der Fleischerinnung)	Rind bis 300 kg 3 M. bis 450 kg 5 M. darüber 7 M.	50 Pf.	—	Erstattung des vollen Kaufpreises und der Schlachtgebühr, bei Rindern abzüglich 5 %	bei Minderwerths-Erklärung werden 10 % des Kaufpreises entschädigt.

Name und Ort der Versicherungs-Gesellschaft	Grossvieh	Schweine	Kleinvieh	Art der Entschädigung	Bemerkungen.
Leipzig (städt. Schlachtvieh-Versicherungs-Anstalt)	Ochse, Bulle } 7,50 M. Kuh, Färse } 9,50 M.	80 Pf.	—	Erstattung des Verkaufswerthes (letzter Marktpreis) nebst Schlachtgebühren und Entschädigung für die Arbeitsleistung bei der Schlachtung	Entschädigt werden Organe und Theile bei einem Mindestgewicht von 5 kg für Rind u. 1 kg für Schweine.
Liegnitz (Schlachtvieh-Versicherungs-Gesellschaft)	b. 200 M. Werth 5 M. 200—300 M. 6 M. darüber 8 M.	1 M.	—	Erstattung des vollen Kaufpreises	—
Prenzlau (Versicherungs-Verband)	Rinder 4 M. Jungvieh 2 M.	50 Pf.	gr. K. 75 Pf. kl. K. 20 Pf.	Erstattung des vollen Kaufpreises und der Schlachtgebühr	—
Stolp i. P. (Versicherungskasse der Fleischerinnung)	6 M.	1 M.	—	Nach Abschätzung durch eine besondere Kommission	—

»Versicherungskasse gegen Finnen und Trichinen« hervorgehen, oder von der betreffenden Fleischerinnung aus oder durch gemeinsames Vorgehen von Landwirth, Fleischer und Viehhändler sich bilden. Jedenfalls ist diese Art des gemeinsamen Schutzes die denkbar günstigste, weil dadurch eine möglichst grosse Zahl von Interessenten vereint wird, und demgemäss die Prämien um so niedriger angesetzt werden können, wodurch wiederum nicht unerheblich auf weitere Theilnehmer eingewirkt wird.

Von Bestand und wirklich den Interessenten den erhofften Nutzen bringend, kann aber eine Versicherung nur dann sein, wenn bestimmt wird, dass:

1. die zu versichernden Thiere vor der Schlachtung durch einen Thierarzt untersucht und nur diejenigen aufgenommen werden, welche lebend, unverletzt und ohne Anzeichen einer inneren Krankheit eingeliefert und nicht derartig abgemagert sind, dass ihr Fleisch keinen den marktgängigen Preisen entsprechenden Nährwerth besitzt;

2. alles Fleisch, welches erst nach der Schlachtung zur Untersuchung vorgelegt wird, von der Versicherung ausgeschlossen wird;

3. eine Freibank oder eine ähnliche Institution zur Verwerthung des nichtbankwürdigen Fleisches;

4. Vorrichtung für bestmöglichste Ausnutzung der gänzlich vom Konsum für Menschen ausgeschlossenen Kadaver vorhanden ist, wodurch der Versicherungskasse ein nicht unerheblicher Zuschuss*) erwächst.

Auch ist es im Interesse des nicht gewerbsmässig schlachtenden Publikums erwünscht, dass in die Statuten Bestimmungen aufgenommen werden, welche es jedem ermöglichen, sein Schlachtvieh ev. gegen eine entsprechend höhere Prämie versichern zu können.**)

Resumiren wir aus dem Vorangegangenen, so ergiebt sich, dass in einer Stadt mit obligatorischer Fleischbeschau bezw. einem öffentlichen Schlachthofe eine Schlachtvieh-Versicherung eine Lebensbedingung für Landwirthe und Fleischer ist, und dass es im Wesentlichen zwei Arten von Versicherungen giebt, welche allen Anforderungen gerecht werden können, nämlich

> a) eine in den Händen der Stadtverwaltung befindliche, welche es jedem, der auf dem städtischen Schlachthofe schlachtet, ermöglicht, sein Vieh zu versichern, oder
>
> b) ein gemeinsamer Versicherungsverein, bestehend aus Landwirthen und Fleischern.

Die Rentabilität einer solchen Versicherung würde sich nach den von uns zu Grunde gelegten Zahlen, die einer bereits bestehenden Versicherungs-Vereinigung, welche jedoch mit höheren Prämiensätzen arbeitet und bedeutende Ueberschüsse erzielt, entnommen sind, folgendermassen gestalten:

Angenommen, es werden versichert:

a) Rinder 1000, und zwar 300 Ochsen
und Bullen à 3 M. = 900 M.
und 700 Kühe à 4 M. = 2800 M. 3700 M.

b) Schweine 4000 à 50 Pf. Prämie = 2000 M. 5700 M.

Von den Rindern werden 15 und von den Schweinen 20 beanstandet.

---

*) Die Stolper Innungs-Versicherung erlöste durch die Freibank und technische Ausnutzung des beanstandeten Viehes durchschnittlich 38 % der auszuzahlenden Entschädigungen.

**) Auch in dem weiter unten zu besprechenden Genossenschafts-Gesetz wird nicht verlangt, dass jeder Versichernde Mitglied der Genossenschaft ist (vergl. § 8, 5 des Gesetzes vom 1. Mai 1889).

Durch Verwerthung auf der Frei-   Uebertrag 5700 M.
bank oder durch technische Ausnutzung
werden jedoch noch erlöst (nach Abzug
der Unkosten) für Rinder   841 M.
              für Schweine   348 M. = 1189 M.   6889 M.
                  Gesammteinnahme 6889 M.

Diesen Einnahmen stehen folgende Ausgaben gegenüber:
Entschädigung an den thierärztlichen Sachverständigen für die
Untersuchung des lebenden Viehes auf seine Versicherungsfähigkeit
                                  M. 600
Gehalt für den Kassirer   M. 300
Bureaumaterial und Drucksachen etc. M. 300   M. 1200.
Für ausgezahlte Entschädigungen
    für 15 Rinder   M. 3053
    für 20 Schweine   M. 1668   M. 4721
                  Gesammtausgabe M. 5921 = M. 5921
              mithin bleibt ein Ueberschuss von M. 968.

Hieraus ist ersichtlich, dass die niedrige Prämie von 3 bezw.
4 M. für Rinder und 50 Pf. für Schweine schon für das Bestehen
der Versicherung genügt; denn es kann im Allgemeinen $1^1/_2 \%$ bei
Rindern und $^1/_2 \%$ bei Schweinen als durchschnittliche Beanstandungs-
ziffer angenommen werden. Steht ein Grundkapital als Reservefonds
zur Verfügung, so wäre auch für ev. Ausfälle Deckung vorhanden,
während man im anderen Falle die Prämie im ersten Jahre für
Rinder um 1 M. höher ansetzt und erst später nach Ansammlung
eines Reservekapitals heruntergeht. Für Schweine genügt eine Prämie
von 50 Pf., da durch geeignete Kochapparate und die seltener
gewordenen Finnen und besonders Trichinen die Verluste geringer
sind als früher.

Den gesetzlichen Bestimmungen nach kann ein Versicherungs-
verein gegründet werden
    1. als Gesellschaft auf Gegenseitigkeit, oder
    2. als Genossenschaft.

1. Die Gesellschaft auf Gegenseitigkeit ist, obwohl
gegen eine Prämie Versicherung gegeben wird, dennoch »kein Handels-
geschäft«, denn die zum Zwecke derselben geschlossene Gesellschaft
ist keine Erwerbsgesellschaft im Sinne des Landrechts. Für die einzelnen Gesellschafter soll nicht ein gemeinschaftlicher Gewinn erzielt

werden, die Uebertragung des möglichen Vermögensnachtheils des Einzelnen bringt zwar diesen Vortheil, aber dieser Vortheil ist kein gemeinsamer, es entsteht kein Miteigenthum bezüglich desselben. Der Beitritt zu der Gesellschaft begründet mit dem Rechte, für den Fall des Eintritts der Gefahr für den Beitretenden deren gemeinsame Uebertragung zu fordern, zugleich die Pflicht, für den entsprechenden Fall, dass die Gefahr einen anderen Gesellschafter trifft, den daraus entspringenden Schaden mitzutragen. Einen Gewinn geniesst der Versicherer nicht, wenn die Gefahr nicht eintritt, aber er erleidet auch keinen Schaden, tritt jedoch die Gefahr ein, so wird der durch sie herbeigeführte Schaden antheilsweise von allen gemeinschaftlich getragen.« — »Es stehen der Gesellschaft, jedenfalls im Verhältniss zu den Mitgliedern (nach innen) Korporationsrechte zu; es stimmt hiermit auch der Umstand überein, dass solche Gesellschaften nicht von einer begrenzten Mitgliederzahl untereinander geschlossen, sondern unter Offenhaltung des Beitritts für eine unbegrenzte Zahl in der Art begründet werden, dass das Nehmen der Versicherung das Mittel ist, um die Mitgliedschaft zu erlangen.«

2. *Die Genossenschaft.* Unter Genossenschaften versteht man Gesellschaften mit nicht geschlossener Mitgliederzahl, welche die Förderung des Erwerbes oder der Wirthschaft ihrer Mitglieder mittelst gemeinschaftlichen Geschäftsbetriebes bezwecken. Sie erwerben die Rechte einer »eingetragenen Genossenschaft« nach Massgabe des Gesetzes vom 1. Mai 1889.

[Vereine zum gemeinschaftlichen Verkaufe landwirthschaftlicher oder gewerblicher Erzeugnisse.]

Förderung des Erwerbes und der Wirthschaft ihrer Mitglieder muss das Motiv für die Begründung einer Genossenschaft und für die Geschäftsführung sein, und man glaubte deshalb Versicherungsgesellschaften von dem Genossenschaftsrechte ausschliessen zu müssen. Es ist aber für Deutschland die Bildung von Genossenschaften, um mittels gemeinschaftlichen Betriebes des Versicherungs-Gewerbes den Erwerb ihrer Mitglieder zu fördern, unzweifelhaft gestattet,*) auch zweifeln die Motive zum neuen Gesetz (p. 87) nicht an der rechtlichen Möglichkeit, Genossenschaften zu Versicherungszwecken bilden zu können.

Die Genossenschaften können errichtet werden (§ 2 leg. cit.):

---

*) Urtheil des Reichsgerichts vom 5. April 1881. Entsch. 4. S. 394.

»1. dergestalt, dass die einzelnen Mitglieder (Genossen) für die Verbindlichkeiten der Genossenschaft dieser sowie unmittelbar den Gläubigern derselben mit ihrem ganzen Vermögen haften

(eingetragene Genossenschaft mit unbeschränkter Haftpflicht);

»2. dergestalt, dass die Genossen zwar mit ihrem ganzen Vermögen, aber nicht unmittelbar den Gläubigern der Genossenschaft verhaftet, vielmehr nur verpflichtet sind, der letzteren die zur Befriedigung der Gläubiger erforderlichen Nachschüsse zu leisten

(eingetragene Genossenschaft mit unbeschränkter Nachschusspflicht);

»3. dergestalt, dass die Haftpflicht der Genossen für die Verbindlichkeiten der Genossenschaft sowohl dieser wie unmittelbar den Gläubigern gegenüber im Voraus auf eine bestimmte Summe beschränkt ist

(eingetragene Genossenschaft mit beschränkter Haftpflicht).«

Im Allgemeinen aber ist für Schlachtvieh-Versicherungen weniger eine der vorstehenden Formen der Genossenschaft als vielmehr die der Gesellschaft auf Gegenseitigkeit gewählt, weil die Organisation der letzteren einfacher und die Geschäftsführung weniger komplicirt ist, auch das Genossenschaftsgesetz erst kürzere Zeit besteht. Nachstehend geben wir ein Beispiel der Statuten für eine Versicherungsgesellschaft auf Gegenseitigkeit, und empfehlen für die Errichtung einer Genossenschaft die Statuten der Schlachtvieh-Versicherung zu Kassel (Eingetragene Genossenschaft mit unbeschränkter Haftpflicht) und diejenigen der Schlachtvieh-Versicherung des landwirthschaftlichen Bauernvereins des Saalkreises zu Halle a. S. (Genossenschaft mit beschränkter Haftpflicht).

Satzungen einer Schlachtvieh-Versicherungs-Gesellschaft.*)
(auf Gegenseitigkeit.)

§ 1.

Der Verein führt den Namen »Schlachtvieh-Versicherungs-Gesellschaft in ....«, Sitz und Gerichtsstand desselben ist in der Stadt.................... .

---

*) Dieses Statut lehnt sich in der Hauptsache an das der „Schlachtvieh-Versicherungs-Gesellschaft zu Neisse" an.

§ 2.
Zweck des Vereins.

Zweck des Vereins ist die gegenseitige Versicherung seiner Mitglieder gegen diejenigen Verluste, welche bei dem von ihnen in den städtischen Schlachthof hierselbst eingeführten Schlachtvieh durch die polizeiliche Beanstandung der geschlachteten Thiere eintreten können.

§ 3.
Gegenstand der Versicherung.

Der Versicherung unterliegen Rinder (Bullen, Ochsen, Kühe, Kalben) und Schweine, welche lebend und unverletzt in den hiesigen städtischen Schlachthof behufs Schlachtung eingeführt werden. Rinder, die unter einem Jahr alt sind, werden nicht versichert.

Ausgeschlossen von der Versicherung sind:

1. Thiere, welche nach ihrer Einführung in den Schlachthof bei der durch den thierärztlichen Sachverständigen stattfindenden Untersuchung sich als krank erweisen, oder deren Schlachtung polizeilicherseits in Gemässheit des Seuchengesetzes vom 23. Juni 1880 angeordnet wird.

2. Rinder, welche wegen Krankheitsverdachts der thierärztlichen Beobachtung unterstellt sind, für die Dauer der letzteren.

3. Rinder, welche derart abgemagert sind, dass das Fleisch keinen den marktgängigen Preisen entsprechenden Nährwerth hat.

4. Alte Sprungeber.*)

§ 4.
Mitgliedschaft.

Mitglied der Gesellschaft kann jeder Viehbesitzer, Schlächter, Fleisch- oder Viehhändler werden, welcher Schlachtvieh im städtischen Schlachthofe schlachtet oder schlachten lässt oder zur Schlachtung im städtischen Schlachthofe verkauft.**)

---

*) Wird Schafvieh in die Versicherung aufgenommen, so müssen Zuchtböcke ebenfalls von der Versicherung ausgeschlossen werden.

**) In dem Neisser Statut hat dieser Paragraph folgende Fassung:

„Jeder Viehverkäufer, welcher als Vereinsmitglied zwecks der Schlachtung im Neisser Schlachthof Vieh verkauft, wie auch der Fleischer, welcher Mitglied der Gesellschaft ist, hat die Verpflichtung, von Mitgliedern angekauftes Vieh vor der Schlachtung zu versichern. Viehzüchter, welche als Mitglieder im Schlachthof selbst schlachten oder schlachten lassen, haben die volle Prämie zu zahlen. Schlachtvieh, welches von einem Nichtmitgliede an ein Mitglied verkauft wurde und im Schlachthof zur Schlachtung gelangt, kann nicht versichert werden; ebenso werden die Schlachtthiere nicht versichert, die von einem viehzüchtenden Mitgliede an einen Fleischer verkauft werden, welcher der Gesellschaft nicht angehört.

„Theilversicherungen sind unzulässig."

Ist derjenige, welcher das zu versichernde Vieh schlachten will, nicht selbst Mitglied der Gesellschaft, sondern nur der Verkäufer, so hat er behufs Aufnahme des Thieres in die Versicherung sich von diesem eine Bescheinigung ausstellen zu lassen, dass jener ihm das Thier zur Schlachtung verkauft und die Versicherungsgebühren ausgehändigt habe. Jedesfalls muss die Versicherung stattfinden, sobald der Verkäufer oder Käufer Mitglied der Gesellschaft ist.

Theilversicherungen sind unzulässig.

Bei denjenigen, welche insgesammt nur drei Hauptvieh- oder weniger der genannten Arten besitzen, ist eine Einzelversicherung ohne Erwerbung der Mitgliedschaft gegen Erlegung der doppelten Prämie zulässig.

§ 5.
Erwerb und Beginn der Mitgliedschaft.

Die Erwerbung der Mitgliedschaft erfolgt auf Grund einer mündlichen oder schriftlichen Anmeldung beim Vorstand, welcher eine Aufnahmebescheinigung ausstellt.

Durch die Anmeldung und die Zahlung einer Aufnahmegebühr von 1 M.*) unterwirft sich der Antragsteller den |jeweiligen Statuten und Versicherungsbedingungen des Vereins, und die Rechte uud Pflichten des aufgenommenen Mitgliedes treten hierdurch in Geltung.

§ 6.
Erlöschen der Mitgliedschaft.

Die Mitgliedschaft erlischt:

1. In Folge schriftlicher Kündigung des Mitgliedes mit dem Schlusse des Kalendervierteljahres, sofern die Kündigung spätestens am ersten Tage des Quartals dem Vorstande eingereicht worden ist.

2. In Folge Ausschliessung auf Beschluss des Vorstandes in den Fällen des § 9 dieser Satzungen mit dem Ablauf desjenigen Tages, an welchem der desfallsige Beschluss des Vorstandes dem Mitgliede

---

„Nur dasjenige Schlachtvieh darf zur Versicherung gelangen, welches Eigenthum des Vereinsmitgliedes ist, oder an welchem ihm wenigstens der Mitbesitz zusteht. Im letzteren Falle hat das Mitglied das ganze Thier zu versichern.

„Versicherung muss ein Fleischer, welcher Vereinsmitglied ist, auch für dasjenige von einem Mitgliede angekaufte Schlachtvieh nehmen, welches er zum Zweck der Schlachtung im Schlachthofe an Mitglieder oder Nichtmitglieder weiterverkauft. In diesem Falle ist die Versicherung des betreffenden Schlachtthieres durch den Käufer ausgeschlossen, welcher das Schlachtthier schlachtet oder schlachten lässt."

*) In dem „Grundgesetz des landwirthschaftlichen Schlachtvieh-Versicherungs-Vereins Dessau" richtet sich die Höhe des Eintrittsgeldes nach der Grösse des Viehstandes, welchen der Eintretende am Eintrittstage besitzt und beträgt mindestens 1 M. und höchstens 5 M. Es wird erhoben für je 10 Stück Grossvieh 1 M.; je 10 Stück Kleinvieh (Schweine, Kälber, Schafe) = 1 Stück Grossvieh. Kalb = Rind unter sechs Monaten.

zugestellt worden ist. In dem letzteren Falle bleibt das ausgeschlossene Mitglied wegen der für das Geschäftsjahr, in welchem der Ausschluss erfolgt, zu erhebenden Zuschussprämien auch nach seinem Austritt verhaftet.

§ 7.
Versicherungsgebühr (Prämie).

Von den Vereinsmitgliedern ist für jedes von ihnen in den Schlachthof eingeführte bezw. zu diesem Zweck verkaufte, der Versicherung unterliegende Stück Schlachtvieh eine Versicherungsgebühr zu entrichten. Die Versicherungsgebühr ist von dem Schlächter sofort nach stattgehabter Untersuchung durch den Sachverständigen an die Kasse der Gesellschaft zu entrichten. Die Gebühren betragen:

> Für einen Bullen oder Ochsen 3,— M. *)
> Für eine Kuh . . . . 4,— »
> Für ein Schwein . . . . . 0,75 » (0,50 M.)

§ 8.

Die Anmeldung des zu versichernden Thieres geschieht beim Vereinsvorstande oder bei der von diesem errichteten Meldestelle. Bei der Anmeldung ist das Mitglied verpflichtet, die Höhe des Kaufpreises und alle ihm bekannten Umstände, welche geeignet sind, die Versicherungsfähigkeit auszuschliessen, anzugeben. Werden diese Verpflichtungen nicht erfüllt, so ist die Versicherung des in Rede stehenden Schlachtviehes für den Verein nicht verbindlich. Ausserdem verfällt das diesen Verpflichtungen zuwiderhandelnde Mitglied in eine vom Vereinsvorstande festzusetzende Konventionalstrafe bis zu 30 M.

§ 9.

Reichen die in § 7 festgesetzten Versicherungsgebühren nicht aus, um die in dem laufenden Geschäftsjahre zu leistenden Ausgaben des Vereins zu decken, so hat nach dem Schlusse des Geschäftsjahres der Vereinsvorstand die zur Deckung des Bedarfs noch zu erhebenden ausserordentlichen Beiträge (Zuschussprämie) festzustellen und auf die Mitglieder nach Verhältniss der von ihnen im Geschäftsjahr gezahlten Gesammt-Versicherungs-Gebühren zu vertheilen.

Die hiernach sich ergebenden Gesammt-Jahresbeträge dürfen jedoch für das einzelne Mitglied den doppelten Betrag der von ihm eingezahlten gesammten Versicherungsgebühr (§ 7) nicht übersteigen. Ueber diesen Betrag hinaus können die Mitglieder des Vereins zu Beiträgen niemals herangezogen werden.

Die Zuschussprämien sind binnen acht Tagen nach der Ausschreibung,

---

*) Es empfiehlt sich, wie .es auch vielfach geschehen ist, für Kühe höhere Prämien, etwa $\frac{1}{3}$—$\frac{1}{2}$ mehr als für männliche Thiere zu nehmen, da erstere bei Weitem häufiger zur Beanstandung Veranlassung geben als letztere. Im Uebrigen entsprechen die obigen Sätze dem Durchschnitte.

welche in den Lokalblättern oder im Falle des Eingehens derselben in einem anderen von dem Vereinsvorstande zu bestimmenden Lokalblatte bekannt zu machen ist, von den Mitgliedern an die Vereinskasse abzuführen.

Kommt ein Mitglied der öffentlich ausgeschriebenen und ihm noch bekannt gemachten Aufforderung zur Zahlung der Zuschussprämien binnen weiteren acht Tagen, von der speciellen Zahlungs-Aufforderung gerechnet, nicht nach, so verliert das säumige Mitglied von Ablauf dieser Frist ab alle Vereinsrechte, insbesondere alle Schadenansprüche. Nach Erfüllung seiner Verpflichtungen, zu denen es angehalten werden kann, leben seine Rechte, jedoch lediglich für die nach erfolgter Zahlung eintretenden Schadenansprüche, wieder auf.

Auf Beschluss des Vorstandes kann ein säumiges Mitglied auch völlig von dem Vereine ausgeschlossen werden.

§ 10.
Entschädigungs-Anspruch.

Die Mitglieder des Vereins haben Anspruch auf Entschädigung:

a) wenn das Fleisch des in den Schlachthof eingeführten und geschlachteten Viehes oder einzelne Theile desselben in Gemässheit der bestehenden Bestimmungen von dem bestellten Sachverständigen als zum menschlichen Genuss nicht geeignet oder als minderwerthig befunden wird;

b) wenn das Thier ohne Verschulden des Vereinsmitgliedes oder seiner Leute in dem Schlachthofe noch vor dem Schlachten verendet.

Die Entschädigung wird in der vollen Höhe des gezahlten Kaufpreises einschliesslich der Schlachtgebühren geleistet. Dieser Kaufpreis ist durch Bescheinigung des Verkäufers (Vorbesitzers), Atteste von Behörden oder auf sonst geeignete Weise nachzuweisen. Sind bei einem Kaufgeschäft mehrere Rinder zugleich erworben, so wird der Durchschnittspreis vergütet. Kann der Kaufpreis des in Verlust gerathenen Schlachtviehes nicht ermittelt werden, oder liegt der Verdacht vor, dass derselbe absichtlich zu hoch vereinbart ist, oder handelt es sich um die Ermittelung des Werthes eines von dem Vereinsmitgliede selbst aufgezogenen Thieres, so wird die Entschädigungssumme durch das Schiedsgericht (§ 24) endgültig mit Ausschluss des Rechtsweges festgestellt.

Einzelne Fleischtheile, welche als zur menschlichen Nahrung ungeeignet oder als minderwerthig befunden werden, sind nach Verhältniss des für das Thier gezahlten Kaufpreises oder des für dasselbe ermittelten Werthes zu vergüten.

§ 11.*)

Eine Entschädigung wird nicht gewährt:

1. bei einzelnen beanstandeten Fleischtheilen, deren Gesammtgewicht 10 kg nicht übersteigt;

---

*) In den meisten Satzungen ist eine Entschädigung einzelner Organe ausgeschlossen. In Dresden sind für dieselben folgende Werthe bestimmt: vom Rind: Leber 8 M., Zunge 4 M., Lunge und Herz 3 M., Rindsbutten mit Magen 6 M., Milz 75 Pf., Därme 2,50 M., Euter 3 M.

2. bei beanstandeten bezw. krank befundenen Eingeweidetheilen und Organen (Lunge, Leber u. s. w.) von Rindern und Schweinen;

3. wenn die Beanstandung bezw. die Minderwerthigkeit des geschlachteten Viehes hervorgerufen ist durch Knochenbrüche, durch Quetschungen, durch Schläge, welche das Thier in lebendem Zustande erlitten hat, u. s. w.

Zur Zahlung einer Entschädigung ist der Verein ferner nicht verbunden:

a) wenn der Entschädigungsberechtigte falsche Angaben gemacht oder in betrügerischer Weise den Verein geschädigt hat oder zu schädigen versucht, oder seiner Verpflichtung zuwider gehandelt hat, alle Umstände bekannt zu geben, welche geeignet sind, die Versicherungsfähigkeit des Thieres auszuschliessen;

b) wenn der Entschädigungsberechtigte wissentlich ein Thier, welches mit einer der im Seuchen-Gesetz vom 23. Juni 1880 angeführten Seuchen behaftet ist, in den Schlachthof eingeführt, bezw. zu diesem Zweck verkauft hat;

c) wenn dem Entschädigungsberechtigten oder dessen Vertreter die Nichtbefolgung oder die Uebertretung der polizeilich angeordneten Schutzmassregeln zur Abwehr der Seuchengefahr zur Last ällt (§§ 61, 63 G. vom 23. Juni 1880);

d) wenn das Mitglied mit anderen Versicherungs-Gesellschaften eine weitere Versicherung wegen desselben Schlachtviehes eingegangen ist.

§ 12.

Wird festgestellt, dass einem Mitgliede wiederholt, d. h. mindestens dreimal in demselben Kalender-Quartal Entschädigungen haben gezahlt werden müssen, so kann auf Beschluss des Vorstandes die aus der Vereinskasse zu leistende Entschädigung für die folgenden in demselben Geschäftsjahr eintretenden Schadenfälle bis auf 50 von Hundert herabgesetzt werden.

Für Thiere, für welche auf Grund des Viehseuchen-Gesetzes Entschädigungen aus öffentlichen Mitteln gewährt werden, vergütet der Verein nur den nicht bereits ersetzten Theil des Kaufpreises oder ermittelten Preises.

§ 13.

Genügen die nach § 9 zu erhebenden Zuschussprämien nicht zur vollen Deckung der zu leistenden Entschädigungen, so hat sich das Mitglied mit der nach Massgabe der vorhandenen Mittel herabgesetzten Entschädigung zu begnügen, jedoch in den nächsten zwei Jahren, sofern nach Befriedigung der laufenden Ausgaben und der in diesen Jahren entstandenen Entschädigungs-Ansprüche noch Mittel vorhanden sind, Anspruch auf nachträgliche volle Entschädigung zu machen.

§ 14.

Anmeldung und Feststellung der Entschädigung.

Entschädigungsansprüche müssen bei Verlust des Anspruches innerhalb 12 Stunden bei dem Vereins-Vorstande oder bei der von diesem errichteten Meldestelle schriftlich oder mündlich angemeldet werden. Der Lauf der Frist beginnt mit dem Ablauf der Stunde, in welcher durch den Schlachthof-

Thierarzt der Verlust des Thieres konstatirt bezw. das Fleisch des geschlachteten Thieres beanstandet worden ist, ohne Rücksicht auf die Nachtstunde. Die Anmeldung der Entschädigung muss enthalten: die nähere Bezeichnung des in Verlust gerathenen Thieres, den Kaufpreis oder den Werth des Thieres und den Namen des Verkäufers.

Sofort nach empfangener Entschädigungs-Anzeige trifft der Vereins-Vorstand die nöthigen Anordnungen zur Regelung des Entschädigungs-Anspruches. Er hat sich möglichst schnell, bestimmt aber binnen drei Tagen darüber zu erklären, ob und in welcher Höhe er denselben befriedigen will. Verweigert der Vorstand die Zahlung der Entschädigung überhaupt oder in der beanspruchten Höhe, so hat das Mitglied binnen acht Tagen, vom Tage der ihm mittelst eingeschriebenen Briefes erklärten Weigerung gerechnet, seinen Anspruch bei Verlust desselben dem Schiedsgericht zu unterbreiten.

Die Entschädigung ist dem Berechtigten zu zahlen spätestens in Monatsfrist nach erfolgtem Anerkenntniss derselben seitens des Vereins-Vorstandes bezw. nach erfolgter Feststellung durch das Schiedsgericht. Im ersten Geschäftsjahre braucht die oben angeführte Zahlungsfrist vom Vereins-Vorstande nicht inne gehalten werden.

§ 15.

Das in Verlust gerathene oder beanstandete Thier bezw. die einzelnen beanstandeten Fleischtheile werden Eigenthum des Vereins, dessen Vorstand zu Gunsten der Vereinskasse die polizeilich zulässige Verwerthung vorzunehmen hat. Mit Bezahlung der Entschädigung tritt der Verein in die Rechte des entschädigten Mitgliedes gegen Dritte ein.

§ 16.

Aufsicht über den Verein.

Der Verein unterliegt der Aufsicht des Staates. Aenderungen der Satzungen können nur mit ausdrücklicher Genehmigung der Staatsbehörde (Regierungs-Präsident) in Geltung treten.

Die unmittelbare Aufsicht über den Verein führt die Polizei-Verwaltung zu ——————————————. Dieselbe ist insbesondere befugt, einen Kommissarius zu bestellen, welcher den Vereins-Versammlungen beiwohnen ev. Versammlungen berufen, die Bücher und Akten des Vereins einsehen, sowie Rechnungs-Auszüge erfordern kann.

§ 17.

Der Vereins-Vorstand.

Der Verein wird geleitet und in allen seinen Angelegenheiten einschliesslich derjenigen, welche nach den Gesetzen eine Special-Vollmacht erfordern, geeignetenfalls mit Substitutions-Befugniss, Behörden und Privatpersonen gegenüber vertreten durch einen aus fünf Mitgliedern bestehenden Vorstand, welche die einzelnen Aemter mit Ausnahme des Vorsitzes unter sich selbständig vertheilen. Alle Vorstandsmitglieder müssen mit Ausnahme des Schlachthof-Thierarztes und des Kassirers Vereinsmitglieder sein. Urkunden, welche den Verein vermögensrechtlich verpflichten, sind unter dessen Firma vom Vorsitzenden oder dessen Stellvertreter zu vollziehen. *)

Der Vorstand ist befugt, Processe zu führen, die Entscheidung eines Rechtsstreites einem schiedsrichterlichen Ausspruche zu unterwerfen, Vergleiche abzuschliessen, Cessionen und Verzichtleistungen zu erklären, Sachen oder Gelder in Empfang zu nehmen und darüber zu quittiren, Grundstücke zu veräussern oder anzukaufen, grundbuchliche Eintragungen und Löschungen zu bewilligen oder zu beantragen.

Die Bestände sind bei der städtischen Sparkasse anzulegen. Der Kassirer hat im Auftrage des Vorstandes Quittungen über Eintrittsgelder und Prämien auszustellen und allein zu vollziehen.

Das Geschäftsjahr beginnt mit dem 1. Januar.

Zur Legitimation der Vorstandsmitglieder nach aussen dient ein Attest der Polizei-Verwaltung, welcher letzteren zu dem Behufe die jedesmaligen Wahlversammlungen mitzutheilen sind.

§ 18.

Der Vorsitzende oder dessen Stellvertreter leitet die Verhandlungen des Vorstandes sowie die General-Versammlungen. Er beruft den Vorstand, so oft die Lage der Geschäfte es erfordert, insbesondere alsdann, wenn drei Mitglieder des Vorstandes darauf antragen. Das Protokoll wird durch einen in der Versammlung zu wählenden Protokollführer geführt und von dem Vorsitzenden und einem Vorstandsmitgliede unterschrieben. Zur Beschlussfähigkeit ist die Anwesenheit von vier Mitgliedern erforderlich. Die Beschlüsse werden nach der Stimmenmehrheit gefasst, bei Stimmengleichheit entscheidet die Stimme des Vorsitzenden.

§ 19.

General-Versammlung.

Zum ausschliesslichen Geschäftskreise der General-Versammlung, in welchem jedes persönlich erscheinende Mitglied eine Stimme führt, gehört:

a) die Wahl der Vorstandsmitglieder und des Schiedsgerichts,
b) die Vertheilung der Geschäfte,
c) die Entlastung der vom Kassirer aufzustellenden Rechnung für das abgelaufene Geschäftsjahr,
d) die Entgegennahme des von dem Vorstande alljährlich zu erstattenden und der Polizei-Verwaltung in zwei Exemplaren mit der Jahresrechnung einzureichenden Geschäftsberichtes,
e) jede Abänderung der Satzungen,
f) die etwaige Auflösung des Vereins.

---

*) Der Thierarzt pflegt für Uebernahme der Untersuchung des zu versichernden Viehes (Vertrauens-Thierarzt) eine Remuneration von 450—600 M. (an kleineren Instituten versieht er hierfür gleichzeitig die Kasse), der Kassirer eine solche von 250—300 M. zu bekommen.

§ 20.

Der Vorstand stellt die Tagesordnung für die General-Versammlung fest und erlässt durch seinen Vorsitzenden die Einladung zu derselben. Die Berufung einer General-Versammlung erfolgt, so oft dies der Vorstand nach Lage der Geschäfte für erforderlich erachtet, ausserdem, und zwar binnen einer Frist von längstens vier Wochen, wenn der zehnte Theil der Vereinsmitglieder beim Vorstande einen motivirten desfallsigen Antrag stellt.

Die Einladung wird unter Mittheilung der Tagesordnung durch zweimalige, mindestens acht Tage vor dem Termin zu bewirkende Insertion in den Lokalblättern bewirkt.

§ 21.

Zur Beschlussfähigkeit der General-Versammlung ist die Anwesenheit von mehr als dem zehnten Theil der Vereinsmitglieder erforderlich.

Hat eine General-Versammlung wegen Beschlussunfähigkeit vertagt werden müssen, so ist die demnächst einzuberufende neue General-Versammlung ohne Rücksicht auf die Zahl der anwesenden Mitglieder beschlussfähig, sofern auf diese Folge in der Einladung ausdrücklich anfmerksam gemacht ist.

Die Beschlüsse der General-Versammlung werden nach der Stimmenmehrheit gefasst, bei Stimmengleichheit entscheidet die Stimme des Vorsitzenden.

§ 22.

Wahl des Vorstandes.

Der Vorstand wird auf die Dauer von drei Jahren gewählt. Abtretende Mitglieder sind wieder wählbar.

Die Wahl eines jeden einzelnen Vorstands-Mitgliedes ist in einem besonderen Wahlgange zu bewirken oder hat durch Akklamation zu erfolgen, desgl. die Wahl des Vorsitzenden.

Ergiebt sich bei einer Wahl nicht sofort die absolute Majorität, so sind bei einem zweiten Wahlgange nur diejenigen Mitglieder zur engeren Wahl zu bringen, für welche vorher die der absoluten Majorität am nächsten kommende Stimmenzahl abgegeben wird. Sollten diese Mitglieder mehr als zwei gewesen sein, so müssen sie sämmtlich zur engeren Wahl gestellt, und es muss mit letzterer so lange fortgefahren werden, bis sich die erforderliche Mehrheit ergiebt.

§ 23.

Scheidet ein Vorstands-Mitglied innerhalb seiner dreijährigen Funktionsperiode aus dem Vorstande, so ist für die Zeit, während welcher dieses ausgeschiedene Mitglied noch zu fungiren gehabt hätte, eine Ergänzungswahl nach Massgabe des § 22 zu veranlassen.

Tritt die Nothwendigkeit einer solchen Ergänzungswahl zu einem Zeitpunkt ein, in welchem die Lage der anderweitigen Geschäfte nach dem Ermessen des Vorstandes die Einberufung einer besonderen General-Versammlung nicht dringend nothwendig macht, so ist der Vorstand befugt, die Vornahme einer förmlichen Wahl bis dahin, dass aus sonstigen Gründen die Einberufung einer General-Versammlung erfolgt, zu verschieben und sich einstweilen im Wege der einfachen Kooption zu ergänzen.

§ 24.
Das Schiedsgericht.

Zur Entscheidung von Streitigkeiten zwischen dem Verein und seinen Mitgliedern, über Beginn und Erlöschen der Mitgliedschaft, über die Leistungen der Mitglieder und deren Entschädigungs-Ansprüche, sowie über die sonstigen Pflichten und Rechte derselben gegen den Verein, ist mit Ausschluss des Rechtsweges ein Schiedsgericht berufen. Für den Wahlmodus sind die Bestimmungen nach § 22 massgebend.

Das Schiedsgericht besteht aus fünf Mitgliedern, welche von der General-Versammlung immer auf 1 Jahr aus den Vereins-Genossen gewählt werden. Die Mitglieder des Schiedsgerichts wählen den Vorsitzenden aus ihrer Mitte. Das Schiedsgericht ist beschlussfähig bei der Besetzung von drei Mitgliedern.

§ 25.
Reserve-Fonds.

Nach Ablauf des ersten Geschäftsjahres wird in einer General-Versammlung bestimmt, in welcher Höhe der Reservefonds angelegt werden soll.

§ 26.

Die Wirksamkeit der Gesellschaft erstreckt sich nur auf den Regierungs-Bezirk——————————————————; nur hier ansässige Personen können Vereins-Mitglieder sein.

§ 27.

Die Auflösung des Vereins kann die General-Versammlung beschliessen. Nach vollständiger Abwickelung der noch nicht erledigten Verpflichtungen des Vereins ist der hier noch verbleibende Vermögenswerth nach dem Beschlusse der General-Versammlung zu verwenden.

XIV. Der Viehhof.

Wie bei der allgemeinen Besprechung der Schlachthofanlage in der sächsischen Instruktion (S. 33) näher angegeben ist, muss, besonders in grösseren Städten, bei der Platzfrage für den Schlachthof auch auf ev. Anlage eines Viehhofes und zwar, wenn die lokalen Verhältnisse es irgend gestatten, mit Bahnverbindung, Rücksicht genommen werden, denn im Interesse der Käufer und Verkäufer ist Koncentrirung des Handels besonders wichtig, weil diese den Geschäftsverkehr bedeutend leichter, bequemer und billiger gestaltet und dadurch auch, wie in dem Kapitel über die Markthallen für die übrigen Lebensmittel besonders betont wird, nicht unwesentlich auf die Fleischpreise eingewirkt wird.

Jedesfalls aber sollte keine Gemeinde, sofern sie sich für Anlage eines öffentlichen Schlachthofes entschliesst, solchen der Privatspekulation überlassen, da bei einigermassen geeigneter Lage und günstigen Verhältnissen dem Stadtsäckel bedeutende Einnahmen erwachsen können; denn die Einnahmen des Viehhofs sind von denen des Schlachthofes getrennt zu halten und werden von dem Gesetz über Errichtung der Schlachthäuser in keiner Weise berührt.

Auf dem Viehhof für Schlachtvieh Einrichtungen für Nutzvieh zu treffen, ist in Rücksicht auf die Gefahr einer Ansteckung und Ausbreitung von Seuchen nicht rathsam, und in der citirten Instruktion als »durchaus unzulässig« bezeichnet. In München, Hamburg und Hannover hat man den Schlachthof von dem Viehhof sogar durch eine Strasse getrennt, um bei einem Seuchenausbruch auf dem Viehhof den Schlachthof vollständig isoliren und dadurch Betriebsstörungen vermeiden zu können. In Paris (La Villette) befindet sich zwischen Schlacht- und Viehhof sogar ein Kanal (L'Ourcq-Kanal). Schliesst man aber die Ausstellung von Nutzvieh gänzlich auf solchen Viehhöfen aus, so verringern sich, besonders in mittleren und kleineren Städten die Einnahmen wesentlich, denn für die öffentlichen (Jahres-) Viehmärkte müsste dann noch ein besonderer Platz vorhanden sein, und gerade in dieser Beziehung herrschen in manchen Städten nahezu unhaltbare Zustände, indem in Ermangelung geeigneter grösserer Plätze das Vieh zum Theil in Strassen feilgeboten wird, wodurch, abgesehen von einer ziemlich ungenügenden Kontrolle sowohl in sanitärer Beziehung wie auch bei Erhebung des Marktstandgeldes, die Passage nicht unerheblich beeinträchtigt und in Rücksicht auf etwa plötzlich wild werdende Thiere nicht ganz ungefährlich wird. Daher dürfte bei ganz besonders sorgfältiger Desinfektion, namentlich vor jedem Nutzvieh- (und ev. Luxus-) Markte, solcher schon in Anbetracht der bedeutenden Mehreinnahmen zu gestatten sein. Auch kann man für kleinere Zuchtthiere, Ferkel, Faselschweine, Kälber u. s. w. an einem weiter entfernten Platze des Viehhofes einen besonderen Raum herrichten, um einer Ansteckung nach Möglichkeit vorzubeugen. Sind grössere Hallen vorhanden, so können dieselben in geeigneten Fällen auch zu Ausstellungszwecken beliebiger Art Verwendung finden.

Zu diesen Einnahmen an Standgebühren kommen noch diejenigen für das Wiegen,*) für Futter, Wartung u. s. w. und Pacht für die

---

*) Osthoff (Handb. d. Hygiene Bd. VI, H. 1) rechnet 0,1 Pf. p. kg des Lebendgewichtes als normale Wiegegebühren, und zwar

für einen Ochsen 0,50 M.

„ eine Kuh 0,25 „

Restauration, während die Ausgaben für den Betrieb an kleinen und mittleren Viehhöfen dadurch wesentlich vermindert werden können, dass die Beamten des Schlachthofes, sofern die Zahl derselben nicht allzu knapp bemessen ist, zum Theil den Dienst auf dem Viehhofe, welcher gewöhnlich nur einige Stunden beansprucht, mit versehen können, zumal da zu derselben Zeit auf dem Schlachthofe wenig oder gar nichts zu thun ist, und sie erforderlichenfalls durch andere städtische Kontrollbeamte unterstützt werden können.

Auch durch Mitbenutzung der Beleuchtungs-Vorrichtungen und Wasserleitung des Schlachthofes gestalten sich für diese Posten die Ausgaben erheblich geringer.

Für den Platz rechnet man gewöhnlich auf 1000 Einwohner 250 qm; derselbe wird zweckmässig umfriedigt und hat meistens nach aussen nur einen Ausgang und ein Verbindungsthor nach dem von ihm durch Mauer, Strasse u. s. w. getrennten Schlachthof.

Die verschiedenen Arten von Verkaufsplätzen auf dem Viehhof. Für die bauliche Anlage giebt es folgende Möglichkeiten:

1. Offene Stände; jedesfalls die einfachste und billigste, aber auch, besonders in den nördlichen Gegenden, ungeeignetste Anlage.

2. Verkaufshallen, welche für nördliches Klima ebenfalls unzweckmässig sind und meist durch besondere Ställe ergänzt werden müssen;

3. Markt- oder Verkaufsställe, für nördliche Gegenden entschieden am vortheilhaftesten, da sie den Thieren sowohl den nöthigen Schutz, wie auch den Käufern gleichzeitig die Möglichkeit einer eingehenden Betrachtung gewähren.

4. Kombination von Halle und Verkaufsstall, indem ein Theil (vielleicht $^1/_3$) Verkaufsstall und die übrigen $^2/_3$ Verkaufshalle bilden (Halle a. S.).

5. Schliesslich kann man, wie in Frankfurt a. M., neben offenen

---

für ein Kalb	0,04 M.	} oder 0,05 M.
„ ein Schaf	0,03 „	
„ ein Schwein	0,15 „	
Stallgebühren Grossvieh	0,25 „	
„ Kleinvich	0,05 „	
„ Schwein	0,10 „	

pro Stück und 24 Stunden.

Tabellarische Uebersicht *über*

Marktgebühren

Namen der Städte.	Pferd M.	Pferd Pf.	Grossvieh M.	Grossvieh Pf.	Kalb M.	Kalb Pf.	Schaf M.	Schaf Pf.	Lamm M.	Lamm Pf.	Ziege M.	Ziege Pf.	Zicklein M.	Zicklein Pf.	Schwein M.	Schwein Pf.	Ferkel M.	Ferkel Pf.
Anklam . .																		
Berlin . . .			1	25		bis 4 Mt. 40; 4 bis 12 Mt. 70										50		
Bonn . . .				50		10		10		10		10		10		20		
Bremen . .		50	1			20		10				5				50		
Colberg . .																		
Cottbus . .																		
Crefeld . .																		
Demmin . .																		
Frankfurt a. M.			1			20		10		10		10		10		40		
Greifswald .																		
Hildesheim .																		
Insterburg .																		
Leipzig . .			1	20		40		30								60		
Lübeck . .		50		50		20		20		20		20				20		
Mannheim .		25		15		5		5		5		5		5		5		3
Neustettin .																		
Stolp . . .																		
Thorn . . .																		

Stallgebühren pro Tag und Stück

Namen der Städte.	Pferd M.	Pferd Pf.	Grossvieh M.	Grossvieh Pf.	Kalb M.	Kalb Pf.	Schaf M.	Schaf Pf.	Lamm M.	Lamm Pf.	Ziege M.	Ziege Pf.	Zicklein M.	Zicklein Pf.	Schwein M.	Schwein Pf.	Ferkel M.	Ferkel Pf.
Anklam . .		25		25		10		10				10				15		
Berlin . . .																		
Bonn . . .		30		30		20		5		5		5				20		
Bremen . .																		
Colberg . .		30		30		10		10								20		
Cottbus . .		20		20		10		10		10		10				10		
Crefeld . .		10		10		5		5		5		5				10		
Demmin . .		25		25		10		10								15		
Frankfurt a. M.				30		5		5		5		5		5		10		
Greifswald .		25		25		10		10								15		
Hildesheim .				15		5		5		5		5				8		
Insterburg .		15		15		5		5		5						10		
Leipzig . .																		
Lübeck . .		30		20		10		10		10		10				10		
Mannheim .		20		20		6		6		6		5				10		
Neustettin .		25		25		10		10								15		
Stolp . . .		20		20		10		10		10		10		10		10		10
Thorn . . .		15		15		5		5								10		

Wiegegebühren

Namen der Städte.	Pferd M.	Pferd Pf.	Grossvieh M.	Grossvieh Pf.	Kalb M.	Kalb Pf.	Schaf M.	Schaf Pf.	Lamm M.	Lamm Pf.	Ziege M.	Ziege Pf.	Zicklein M.	Zicklein Pf.	Schwein M.	Schwein Pf.	Ferkel M.	Ferkel Pf.
Anklam . .		50		50		20		20		20		20				30		
Berlin . . .				30		10		2								10		bis zu 5 Stck.
Bonn . . .				20		5		5		5		5				5		5
Bremen . .		40		40		10		10		10		10				20		
Colberg . .	1	unt. 3/4 Jahr 50	1	50		50		50								50		
Cottbus . .		50		50		50		50		50		50		50		50		50
Crefeld . .		30		30		10		10		10		10				20		
Demmin . .		50		50		20		20								30		
Frankfurt a. M.				f. 50 kg 3		15		15								15		
Greifswald .				50		20		20								30		
Hildesheim .				50		20		10		10						30		
Insterburg .				30		20		10								20		
Leipzig . .																		
Lübeck . .		20		20		10		10		10		10				10		
Mannheim .				20		10		10		10		10				10		
Neustettin .				üb. 100 kg 20 / unt. 100 kg 10		10										üb. 100 kg 20 / unt. 100 kg 10		
Stolp . . .	1		1			üb. 100 kg 50 / unt. 100 kg 25		10		10		10				25		
Thorn . . .		30		30		20		10								20		

Ständen für Grossvieh, Verkaufs- oder Marktställe, oder, wie in Amsterdam, offene Stände für Grossvieh und (mit Wellblech) überdachte Buchten für Kleinvieh einrichten und daneben Ställe für alle Thiergattungen.

Die offenen Stände, welche man in mittleren Städten auch auf freien Plätzen des Schlachthofes antrifft, und welche mit Längs- und Querreihen von Barrieren oder mit Buchten versehen sind, haben vor offenen Marktplätzen nur den Vorzug einer besseren Kontrolle und grösseren Sicherheit, ohne dabei weder dem Publikum noch dem Vieh Schutz vor Wind und Wetter zu gewähren. Die Barrieren aus Holz oder besser Eisen lassen sich so einrichten, dass sie nöthigenfalls entfernt werden können, indem man sie aus den in der Erde steckenden Hülsen entfernt und die Oeffnung der letzteren mit einem Deckel verschliesst. Sehr schwer ist die Reinigung solcher Plätze, welche man der Kostenersparniss wegen meistens ungepflastert lässt und allenfalls mit Kies bestreut oder chaussirt, während Pflaster allein die Möglichkeit einer gründlichen Reinigung und ev. Desinfektion bietet. Am geeignetsten sind jedesfalls Kopfsteine und für die Rampen besonders Klinker.

Was die Lage der einzelnen Gebäude anbetrifft, so ist es am zweckmässigsten, den Stall oder die Halle für Kleinvieh und Schweine in Rücksicht auf das Aus- und Eintreiben möglichst in die Nähe einer etwa vorhandenen Bahnrampe zu bringen, doch so, dass von der andern Seite die Anfuhr von Wagen bequem geschehen kann; auch die übrigen Hallen und Ställe verlegt man gern in die Nähe der Rampe; doch vermeide man, wie schon bei Besprechung der Ställe auf dem Schlachthofe hervorgehoben ist, bei Buchten Holz, sondern wähle nur leicht zu desinficirendes Material, wie Eisen, Stein oder Cement. Ein gleiches Material, sowie Thon eignet sich am besten für Krippen.

Bei den Hallen sowohl wie bei den Verkaufsställen gelten im Allgemeinen die in dem Kapitel über den Bau der Schlachthallen aufgestellten Principien: Gute Ventilation, viel Licht und die Möglichkeit leichter und gründlicher Reinigung.

Durch weit, bis zu drei Meter, überhängende Dächer kann man noch ausserhalb der Hallen geschützte Plätze zum Aufstellen und Anbinden von Vieh vorsehen.

Die Verkaufsställe (für Grossvieh) sind mit einem erhöhten Futtergang versehen, welcher es dem Käufer ermöglicht, das zu kaufende Thier auch von vorne, bezw. von oben zu sehen. Diese Verkaufsställe, welche neben dem Vortheile der Hallen auch die eines Stalles in Bezug auf Schutz und Wärme bieten, sind ohne Zweifel für nördlichere Gegenden am praktischsten, jedoch oft kostspieliger wie Hallen.

In Verbindung mit den Ställen oder Hallen finden sich Räume (Böden) für Futter- und Streuvorräthe, sowie in grösseren Anlagen ein Zimmer für Wärter u. s. w. Einschliesslich dieser Räume kann man pro Rind 4—6 qm Raum rechnen.

Die sächsische Instruktion fordert für die Zufuhr ausserdeutschen Viehes für Grossvieh und Kleinvieh die Einrichtung besonderer, nur für diese Thiere bestimmter Stallungen, welche von den übrigen Stallungen getrennt sind, eine Einrichtung, die in sanitätspolizeilicher Hinsicht nur empfohlen werden kann.

Bei Verbindung mit einer Anschlussbahn, deren Geleise entweder an einer Seite des Viehhofs liegen oder diesen durchschneiden, sodass sich die Hallen u. s. w. zu beiden Seiten gruppiren, ist auf die Rampenanlage besondere Sorgfalt zu legen, namentlich sofern ausserdeutsches Vieh zu importiren beabsichtigt wird; an kleinen Viehhöfen sind meistens zwei Geleise nöthig, eins zum Entleeren und das andere zum Reinigen und Desinficiren der Wagen, für grössere drei bis vier; auch empfiehlt es sich, das Geleise bis zum Schlachthofe fortzuführen, um Dünger-, Kohlen-, Kühl- und das sog. Polizeischlachthaus anzuschliessen. Namentlich kann durch Verbindung mit letzterem Quälerei von Thieren, welche sich auf dem Bahntransport erheblich verletzt haben, vermieden werden.

An den Rampen befinden sich oft ausser Zählbuchten (zum Zählen der Thiere und ev. Untersuchung durch den Thierarzt) auch noch Sandbuchten für ungarische Schweine, desgleichen Vorrichtungen zum Baden oder Bespritzen der Schweine bei grosser Hitze.

Dass namentlich bei den Geleisen, Rampen und Buchten auf die Möglichkeit einer leichten und gründlichen Reinigung und Desinfektion Rücksicht genommen werden muss, bedarf einer besonderen Betonung wohl nicht. (Aufstellung besonderer Hydranten.)

Das Restaurations-Gebäude (Börse) liegt meistens in der Mitte des Viehhofes, mitunter auch an der Zufahrts- oder Verbindungsstrasse mit dem Schlachthofe. Es enthält ausser den Verkehrsräumen gewöhnlich die Wohnung des Restaurateurs und nach Bedarf

Fremdenzimmer für auswärtige Viehhändler und in grösseren Anlagen besondere Räume für Vieh-Kommissionäre, Polizei, Post u. s. w.

Die Viehwaage befindet sich auf kleineren Höfen in der Nähe des Einganges, auf grösseren sind dieselben in den einzelnen Hallen, besonders in denen für Kleinvieh und Schweine vertheilt.

Kontrollhäuschen liegen gewöhnlich am Eingang der Zufahrtsstrasse und meistens auch an dem Uebergang nach dem Schlachthof.

Auf manchen Viehhöfen z. B. in München dient eine besondere Halle gleichzeitig für den Verkauf lebender und geschlachteter Schweine und Kälber. Ueber die Anlage solcher Räume wird in dem folgenden Kapitel gesprochen werden.

XV. Die Markthallen.

Die Markthallen (Fleischverkaufshallen) sind für den Fleischverkehr von grosser Bedeutung, da ganz besonders in den Städten ohne Schlachtzwang das Publikum durch solche Einrichtungen einigermassen vor Uebervortheilung seitens der Fleischer geschützt wird, weil streng von einander getrennt das marktfähige (bankwürdige) von dem nicht marktfähigen (nicht bankwürdigen) Fleisch, zu welchem an vielen Orten auch das »Fleisch von ausserhalb« *) gerechnet wird, verkauft werden muss. Anders gestaltet sich die Sache in den Städten mit Schlachthöfen, denn hier geschieht die Klassificirung des Fleisches schon durch die Untersuchung des Sachverständigen durch Ueberweisen auf die Freibank, durch besondere Abstempelung u. s. w. Sehen wir aber von diesen, allerdings das wichtigste Nahrungsmittel betreffenden Vortheilen ab, so sind die Vorzüge der gedeckten Hallen den offenen Verkaufsständen gegenüber ausserdem noch so bedeutend, dass jede grössere Stadt den Marktverkehr in geschlossene Räume, welche nicht nur das kaufende und verkaufende Publikum, sondern auch die Waare vor Witterungseinflüssen, Hitze, Kälte, sowie auch vor Staub und Rauch schützen, verlegen sollte. In Folge dieses Schutzes

---

*) Vergl. §§ 2, 4, 5 des Gesetzes vom $\frac{\text{18. März 1868}}{\text{9. März 1881}}$ S. 7 u. 8. u. S. 143 Anm.

halten sich nicht nur die Waaren besser und länger,*) sondern man kann ausserdem noch besondere Vorkehrungen für ihre Konservirung dadurch treffen, dass man unter den einzelnen grösseren Verkaufsständen Einzelkeller oder grössere mit Unterabtheilungen versehene gemeinschaftliche Räume herstellt, denen man bei grösseren Anlagen ganz besonders dadurch den vollen Werth von Aufbewahrungsräumen verleihen kann, dass man sie mit maschinellen Kühleinrichtungen versieht, deren Anlage ev. um so weniger Schwierigkeiten bieten dürfte, da andere Betriebseinrichtungen, wie elektrische Beleuchtung, Fahrstühle (Aufzüge) u. s. w. geeignetenfalls so wie so eine Dampfkessel-Anlage nöthig machen. Dieser Umstand ist bei Neuanlage von Markthallen, so auch in Berlin, leider zu wenig berücksichtigt worden, denn in keiner der dortigen Markthallen befindet sich eine Kühlvorrichtung, sondern erst in der neuen grossen Halle, welche der Central-Markthalle gegenüberliegend, kürzlich eröffnet und vornehmlich dem Grosshandel zu dienen bestimmt ist, sind derartige Einrichtungen getroffen. Erst hierdurch erhalten die Markthallen ihren vollen wirthschaftlichen Werth, denn kein Mittel ist geeigneter, besser auf die Konservirung wirken zu können, als die mittelst Kühlmaschinen erzeugte trockene Kälte. Die Möglichkeit einer guten und langen Konservirung aber bringt für den Verkäufer auch noch den Nutzen mit sich, dass er die nicht auf einmal verkauften Waaren nicht wie bisher um jeden Preis loszuschlagen gezwungen ist, sondern günstigere Konjunkturen abwarten kann, ohne befürchten zu müssen, dass seine Vorräthe dem Verderben anheimfallen.

Ferner sind die Markthallen hygienisch nicht unwichtig, denn die auf offenen Märkten oft zurückbleibenden und dem Einfluss der Sonnenhitze ausgesetzten Abfallstoffe tragen ebenso wenig zur Verbesserung der Luft bei, wie andererseits die offenen Plätze als Schmuck- und Gartenanlagen trefflich Ausnutzung finden können.

Günstig auf den Marktverkehr wirkt auch die in der Markthalle im Gegensatz zu den offenen Marktplätzen ausgedehntere Verkaufszeit, und hierdurch ist es den Käufern möglich, während des ganzen Tages ihren Bedarf decken zu können, während andererseits die Händler sich mit dem Verkauf nicht zu überstürzen brauchen.

Auch die sanitätspolizeiliche Kontrolle sämmtlicher Nahrungs-

---

*) Hofmann, l. c. berechnet den Verlust an verdorbenen Nahrungsmitteln auf mehr als 10%/0 p. a., was für eine Stadt von 100 000 Seelen den Betrag von einer Million Mark ausmachen würde.

und Genussmittel wird durch die übersichtliche Aufstellung der Waaren in hohem Grade erleichtert, während gleichzeitig auch die Verkäufer selbst sich besser kontrolliren können.

Nicht unwesentlich dürfte, wenn irgend ausführbar, die Verbindung der Markthalle mit einem Bahngeleise sein, um das den Waaren nicht gerade förderliche Umladen zu vermeiden und die Konkurrenz zu erleichtern. Es wird auf diese Weise den Händlern die Möglichkeit geboten, von weither Produkte zu beziehen, was für grosse Städte von besonderer Wichtigkeit ist, da die Zufuhr aus der unmittelbaren Umgebung selten den ganzen Bedarf an Lebensmitteln deckt und nur durch günstige Verbindung einer abnormen Preissteigerung vorgebeugt werden kann. Gleichzeitig aber wird dahin ein gleichmässig grosser Zuzug von Händlern erfolgen, wo sich ein ergiebiges und gesichertes Absatzgebiet darbietet.

Wie alle öffentlichen, dem gemeinen Wohle gewidmeten Anstalten, so werden auch die Markthallen nur dann wirklich nutzbringend und zweckerfüllend sein, wenn sie nicht, wie es so häufig der Fall ist, Gegenstand der Privatspekulation, sondern städtische Institute sind, weil nur hierdurch Garantie geboten ist, dass nicht öffentliche Interessen durch eigene pekuniäre Vortheile in Schatten gestellt werden.

In grösseren Städten sind mit den Markthallen thunlichst *die Untersuchungsstationen für das von auswärts geschlachtet eingebrachte, frische Fleisch* zu verbinden, besonders, wenn der Schlachthof weniger an der Hauptzufuhrstrasse der auswärtigen Schlächter liegt, und zwar bedarf es für die Zwecke der Fleischbeschau eines grossen und zwei kleinerer Räume, ersterer mit dem Ausgang nach der Anfahrtstrasse, da in diesem das zu untersuchende Fleisch aufgehängt wird, während der eine der beiden kleineren für die Trichinenschau und Kasse, und der andere für den untersuchenden Thierarzt bestimmt ist. Soll jedoch die Untersuchung auf dem Schlachthofe stattfinden, so ist dazu ein womöglich in der Nähe des Hauptthores gelegener Raum, welcher genügend Platz, Licht und Ventilation aufweist, nöthig. Es ist gut, diese Räume nicht zu knapp zu bemessen, da sonst der untersuchende Beamte bei der fast immer zu gleicher Zeit eintreffenden Menge von Gewerbetreibenden die Uebersicht verliert; auch müssen Wand und Boden mit leicht zu reinigendem Material bekleidet sein und bei letzterem darf genügender Spülwasserabfluss nicht fehlen. Ferner ist für Kaltwasserzapfstellen mit Schlauchverschraubung zu sorgen. Für die Anfahrt der Wagen muss ein geräumiger Vorplatz vorhanden sein. Im Allgemeinen ist jedoch ein solcher besonderer Untersuchungsraum überflüssig, weil die Untersuchung mit Leichtigkeit in der Schlachthalle für Kleinvieh oder Schweine vorgenommen werden kann, zumal da in den frühen Morgenstunden und ganz besonders an den Markttagen, an denen meistens nur die Einfuhr stattfindet, noch nicht oder nur sehr wenig geschlachtet wird. Selbst dort, wo für Gross- und Kleinvieh eine gemeinsame Halle vorhanden ist, bleibt immer noch genug Raum für die Untersuchung übrig. Nöthigenfalls können die Schlachträume von den für die Untersuchung bestimmten durch aufzustellende hölzerne Barrieren getrennt werden.

Alphabetisches Sachregister.

Anhang.

Verzeichniss von Firmen, welche Material zum Bau
und Betrieb von Schlachthöfen liefern.

(Die durch * hervorgehobenen Firmen haben im Text Besprechung resp.
Erwähnung gefunden.)

* 1. Aktiengesellsch. f. Glasindustrie
  vorm. Fr. Siemens, Dresden.
2. Aktienges. f. Marmor »Kiefer«,
  Berlin, Trebbinerstrasse.
3. Aktienges. f. Monier- u. Beton-
  bauten, Berlin, Friedrichstr. 52.
4. G. Arnheim, Berlin N., Brunnen-
  strasse 51.

5. Bartels & Co., Danzig.
* 6. Beck & Henkel, Kassel.
7. Behn, Rob., & Co., Schwelm.
8. Behr, Moritz, Lobsens.
* 9. Behrendt, Gottlieb, Ingenieur,
  Hamburg.
*10. Blumhardt, C., Simonshaus b.
  Vohwinkel.
*11. Boese, W. jr., Breslau, Augusta-
  strasse 31.
12. Bollmann & Grau, Berlin.
13. Bolzani, Gbr., Berlin N.
14. Brockmann, M., Eutritzsch b.
  Leipzig.
15. Butz & Leitz, Mannheim.

16. Calmon, Alfred, Hamburg.
17. Cementbau-Gesellschaft Johann
  Müller, Marx & Co., Berlin.
18. Chemische Fabrik auf Aktien
  (Schering), Berlin, Müllerstrasse 172.

19. Chemische Fabrik »Kalk«, Nippes
  b. Köln.
20. Dittrich, Aug., Bremen, Kaiser-
  strasse 18.
*21. Eikershoff, Dortmund (Rüben-
  kamp'sche Trocken-Methode).

22. Fink, C., Berlin SW.
23. Fischer & Nickel, Danzig.
*24. Friedrich & Glass, Leipzig,
  Weststr. 27.

25. Goebel, Georg, Darmstadt.
26. Gändrich, Berlin, Liebigstr. 23.
27. Garrens & Co., Wülfel (Hannover).
28. Garret, Smith & Co., Magdeburg-Buckau.
29. Gasmotorenfabrik Deutz in Deutz
  b. Köln.
30. Georg, Arn., Neuwied a. R.
*31. Germania, Maschinenfabr., Chem-
  nitz.
*32. Gesellsch. f. Lindes Eismaschinen,
  Wiesbaden.
33. Görg, G., & Co., Berlin C., Burg-
  strasse 17.
34. Graf, Chr., & Co., Berlin N.,
  Ackerstr. 128.
35. Grosswendt & Blunk, Hamburg.

36. Grübler, Dr., Leipzig, Bairische Strasse.
37. Gründig & Horeld, Chemnitz, Lessingstr. 8.
38. Grünzweig & Hartmann, Ludwigshafen a. R.

39. Haacke & Co., Celle.
*40. Hallesche Maschinenbauanstalt, Vaas & Littmann, Halle a. S.
41. Hammer, G., & Co., Braunschweig.
42. Hartnack, E., Potsdam.
43. Hauptner, Berlin, Luisenstr. 54.
44. Hansen, H. J., Mainz.
45. Heipke, Ed., Braunschweig.
46. Hensel & Santowski, Berlin C., Alexanderstr. 38.
47. Hesterberg, Berlin, Luisenstrasse 40.
*48. Huber, Alex., Köln.
*49. Huff, Gbr., Berlin SW., Johanniterstr. 11.
*50. Hulwa, Dr., Breslau, Tauentzenstrasse 68.
*51. Humboldt, Maschinenfabrik, Kalk b. Köln.
52. Hunger, P., Chemnitz.

53. Jahn & Voigt, Maschinenfabr., Leipzig.
54. Janzen, Kunststeinfabr., Elbing.
55. Jeserich, Joh., Berlin, Wassergasse.
*56. Internationale Eiskälte-Maschin. Industrie, Jul. Schlesinger & Co., Berlin, Mittelstr. 63.
57. Jung, R., Heidelberg.

58. Kaiser, Th., Berlin S.W., Friedrichstr. 47.
59. Kieffer, Georg, Maschinenfabr., Köln.
*60. Knaur, Ad., Ingenieur, Breslau.
61. Koehler & Willecke, Hannover.
*62. König-Friedrich-Augusthütte, Potschapel bei Dresden.

63. Körting, Gbr., Hannover.
64. Kopp & Co., Berlin, Kaiserin-Augusta-Allee 28-29.
65. Kori, H., Berlin, Königin-Augustastr. 13. (Keidel'scher Verbrennungsofen).
66. Leinert, Emil, Dresden.
67. Leitz, Opt. Institut, Wetzlar.
*68. Linde's Eismaschinenfab., Wiesbaden.

69. Mack, Ludwigsburg.
70. Maquet, C., Heidelberg u. Berlin.
71. Mensen, Louis, Hagen i. W.
72. Messter, Opt. Institut, Berlin, Friedrichstr. 95.
*73. Moritz, F., techn. Bureau für Schlachthofbauten, Barmen.
*74. Müller, Rob., & Co., Schoenebeck-Elbe.
75. Müller, Th., Schoenebeck-Elbe.
76. Müncke, Dr. Rob., Berlin N., Luisenstr. 58.

77. Naglo, Gbr., Berlin SO.
78. Nepp, J., Leipzig-Plagwitz.
79. Nordmann, Gbr., Haselbach bei Treten.

*80. Osenbrück & Co., Hemelingen.
*81. Osthoff, G., Baurath, techn. Bureau für Schlachthofbauten, Berlin.
82. Otte's Eisenwerk, Altona-Hambg.
83. Pearson, William & Co., Hamburg.
84. Pieck, Ad., Berlin, Wilhelmstrasse 119.
85. Pintsch, Jul., Berlin O., Fabr. für Beleuchtungs-Gegenstände.
*86. Podewil's Fäkal-Extrakt-Fabrik, München.
87. Pommerscher Industrie-Verein, Stettin.

88. Reddaway, F., & Co., Hamburg.
89. Reiser, Hans, Köln.
90. Reuter & Straube, Halle.

* 91. Riedinger, S. & A., Augsburg.
92. Rheinhold & Co., Celle (Hannover).
* 93. Rietschel & Henneberg, Berlin S., Brandenburgstr. 81.
* 94. Rohrbeck, Dr., Berlin, Karlstrasse 24.
95. Rosenthal & Co., Berlin W., Kaiserhof.
* 96. Rosenzweig & Baumann, Kassel.
* 97. Rothe, W. & Co., Güsten (Anhalt).
98. Runge, Louis, Berlin NO., Landsbergerstr. 9.

99. Schäffer & Budenberg, Magdeburg-Buckau.
100. Schellhas, Berlin, Breitestr. 13.
101. Schenk, Carl, Darmstadt.
102. Schieck, Berlin SW., Hallesche-strasse 14.
*103. Schmahl, Joh., Mombach bei Mainz.
*104. Schmidt, Cranz & Co., Nordhausen.
105. Schnass, G., Rath b. Düsseldorf.
106. Schuckert & Co., Nürnberg.
*107. Schüchtemann & Kremer, Dortmund.
108. Schülke & Mayr, Hamburg.
109. Schumann & Küchler, Erfurt (vorm. Höhnemann & Küchler).
110. Schuss, Gbr., Siegen.

111. Schwanitz, Carl, Berlin N., Müllerstr. 179.
112. Serming, Otto, Potschapel b. Dresden.
*113. Sinziger Mosaikplatten-Fabrik, Sinzig a. R.
114. Strobach, Maschinenfabrik, Chemnitz.

115. Thate, L., Berlin, Luisenstr. 58.
116. Teschner, W., Berlin, Charlottenstr.
117. Thielemann, Rob., Halberstadt.
118. Tobler, C., Berlin N, Müllerstrasse 146.
119. Tümmler, Rob., Döbeln in Sachsen.

120. Unruh & Liebig, Maschinenfabrik, Leipzig.

121. Villeroy & Boch, Berlin C., Kurstr. 31.
122. Veith, Adolph, Heidelberg.
123. Voigt, Ludwig, Leipzig.

124. Waechter, Friedenau b. Berlin.
125. Wegelin & Huebner, Halle a. S.
*126. Weise & Monski, Halle.
*127. Wepner, L., Fürth.
128. Wohlenberg, F., Hannover.
129. R. Wolff. Magdeburg-Buckau.

130. Zeiss, Opt. Institut, Jena.